HISTOIRE

DE

LA SOCIÉTÉ NATIONALE

D'AGRICULTURE DE FRANCE

PAR

LOUIS PASSY

MEMBRE DE L'INSTITUT

SECRÉTAIRE PERPÉTUEL

TOME PREMIER

1761 — 1793

PARIS

TYPOGRAPHIE PHILIPPE RENOUARD

19, RUE DES SAINTS-PÈRES, 19

1912

HISTOIRE

DE

LA SOCIÉTÉ NATIONALE

D'AGRICULTURE DE FRANCE

TOME PREMIER

1761 — 1793

Henri Léonard Jean Baptiste Bertin
Commandeur des Ordres du Roi Ministre et Secrétaire d'État

HISTOIRE

DE

LA SOCIÉTÉ NATIONALE

D'AGRICULTURE DE FRANCE

PAR

LOUIS PASSY

MEMBRE DE L'INSTITUT

SECRÉTAIRE PERPÉTUEL

TOME PREMIER

1761 — 1793

PARIS

TYPOGRAPHIE PHILIPPE RENOUARD

19, RUE DES SAINTS-PÈRES, 19

1912

A MES CONFRÈRES

DE LA

SOCIÉTÉ NATIONALE D'AGRICULTURE

DE FRANCE

Mes chers Confrères,

Le jour où nous avons fêté solennellement le cent cinquantième anniversaire de la Société nationale d'Agriculture de France, je vous ai promis d'écrire, d'une manière définitive, l'histoire de notre illustre Compagnie.

Voici le premier volume; il s'étend depuis la création de notre Société en 1761 jusqu'à la période troublée de 1793; le second volume est rédigé, je compte vous l'offrir prochainement en témoignage de ma reconnaissance.

Je suis heureux d'avoir pu mener à bonne fin cette entreprise qui soulevait bien des difficultés et il m'a fallu beaucoup de courage pour m'enfermer dans le cadre étroit de notre histoire et pour résister au plaisir de mettre en pleine lumière les travaux des hommes éminents qui, de main en main, et pendant un siècle et demi, se sont transmis le flambeau de la science agricole.

Il demeure bien entendu que je ne me suis pas appliqué à écrire l'histoire de l'agriculture française, mais l'histoire de notre institution elle-même, de ses péripéties, de ses transformations, de son influence et de ses succès.

L. P.

HISTOIRE

DE LA

SOCIÉTÉ NATIONALE D'AGRICULTURE

INTRODUCTION

LES SOCIÉTÉS D'AGRICULTURE

ET

BERTIN

CONTRÔLEUR GÉNÉRAL DES FINANCES

On a souvent dit que la situation politique, intellectuelle et matérielle de l'Europe tout entière avait été transformée par la Révolution française; mais, quand on regarde les années qui ont précédé les temps héroïques, on voit que, depuis le milieu du XVIIe siècle, l'Europe était plongée dans une agitation d'idées et de projets qui cachaient l'avènement d'un nouvel ordre de choses : le renouvellement des institutions et le progrès de toutes les sciences.

Les sociétés d'agriculture furent les premiers symptômes de cette évolution.

Pendant le Moyen Age, s'étaient partout établies des institutions semblables qui constituèrent le régime féodal. De même, dans la société moderne, des institutions, qui en représentaient les intérêts et les idées, naquirent partout en même temps.

La France ne parut pas la première dans l'ordre des associations agricoles.

La Société nationale d'Agriculture de France ne fut pas la doyenne des sociétés d'agriculture de l'Europe; elle se laissa devancer par la Société économique de Berne, la Société d'agriculture de Dublin, l'Association de Bath et de l'Ouest de l'Angleterre; mais elle accompagna la Société pour l'avancement de l'agriculture en Écosse, le premier *Board of agriculture* en Angleterre, la Société économique de Saint-Pétersbourg, l'Académie des Géorgofiles de Florence et surtout les Sociétés américaines qui, sous l'influence de nos premiers confrères étrangers, Washington et Jefferson, s'établirent victorieuses sur les terres affranchies du Nouveau Monde. Toutes parurent dans la seconde moitié de ce xviiie siècle qui fut, pour le monde entier, le commencement d'une ère nouvelle.

Ces sociétés, ces académies, n'étaient, à vrai dire, que des manifestations économiques dans la marche des événements, que des points de repère dans le progrès des sciences. Elles eurent des fortunes diverses, mais elles ne périrent pas dans les révolutions de la fin du xviiie siècle. Elles se soutinrent dans les cadres où les événements les avaient placées. La paix de l'Europe, en 1815, leur ouvrit de nouvelles destinées; l'avenir de la civilisation européenne les attendait.

A quel moment, sous quelles influences, avec quels hommes, les sociétés d'agriculture, en France, prirent-elles naissance? On peut fixer la date et répondre : entre 1740 et 1760.

Au commencement du XVIII° siècle, l'agriculture était primée par le commerce. Le numéraire était considéré comme la représentation de la richesse. Cette théorie donnait à l'industrie et au commerce la première place dans les préoccupations du public et les efforts de l'Administration. La chute du système de Law modifia l'état de la propriété foncière et, par suite, dirigea les esprits vers les ressources qu'offrait le travail de l'agriculture. Puisque l'agriculture créait des richesses sans cesse renaissantes, on se demanda pourquoi ces richesses ne serviraient pas à faire vivre la nation et le Gouvernement?

L'opinion que la terre était la principale source de la richesse éclata spontanément dans des milieux différents, qui n'avaient pas, les uns sur les autres, des influences directrices.

Ces mouvements d'opinion se produisirent dans les classes supérieures de la nation. Les classes inférieures, les hommes de la campagne, étaient enchaînés par la misère, par l'ignorance, par l'enchevêtrement des liens économiques et des mesures gouvernementales; les laboureurs ne pouvaient même pas s'agiter pour s'expliquer et se défendre.

Écoutons un homme qui fut un des témoins les plus sincères, un des acteurs les plus considérables de son temps, Lamoignon de Malesherbes (1).

(1) *Mémoire sur les moyens d'accélérer les progrès de l'économie rurale en France.* Lu à la Société royale d'Agriculture par M. de

Il y a quarante ans (et ceci répond à la période de 1740 à 1750, j'ai été reçu à l'Académie des sciences, et je me souviens que c'est peu de temps après que nous eûmes l'idée d'instruire le peuple. Il n'y avait pas alors de Sociétés d'Agriculture et c'est entre l'Académie des Sciences et tous les cultivateurs du royaume que nous aurions voulu établir une correspondance. On m'a demandé, depuis, pourquoi je n'en ai pas parlé : j'ai répondu parce qu'alors le peuple n'avait pas confiance en ceux qui voulaient l'instruire.

Les laboureurs, vignerons et autres cultivateurs européens sont ordinairement des gens sans aucune éducation et sans instruction théorique, qui s'expliquent difficilement et dont les savants ne peuvent se faire entendre. Nous avons gémi du préjugé qui, en France et dans les autres pays sortis du régime féodal, semble prescrire deux ordres de citoyens.

Le peuple, surtout celui des campagnes, était en garde contre tout ce qu'on lui proposait, même pour son avantage, parce que le cultivateur se croyait obligé de cacher les ressources de son industrie, par la crainte que son aveu ne fît augmenter sa cote d'impositions.

Ce que dit Malesherbes était profondément vrai ; mais tandis que le peuple des campagnes était voué à la défiance et à l'impuissance, une agitation féconde gagnait, de proche en proche, la population des villes et poussait les savants de goût et de profession vers des méditations nouvelles.

La science s'efforçait de sortir des généralités et des erreurs dans lesquelles elle était enfermée. La chimie, la botanique, la médecine et la chirurgie s'étaient mises à l'œuvre, et leurs travaux commençaient à entrevoir les véritables conditions auxquelles sont soumises la production végétale et la production animale. L'agriculture, jusqu'alors, était aux mains des laboureurs ;

Lamoignon de Malesherbes, membre de cette Compagnie. Paris, 1790 p. 86 et 87.

grâce à l'esprit scientifique, elle allait posséder des agronomes dont les recherches et les travaux auraient pour objet de combattre les pertes et les insuccès. De métier qu'elle était encore, l'agriculture se préparait à devenir une industrie, dont la science serait appelée à déterminer peu à peu la conduite. Ainsi, Tournefort avait créé la science botanique, dont le cercle fut ensuite élargi par les deux Jussieu ; Buffon publiait son *Histoire naturelle*, sa *Théorie de la terre* et les *Époques de la terre*, ouvrages qui cherchaient à poser les bases de la science géologique ; Daubenton, associé aux travaux de Buffon, prend le parti de la zoologie et de la zootechnie ; Rouelle, le créateur de la chimie, enseigne, avec éclat, ce qu'on savait de cette science, et, parmi ses élèves, apparaît le créateur Lavoisier. Enfin, l'administration du Jardin des Plantes, devenu le centre des connaissances sur l'histoire naturelle, ajoutera, pour ainsi dire, une école d'études agronomiques à son ancienne école de médecine et de pharmacie.

A la même époque, de nombreux écrits proclamaient l'agriculture le premier, le plus utile et le plus essentiel des arts ; et, en faisant naître chez beaucoup de grands seigneurs et de riches bourgeois le goût de diriger eux-mêmes l'exploitation de leurs domaines, ces écrits dissipaient les préjugés que le mouvement agricole du xvie siècle avait vainement tenté de faire disparaître. Enfin, d'autres publications, prenant un caractère populaire, répandaient, dans le public, les connaissances les plus élémentaires de l'agriculture et de l'horticulture. Tel fut l'*Almanach du bon jardinier*, à la rédaction duquel les de Jussieu, Pépin, Duhamel du Monceau, Patullo et l'abbé Lucas collaborèrent et qui parut, pour la première fois, en 1750 (1). Et voici le *Journal Économique*, et voici l'*Encyclopédie*, avec les célèbres articles de Quesnay.

C'est alors que Duhamel du Monceau apparaît au point de vue de l'économie rurale comme un législateur. Il invoque, il cite les principes de l'agriculture anglaise, mais il rend compte aussi de ses propres expériences. Tous ses ouvrages et particulièrement le *Traité de la culture des terres* (1750 à 1760); le *Traité de la conservation des grains* (1753); le *Traité des arbres et arbustes qui se cultivent en France en pleine terre* (1753); le *Traité des plantations des arbres et de leurs cultures* (1760) répandent non seulement des notions nouvelles, mais changent la direction des esprits; Turbilly et Patullo, l'un avec la *Pratique des défrichements* (1750), l'autre avec son *Essai sur l'amélioration des terres* (1759), vont bientôt frapper l'opinion publique par des coups retentissants.

L'Angleterre nous avait devancés. Duhamel du Monceau la rejoint. En 1750, il propage les doctrines de Tull, comme Vincent de Gournay fait revivre en Bretagne la Société de Dublin.

Enfin, sous les auspices du Gouvernement, surgissent des sociétés scientifiques et littéraires, des académies, qui s'empressent de mettre l'agriculture et les questions économiques au premier rang de leurs études. Voyez les dates : la Société des Belles-Lettres et Arts de Nancy en 1750, l'Académie des Sciences, Belles-Lettres et Arts de Besançon en 1752, la Société littéraire

---

(1) C'était une imitation du *Gardeners Kalendary* qui avait déjà paru à Londres, en 1732 : *Le calendrier des laboureurs et des fermiers*, trad. de l'anglais, 1755.

de Châlons — plus tard Académie des Sciences de Châlons — en 1753, la Société littéraire de Caen en 1754, l'Académie de Rouen en 1756, la Société royale des Sciences de Metz en 1757 et l'Académie d'Angers en 1760. Bien plus, quand on parla d'organiser des sociétés d'agriculture, les académies s'émurent, craignant qu'on ne leur enlevât une partie de leur domaine scientifique. Elles furent bientôt rassurées; mais cette émotion même était une preuve de la faveur que trouvaient, dans le public, les discussions sur les matières économiques et même agricoles.

Ainsi, du côté des sciences naturelles, l'attention des esprits réfléchis et même le goût populaire préparaient peu à peu la crise qu'allaient faire éclater, dans un ordre d'études supérieures, ceux qui s'appelaient les philosophes, les économistes, les physiocrates.

Je laisse Malesherbes reprendre la parole pour nous en raconter l'histoire.

Il nous apprendra comment les idées qui couraient le monde en faveur de l'agriculture n'appartenaient à personne; qu'elles étaient l'expression d'un accord spontané ou raisonné entre ceux qui travaillaient de leur tête et même de leurs bras pour améliorer le sort de la France.

Notez que nous sommes toujours en 1750 et que nous y restons.

Il y a cinquante ans, dit-il, presque personne en France n'écrivait sur l'administration, mais il ne faut pas croire que personne n'y pensât. Il y avait plusieurs vérités bien contraires au système d'administration établi alors en France, dont un grand nombre de citoyens étaient convaincus, sans qu'il y en eût aucun qui les exposât dans un ouvrage imprimé.

Une de ces vérités est qu'on ne peut faire fleurir le commerce qu'en le rendant libre.

Une autre, que l'imposition sur les terres n'est juste que quand elle est proportionnée au produit net qu'en retire le propriétaire, et que toute terre, quel qu'en soit le propriétaire, doit contribuer aux impositions, puisque tous les citoyens doivent également profiter des dépenses publiques pour lesquelles on vote des impôts.

Une troisième, que les dépenses pour la confection des chemins doit être supportée par les propriétaires des terres dont le nouveau chemin augmente la valeur.

Ces trois vérités, ainsi que plusieurs autres, étaient connues en France bien longtemps avant qu'on écrivît sur l'administration.

Pour ma part, je les avais entendu dire tantôt par des gens instruits, tantôt par des gens sans instruction, quelquefois même, dans la campagne, par des laboureurs, par des ouvriers, dont quelques-uns ont assez de bon sens pour concevoir des idées aussi simples que celles-là sur l'objet qui les intéresse le plus. Ces trois vérités devaient donc réunir les suffrages du public, dès qu'elles lui seraient présentées.

M. de Gournay fut le premier qui les soutint dans le Conseil contre les autres administrateurs, et il était bien loin de les donner comme un système de son invention. Sur-le-champ, plusieurs hommes de lettres s'en emparèrent. Les uns écrivirent avec véhémence, pour faire triompher cette doctrine ; d'autres la développèrent dans des ouvrages raisonnés et lumineux.

Mais ils ne s'en tinrent pas là, ils donnèrent à des vérités simples le nom de science nouvelle : il y en eut qui professèrent cette science en style énigmatique ; ils tinrent des assemblées, prirent eux-mêmes un nom de secte et donnèrent à l'un d'eux celui de Maître : qualification bien antiphilosophique, quoique empruntée des anciens philosophes.

Ces hommes de mérite, enflammés d'un zèle ardent pour le bien public, croyaient alors que la vérité avait besoin d'être soutenue par un parti (1).

Cette page nous offre le tableau fidèle de l'état et du mouvement des esprits avant et pendant le ministère

____

(1) Malesherbes, *Mémoire sur les moyens d'accélérer les progrès de l'économie rurale*, p. 78-79.

de Berlin; elle est écrite à propos de Quesnay et de son groupe, elle critique tous ceux qui s'attribuaient le privilège de conjurer les maux de l'état politique et social, en découvrant, comme remèdes, la liberté du travail et la ressource inépuisable de l'agriculture. Malesherbes tenait à faire à tout le monde l'honneur des vérités simples et s'il était convaincu de la nécessité de répandre l'instruction dans les campagnes, il se croyait en droit d'en revendiquer l'honneur pour la science, pour l'Académie des sciences, sans s'occuper des conceptions et des théories de la nouvelle économie politique.

Je sais bien que Quesnay a déjà publié, depuis 1756, des articles dans l'*Encyclopédie*, que les *Maximes générales du gouvernement économique* datent de 1758, et qu'elles allaient provoquer, dans une partie de la société française, une émotion véritable; mais j'insiste sur ce point, qu'à cette date, entre 1740 et 1750, les savants s'étaient plus avancés que les économistes dans le mouvement en faveur de l'agriculture. Cependant, et c'est le plus important, ce mouvement général, intérieur, pratique, devait être conduit, à cette époque, aussi bien par les Intendants que par les savants et les économistes, c'est-à-dire par ceux qui représentaient le Gouvernement, qui étaient directement intéressés à alimenter le trésor en défaillance, qui entretenaient des relations continuelles avec la population et qui commençaient à reconnaître, dans l'agriculture, alliée au commerce, la véritable source de la fortune publique.

Ainsi, de tous les côtés, l'agriculture était poussée en avant par les forces vives de l'intérêt général et de l'opinion publique; mais, au fond, c'était l'Administration qui les dirigeait et qui tenait dans ses mains les affaires de l'agriculture.

Quelques noms résument la situation.

Un groupe d'administrateurs éminents, de nobles esprits, de généreux citoyens se rencontrent et se succèdent pour conduire une partie de la révolution économique du xviiie siècle. C'est l'histoire de Trudaine, de Vincent de Gournay, de Bertin, de Turbilly, de Bertier de Sauvigny, de Turgot; c'est l'histoire de l'Intendance elle-même.

A Trudaine, par son influence sur les hommes et sur les événements, à Trudaine d'abord, tous les honneurs.

Il n'est pas douteux que, dans un moment où toute la nation était en fermentation, où tout le monde se croyait en mesure de parler et d'écrire sur le commerce, les finances, et les moyens de faire prospérer l'État, le caractère de Trudaine, aussi bien que ses connaissances juridiques, exercèrent, à partir de 1745, une action permanente sur la solution des affaires que se disputaient les traditions et l'esprit de réforme.

Cependant Trudaine ne s'imposa pas à l'opinion publique par l'originalité de ses vues et la force de son action. Il s'introduisit, dans les décisions, par un esprit de conciliation entre les traditions du passé et les nécessités du présent.

Du jour où le Contrôleur général Orry lui fit obtenir la succession de Gaumont, son oncle, comme Intendant des Finances, il devint l'homme nécessaire dans toutes les parties de l'Administration et finit par s'illustrer dans la double direction des Ponts et chaussées, qu'il garda pendant trente ans, et de l'administration du Commerce où il devait jouer un rôle prépondérant. N'oublions pas qu'en entrant en fonctions, il rendit à l'agriculture un service éminent. Il fit adopter, par le Bureau du Commerce, un projet d'arrêt qui fut sanctionné par le roi en 1746 et qui organisait des mesures contre la contagion des épizooties. Ce qui donna naissance, en 1748 et en 1751, à une Académie de chirurgie qui devint, en 1778, la Société royale de médecine.

La bienveillance du roi l'accompagna d'année en année, et lorsqu'en 1759, sa santé s'affaiblissant, il voulut se retirer de l'Académie des sciences, il reçut la faveur de partager avec son fils les honneurs de l'Académie et le poids de tous ses services administratifs. Son fils, qui devait s'appeler Trudaine de Montigny, écrivit son éloge sur la demande de l'Académie (1).

Il arrive toujours que, dans les situations politiques et sociales profondément troublées, s'élèvent des voix indépendantes qui donnent la raison des choses et finissent, peu à peu, par créer d'heureux mouvements : c'est l'histoire de Vincent de Gournay qui inspira et conquit, sous le titre modeste d'inspecteur du Commerce, Trudaine, Bertin et Turgot (2). « Vincent de Gournay, a dit Turgot, eut le bonheur de rencontrer, dans Trudaine, le même amour de la vérité et du bien public qui l'animait... Son entrée au Bureau du Commerce parut être l'époque d'une révolution. »

C'est dans le Bureau du Conseil du Commerce que Gournay remporta des succès qui permirent à Turgot de le placer parmi les meilleurs esprits de son temps. Ce

(1) *Histoire de l'Académie des sciences*, 1769, p. 55.
(2) Schele, *Vincent de Gournay*, Paris, 1897. — Éloge de Gournay par Turgot, Collection des Économistes, t. III, p. 127.

Bureau du Conseil du Commerce, partie exécutive du Conseil du Commerce, était dans les mains de l'Intendant des Finances Trudaine, dont les quatre Intendants du Commerce étaient les agents. Il ne faut pas l'oublier.

La célèbre notice de Turgot met au jour les principes de bon sens et de liberté qui dirigeaient Vincent de Gournay et qui firent, peu à peu, révolution dans les Conseils du roi et le gouvernement des affaires économiques. Vincent de Gournay combattait l'absurdité des règlements, les abus des privilèges et l'intervention des gouvernants dans des matières qu'ils ignoraient. Il fut, toute sa vie, l'adversaire des privilèges et le défenseur de la liberté du travail et du commerce ; même au point de vue spécial de l'agriculture, il eut sa part d'influence et de notoriété. Il concourut à la fondation de la première Société d'agriculture, et prépara ainsi le terrain sur lequel le Contrôleur général Bertin, qui sortait lui-même de l'Intendance, allait jeter les fondements d'une organisation combinée de l'agriculture et du commerce.

Il faut dire comment une circulaire du 24 septembre 1755, adressée aux Intendants, annonçait que Vincent de Gournay se rendait dans les provinces « pour y prendre connaissance de tout ce qui pouvait être relatif à l'objet du commerce ». Il se trouvait en Bretagne pendant la tenue des États de cette province, à la fin de 1756. A son instigation, les États nommèrent une Commission pour s'occuper des réformes à préparer ou à solliciter, en matière de commerce, d'industrie ou d'agriculture.

Un négociant de Nantes, Montaudoin de la Touche, proposa de constituer une Société suivant le modèle de la Société d'agriculture de Dublin. Vincent de Gournay

engagea la Commission à adopter ce projet. Il travailla
même à établir les statuts qui furent arrêtés le 2 février
1757, et approuvés, par un brevet du roi, le 20 mars
suivant. Ce ne fut qu'en 1761 que le roi consacra cette
Société d'agriculture par des lettres patentes dans la
série des arrêts du Conseil touchant les Sociétés d'agriculture. Elle était demeurée, pendant trois ans, l'organe de la province de Bretagne et le point de mire
de l'Administration royale (1).

Cette Société, fondée par les États de Bretagne, en
1757, était dite « Société d'agriculture, du commerce
et des arts ». En 1760, fut publié à Rennes, en son nom,
un *Corps d'observations* pour les années 1757 à 1760 ;
ce volume, rédigé par Abeille, secrétaire de Vincent
de Gournay, s'ouvre par un rapport de la Commission
chargée de répondre aux observations présentées par
l'inspecteur en tournée. C'est un tableau des voyages
de Vincent de Gournay.

Vincent de Gournay ne créa pas une école comme le
docteur Quesnay, il fit des disciples : Trudaine, Malesherbes et Bertin ; il ne fit pas des livres, mais des
hommes. C'est par la propagande, par la discussion,
par l'autorité de sa parole, qu'il finit par conquérir
l'Administration. Les missions que l'Intendant du
Commerce remplit, entre 1751 et 1759, apprirent aux
populations et aux intéressés les nouveaux principes
qui, dans le malheur des temps, semblaient promettre
un meilleur avenir. La personnalité de Vincent de
Gournay le mit hors de pair dans le monde de l'intendance comme dans le monde du commerce. « M. de
Gournay, a dit Turgot, mériterait la reconnaissance de

(1) *Archives nationales*, H. 1511.

la nation, quand elle ne lui aurait d'autre obligation que d'avoir contribué, plus que personne, à tourner les esprits du côté des connaissances économiques. »

Vincent de Gournay mourut le 11 juin 1759, peu de mois avant que Bertin ne prît le Contrôle général; mais Bertin, grâce à ses fonctions de lieutenant de Police, l'avait connu, pratiqué, soutenu dans le Bureau du Commerce dont il faisait partie. Quand le Contrôleur général Bertin introduisit l'agriculture dans le compartiment des finances, il retrouva Vincent de Gournay dans Trudaine, et quand, plus tard, en 1763, le ministre secrétaire d'État Bertin maria l'agriculture et le commerce dans un nouveau ministère, il demeura, dans l'action du pouvoir, le successeur de Vincent de Gournay, comme il était le collaborateur de Trudaine.

Mais avant de saluer Bertin, Contrôleur général, voyons par quel concours de circonstances il prit place sur la scène de la grande politique et comment il fut amené à créer l'institution des sociétés d'agriculture.

La situation des finances était désespérée; sur terre et sur mer, en Europe et dans les colonies, la France était battue; le roi et son conseil cherchaient un Contrôleur des finances, c'est-à-dire un homme qui procurât de l'argent.

Au commencement de 1759, Boullongne, Contrôleur général, avait été remplacé, le 4 mars, par Étienne de Silhouette, Commissaire général de la Compagnie des Indes. Après avoir signalé son ministère de neuf mois par l'introduction de nouvelles combinaisons de finance, par des convulsions de la fortune publique et la contemplation impuissante des revers militaires,

Silhouette avait dû se retirer le 21 novembre. Louis XV avait près de lui un conseiller sûr et de premier ordre, Phélypeaux, comte de Saint-Florentin, plus tard duc de La Vrillière, secrétaire d'État par droit héréditaire et qui tenait, dans sa main, la maison du roi et l'administration des plus importantes provinces : Paris et Lyon. Saint-Florentin avait eu l'occasion d'apprécier Bertin qui avait été conseiller au Grand Conseil (juin 1741), maître des requêtes (avril 1745), puis Intendant du Roussillon (1750-1753), enfin Intendant de Lyon depuis 1754. Il l'avait fait agréer par le roi et par Mme de Pompadour en qualité de lieutenant de Police en 1757. Bertin, installé dans la place, sut la garder. « Il y avait deux personnes, dit Mme du Hausset, femme de chambre de Mme de Pompadour, qui avaient grande part à la confiance de Madame (1) », le lieutenant de Police et l'intendant des Postes. On devine ce que cela veut dire. Quand on chercha un Contrôleur général, Saint-Florentin déclara, à Louis XV, qu'il ne pouvait en trouver un plus capable, à Mme de Pompadour, un plus adroit. A la date du 29 novembre 1759, pendant la négociation, Saint-Florentin écrivait à Bertin : « Vous me connaissez vray, vous connaissez mon cœur, mes sentiments et la tendre amitié que je vous ai vouée et qui ne changera jamais (2). » Le roi n'hésita pas à offrir à son lieutenant de Police les honneurs et les périls de la situation. Nous avons noté que le lieutenant de Police faisait partie du Bureau du Commerce, qui était dans les attributions du Contrôle

(1) Bussière, *Henri Bertin et sa famille*. Périgueux, 1908, 3e partie, p. 16.
(2) *Ibid.*

général, et que Bertin avait eu, depuis longtemps, par
l'Intendance de Lyon, des relations administratives
avec l'éminent Intendant des Finances, avec Trudaine.
Le choix de Saint-Florentin était justifié. L'éducation
de Bertin était faite.

Bertin eut la force et l'adresse de faire quelques
difficultés. On sut, dans la ville et à la Cour, que
Bertin avait refusé, sous prétexte d'incapacité, mais on
ne sait pas que Saint-Florentin avait écrit que le roi et
Mme de Pompadour l'avaient prié d'accepter. « J'obéirai,
dit-il, mais quand la guerre sera finie, je prierai le
roi de me tirer des embarras où il me force à entrer. »
« Vous connaissez bien la place », lui répondit
Louis XV. En plusieurs circonstances, Bertin montra
le parti qu'un courtisan peut tirer des apparences de
résistance. Il fit tête au duc de Choiseul qui se hasar-
dait à prendre à son égard un rôle d'autorité, et même
aux volontés de Mme de Pompadour, quand il les esti-
mait contraires au bien de l'État. Elle devait dire un
jour de lui : « C'est un petit homme qu'il est impossible
de maîtriser. Lorsqu'on le contrarie, il n'a qu'un mot
sur les lèvres : « Cela ne vous convient pas, je m'en
« vais. » Ce qui n'empêcha pas Bertin d'être d'accord
avec la favorite, en politique et même en finances (1),
d'être son homme s'il ne fut pas son agent.

Au premier moment, au moment où s'ouvrait la
crise que traversait la pénurie du Trésor, Bertin fut
assez heureux ; le prince de Conti, qui souhaitait de
revenir en faveur, avança au Trésor 500,000 livres ;
mais quelques emprunts viagers ne suffisaient pas,

---

(1) M. de Monthion, *Particularités et observations sur le ministère
des Finances*, Paris, 1812.

Bertin tenta de se créer des ressources permanentes avec un octroi dans les villes et les bourgades ; le Parlement refusa d'enregistrer les édits. Bertin ayant appris que M. de Choiseul travaillait, avec Silhouette, à faire échouer ses projets, prévint Saint-Florentin ; c'était l'occasion de la retraite prévue et désirée. Le roi fit la paix avec le Parlement en donnant le Contrôle général des finances à François de Laverdy, conseiller au Parlement. Cette retraite n'affaiblit pas le crédit de Bertin ; tout au contraire ; il reçut, comme on le verra plus loin, le titre de ministre secrétaire d'État et on composa, pour lui, un département dans lequel il réunit l'agriculture et le commerce, département qu'il devait mener, avec quelques traverses, jusqu'en 1780. C'est donc l'administration de Bertin, Contrôleur général des Finances, qu'il s'agit d'envisager ; car si Bertin avait échoué dans la mission impossible d'alimenter immédiatement le Trésor, il réussit à tenter une grande œuvre, en créant un nouveau ministère et, dans son ministère, les Sociétés d'agriculture, qu'il espérait transformer en agences de son administration.

Quand Bertin eut en mains le Contrôle général des finances, ses idées étaient faites sur la nécessité de créer des ressources nouvelles par l'agriculture et par la liberté du commerce. Il pensait, comme Turgot, que « la finance est nécessaire, puisque l'État a besoin de revenus, mais que l'agriculture et le commerce sont des sources ou plutôt que l'agriculture, animée par le commerce, est la source de ces revenus ».

Bertin était donc lui-même, quand Louis XV rendit, en 1761, sur sa proposition, un édit qui autorisait la libre circulation des grains et des farines dans toute l'étendue du royaume; ce qui fit dire à Voltaire que la France devait à Bertin la liberté du commerce des grains; mais où il fut encore plus personnellement lui-même, c'est lorsqu'il voulut faire créer ou créer des sociétés d'agriculture, libres ou protégées, pourvu qu'elles fussent les instruments indirects de son administration : car sa pensée maîtresse fut de procurer des ressources au Trésor par le développement de la richesse publique, en suscitant un mouvement de travail et un accord de bonnes volontés dans un but financier.

Dupont de Nemours a essayé de classer les libéraux de son temps dans les deux écoles de Vincent de Gournay et du docteur Quesnay; il a classé Malesherbes avec Vincent de Gournay et il a eu raison; mais il classe Bertin dans l'école de Quesnay, probablement parce que la doctrine fondamentale de Quesnay reposait sur la prééminence de l'agriculture. La vérité est que Bertin n'était pas d'une école; il était d'abord trop politique pour se compromettre avec des gens d'esprit et de talent aussi passionnés que les amis de Quesnay. Il lui convenait mieux de rester dans son groupe avec Trudaine et ses Intendants et de demeurer, par des actes et non par des discours, le chef du groupe libéral de l'Administration royale qui cherchait à restaurer les finances de l'État, en renouvelant les sources de la fortune publique.

C'est donc par le Contrôle général des finances que l'agriculture entra dans l'Administration. Les principaux agents du Contrôleur général étaient, dans les provinces, les Intendants ou commissaires départis; à Paris, les Intendants des finances et les Intendants du

commerce. Correspondant attitré du ministre qui le
faisait nommer et le dirigeait, l'Intendant des provinces est vraiment son collaborateur par les actes et
par les paroles. Il doit tout savoir, il est agent d'in-
formation et d'exécution, il est l'homme du roi ; mais
il est aussi l'organe des ministres et spécialement du
Contrôleur général. L'intervention de l'Intendant n'était
pas seulement utile, elle était nécessaire (1).

A peine arrivé au pouvoir, le nouveau Contrôleur
général des finances avait mis tout en branle. Sur ses
conseils, les Intendants, ses anciens collègues, lui
donnèrent des études, des enquêtes, des rapports sur
la situation des esprits et l'état d'un personnel qui pût
venir à son secours. Les Intendants répondirent avec
zèle ; mais leurs premières réponses furent naturellement différentes, suivant le milieu dans lequel elles
pouvaient évoluer. Quelques Intendants eurent le courage d'avouer que la défiance paralyserait tout effort
spontané, et que, du côté des cultivateurs comme
des Académies, le temps seul pourrait triompher de
l'universelle apathie. Méliand, Intendant de Soissons,
déclara que le progrès ne pourrait s'accomplir que par
un accord et une action directe de l'Administration et
des propriétaires sur l'ignorance de la population dans
les campagnes. Enfin quelques Intendants, à force
de zèle et de travail, parvinrent à faire des réunions
sous leurs présidences et à gagner la faveur momentanée des futures institutions agricoles.

L'entreprise de Bertin offrait de grandes difficultés.
Il trouvait des obstacles dans l'ignorance et la méfiance

(1) Cf. *Les Intendants de province sous Louis XVI*, par Ardascheff et
Jousserandot. Paris, 1909.

des gens de travail, l'antagonisme des institutions locales, la diversité des caractères des habitants, des régimes de cultures, la rivalité des autorités et des académies. Que faire de mieux, si ce n'est de confier au zèle des Intendants le soin de favoriser la création d'une Administration générale par des décrets uniformes? En un mot, dans cette campagne, de chercher la victoire dans la confiance et non dans l'autorité? Tel fut le plan de Bertin et ce plan était d'autant plus sensé qu'il laissait libre l'entrée en ligne des collaborations les plus inattendues, des unions les plus efficaces.

Au milieu de ces masses profondes, ignorantes et malheureuses qui remplissaient nos campagnes et qu'on appelait des « laboureurs », se trouvaient, à cette époque, des propriétaires qui aimaient leurs terres et cherchaient à les mieux cultiver. Malesherbes, auquel il faut souvent revenir, a parlé longuement de l'histoire des frères Duhamel, de M. de Fougeroux, de M. de La Luzerne, de M. de La Galissonnière, de ses voisins et de lui-même. Il citait, il est vrai, des modèles.

Il y avait donc des praticiens véritables qui soutenaient, de leurs vœux et de leurs efforts, la campagne menée par les savants et l'Administration royale en faveur des progrès agricoles; mais ces bonnes volontés, ces compétences étaient isolées; il fallait un homme qui remuât tout le monde des gentilshommes campagnards, par la popularité de ses succès. Tel fut le marquis de Turbilly. Jeune encore, possesseur de vastes domaines dans l'Anjou, il se jeta, par vocation, dans une lutte contre les mauvaises terres, contre les mauvaises pratiques, contre l'ignorance et l'incurie des populations qui l'entouraient.

[illegible] règne [illegible]
académie. Qu [illegible]
au zèle des [illegible] le [illegible]
d'une Administration [illegible] par [illegible]
formes. Il [illegible]
la volo [illegible]
fut le plan de la [illegible]
qu'il l [illegible]
les plus malheureux, des [illegible] les p [illegible]

Au milieu de ces [illegible]
malheureux qu [illegible]
qu'on ap [illegible]
époque [illegible]
cherchai [illegible]
il ho [illegible]
des [illegible]
Lazar [illegible]
de lui-même [illegible]

Il y avait de [illegible]
naient de leurs [illegible]
menée par les [illegible]
faveur de [illegible]
ces compéti [illegible]
qui connaissait [illegible]
pagnards, par [illegible] danie de [illegible]
marquis de La [illegible] commencent [illegible]
domaines dans [illegible] il se pr [illegible]
une lutte contre [illegible] avares [illegible]
vaises pratiques, contre l'inc [illegible] des
population qu l'entoura [illegible]

MENON MARQUIS DE TURBILLY

C'est ainsi que le marquis de Turbilly se montra, tantôt dans le métier des armes, tantôt dans le métier de l'agriculture, un soldat et un général, si bien qu'il imposa son action, ses conseils et pour ainsi dire sa direction à tous ceux qui menaient, dans le Contrôle général, la campagne pour l'amélioration de l'agriculture (1).

Le marquis de Turbilly n'était pas du parti des savants ni du parti des économistes; il n'était pas un savant comme Duhamel et Daubenton, un économiste comme Vincent de Gournay ou Quesnay; c'était un observateur doué d'un génie pénétrant et d'une ardeur sans égale : il était lui-même. Il avait publié, en 1750, un *Mémoire sur les défrichements* qui fut un coup de maître. Ce mémoire balança le succès de la *Culture des terres* par Duhamel; il fit, sur le Gouvernement, une impression si vive, que le Contrôle général l'adopta comme une solution victorieuse des difficultés présentes et le répandit par l'intermédiaire des Intendants.

Voltaire, dans quelques traits heureux, a réuni les noms de Turbilly, de Trudaine et de Bertin.

Le poète interpelle un petit-maître devenu maître en culture.

> D'un canton désolé l'habitant s'enrichit;
> Turbilly dans l'Anjou, t'imite et t'applaudit.
> Bertin qui, dans son Roi, voit toujours sa patrie,
> Prête un bras secourable à ta noble industrie ;
> Trudaine sait assez que le cultivateur
> Des ressorts de l'État est le premier moteur,
> Et qu'on ne doit pas moins, pour le soutien du Trône,
> A la faux de Cérès qu'au sabre de Bellone (2).

(1) *Journal des savants.* Chevreul, 1853, p. 632 et 767.
(2) Voltaire. Epitre XCIV.

Quelques passages de la correspondance de Bertin révèlent l'influence directrice de Turbilly et associent ce gentilhomme, ce praticien, aux espérances méditées de l'Administration. Il sera le confident du ministre; il sera son conseil, son inspirateur. Bertin suivra ses avis qu'il daignera même transmettre aux Intendants.

Le 14 juin 1760, Turbilly écrit à Bertin :

J'ai l'honneur de vous envoyer trois écrits : le premier contient des observations sur les Sociétés d'agriculture; le second est un mémoire pour en établir une dans la généralité de Tours, si M. le Contrôleur général juge à propos de m'en charger; quant au troisième, c'est un projet ou plutôt une idée de la lettre circulaire que le ministre a l'intention d'écrire aux Intendants pour la formation de ces Sociétés. Elle est si intéressante qu'elle demande une singulière attention. Il faut qu'elles demeurent unies sous l'autorité du Contrôleur général, afin de ne pas séparer les finances de l'agriculture qui en est la source (1).

C'est le 22 août que Bertin adressa une circulaire à tous les Intendants, les invitant, sur l'ordre du roi, de provoquer des réunions de cultivateurs pour étudier les moyens d'améliorer la situation de l'agriculture.

Turbilly le premier annonce, le 7 septembre, que la Société de Tours est formée. La lettre suivante adressée à Bertin en est la preuve :

7 septembre 1760. — La Société d'Agriculture de la Généralité de Tours est entièrement formée. J'ai l'honneur de vous envoyer le prospectus avec la liste de ceux qui la composent. Quelque degré d'activité que j'aie mis à cette opération intéressante, elle n'a pas été aussi prompte que je l'avais d'abord pensé, à cause de l'éloignement des différentes demeures des personnes qu'il a fallu voir et des divers voyages que j'ai été obligé de faire à ce sujet. Cette Généralité comprenant les provinces de Touraine, d'Anjou et du Maine, chacune d'une étendue à peu près égale et

(1) *Archives Nationales*, Carton H¹. 1506.

qui toutes ensemble se trouvent trop vastes pour ne former qu'un seul bureau, il a paru convenable, comme vous verrez, Monsieur, dans le prospectus, de partager cette société en trois bureaux dont le premier à Tours, le second à Angers et le troisième au Mans. Ces bureaux ne formeront qu'un même corps et ils correspondront entre eux. Celui de Tours sera regardé comme le Bureau général et le centre de la correspondance.

Et dans une autre lettre, il ajoute :

Comme vous désirez, Monsieur, qu'il se forme de semblables établissements dans les autres Généralités du royaume, je me suis également attaché à composer et à arranger notre Société de manière qu'elle puisse leur servir non seulement d'exemple, mais encore de modèle. Cette société naissante doit m'envoyer, à mon retour à Paris, un projet des autres statuts et règlements dont elle aura besoin, afin que je puisse le mettre sous vos yeux pour que vous en décidiez. Tous les citoyens qui la composent vous supplient à présent ainsi que moi à vouloir bien mettre la dernière main à cette institution qui est votre ouvrage et de leur faire avoir des lettres patentes de Sa Majesté. Tout le monde vous fait mille bénédictions et l'on vous regarde, Monsieur, comme le restaurateur de l'agriculture en France. Cette opération ne m'a point empêché de continuer mon travail sur les autres objets relatifs au rétablissement de l'agriculture dans le royaume que vous avez, Monsieur, pris fort à cœur. Toutes les lettres et papiers qui me sont adressés, suivant vos ordres, au Contrôle général m'ayant été envoyés très exactement, j'y ai répondu de même et je vois avec plaisir par cette correspondance que l'on travaille de tous côtés en France, où le goût pour l'agriculture reprend, ainsi que pour les défrichements jusque dans les provinces les plus reculées.

Les réponses des autres Intendants furent diverses, elles arrivèrent au Contrôle général seulement en novembre. Bertin et Trudaine tombèrent d'accord sur la nécessité de comparer les études faites dans les diverses généralités et de préparer des décisions pour le Conseil du roi.

Dans le temps même où les Intendants étaient appelés

à provoquer l'établissement des sociétés d'agriculture, c'est-à-dire dans l'automne de 1760, Turbilly faisait mettre sous les yeux de Trudaine un état « des premiers objets, dans lesquels on croit qu'il serait à propos que le Comité d'agriculture délibère ». Voici le résumé de cette note, qui met Turbilly au premier rang des conseillers de l'Administration :

Il faudrait, dit-il, que le comité commence par régler les formes qu'il croira devoir observer et que pour éviter de tomber en contradiction avec lui-même il conviendrait qu'il y eût trois registres, dont le premier contiendra les délibérations que M. Parent y fera reporter au net. Après les avoir écrites d'abord dans l'Assemblée, M. Parent fera enregistrer sur le second les lettres et mémoires qu'on recevra et mettre sur le troisième les copies de toutes les lettres qu'on écrira, ainsi que celles que l'on fera signer par M. le Contrôleur général.

Le premier objet dont ensuite on s'occupera sera l'établissement des sociétés d'agriculture dans les diverses Généralités, en finissant d'abord en ce qui concerne celle de Tours qui est toute prête : elle attend, depuis plusieurs mois, le brevet du roi qui lui donnera la permission de s'assembler et de travailler.

En envoyant les arrangements de la Société de Tours dans les autres Généralités, cela facilitera une pareille opération partout ; on pourra même la regarder comme très avancée, du moment qu'on aura terminé ce premier objet, qui servira de modèle ailleurs, du moins pour les choses générales, étant convenable que de telles Compagnies qui correspondront non seulement ensemble, mais encore avec le Comité qui les dirigera, soient formées dans le même esprit et sur un plan uniforme autant que faire se pourra.

A mesure que toutes ces sociétés, dont plusieurs sont déjà fort avancées, se termineront, on leur prescrira la conduite qu'on désirera qu'elles tiennent d'abord, chacune en particulier, en combinant les besoins de leurs provinces avec les intérêts du corps entier de l'État, elles ne se trouveraient point à portée de faire exactement cette combinaison qui demande des connaissances qu'on n'acquiert que par l'administration dans le grand et la prédilection qu'elles auraient pour leurs territoires les empêcherait d'ailleurs très souvent de prendre le meilleur parti.

Après les Sociétés, l'article qui presse le plus et sur lequel il sera nécessaire de décider, pendant qu'elles achèveront de se former, c'est celui des défrichements : le goût devient presque général en France pour ces sortes d'entreprises ; il s'est fait une espèce de révolution en faveur des terres incultes, l'on défriche de tous les côtés, dans la plupart des provinces où M. le Contrôleur général a fait espérer une exemption pour les terrains nouvellement défrichés.

Il serait à propos de recueillir et d'examiner toutes les ordonnances et règlements, qui ont été faits en France, sur l'agriculture jusqu'à ce jour, afin que le Comité puisse se former des principes sur lesquels il décidera dans ses délibérations et songer aux nouvelles lois qui seront nécessaires.

Il conviendrait aussi de revoir et d'extraire toute la législation du commerce des grains, depuis François 1er jusqu'à présent, pour connaître les véritables causes de ces entraves qui ont été mises à ce commerce et pouvoir y remédier ; l'on fixe cette recherche à l'époque du règne de ce prince, parce qu'il rendit le commerce des grains libre et permis de province à province dans tout le royaume, par son ordonnance du 8 mars 1539, laquelle fut suivie d'un édit qu'il donna le 20 juin de la même année et qui fut enregistré au Parlement le 31 du même mois. L'on ne trouve pas qu'il ait jamais été dérogé depuis cet édit et cependant il ne s'exécute plus.

Les péages sur les grains demandent un examen particulier, on en a supprimé la plus grande partie ; comme il en subsiste cependant encore plusieurs, il serait bon d'en avoir un état. Sous le ministère de M. Colbert, il y eut un arrêt du Conseil du 2 avril 1672, qui exempta les grains de la moitié des péages : cet arrêt, qu'on ne rendit que pour le cours de la Saône et du Rhône seulement, fut cause alors que le commerce des grains se porta de ce côté-là, ce qui prouve combien ces péages le gênent ; pour se délivrer de cet inconvénient, le Conseil a rendu, le 10 novembre 1739, un autre arrêt qui exempte de tous droits de péages les blés, farines, légumes, etc., transportés dans l'intérieur du royaume, mais cet arrêt n'est point enregistré dans les cours ; il serait question d'en dresser un nouveau, accompagné de lettres patentes, qu'on leur enverrait en même temps, pour procéder à son enregistrement, ou bien l'on prendrait la voie d'une déclaration du roi que l'on ferait pareillement enregistrer.

La libre circulation des grains dans l'intérieur du royaume est une chose pour laquelle on ne doit rien négliger. Le 17 septembre 1743, le conseil rendit un arrêt qui permit le transport des grains, farines et légumes d'une province et d'un port de France dans une autre province et port de ce royaume ; à la charge de se conformer aux différents réglements faits dans les diverses provinces à ce sujet sous les peines y contenues : cette dernière clause qui ne fut point expliquée suffisamment donna de l'inquiétude et empêcha le bon effet que cet arrêt devait naturellement produire. Le 17 septembre 1754, il a paru un autre arrêt du Conseil, lequel, entre autres dispositions, ordonne que le commerce de toutes espèces de grains sera libre entièrement par terre et par les rivières de province dans l'intérieur du royaume. Ce dernier arrêt, qui n'a point été enregistré dans les cours non plus que celui dont on vient de faire mention, n'est pas encore suffisant ; il semble ne regarder principalement dans le point le plus intéressant que le Languedoc et les Généralités d'Auch et de Pau.

Il s'agirait, comme pour l'article précédent, de faire rendre un nouvel arrêt du Conseil, accompagné des lettres patentes adressées aux Cours souveraines pour son enregistrement ; ou de leur envoyer à ce sujet une déclaration du roi dans laquelle on rappellerait l'édit de François Ier, ci-devant cité, et qu'on y ferait également enregistrer ; cette formalité lèverait toutes les difficultés qui naissent chaque jour sur cette matière, non seulement vis-à-vis des Parlements, par la raison que c'est un fait de haute police, mais encore dans les plus petits sièges ou bailliages. Ces obstacles rebutent ceux qui voudraient faire voiturer un peu plus loin les blés ; souvent on voit une province en regorger ou ne trouver à les vendre qu'à vil prix pendant que les provinces circonvoisines en manquent et l'achètent fort cher. Tous les Français composent cependant une même famille et doivent être regardés comme les enfants d'un même père. Il n'est pas juste que les uns jeûnent sans que les autres puissent leur faire part d'un superflu qui se perd.

L'on ne parle pas ici de l'exportation des grains hors du royaume : cette matière mènerait trop loin et ce n'est pas, attendu la guerre présente, un des premiers objets auxquels on doive s'appliquer ; on aura le temps de s'en occuper dans la suite.

Le Comité ne peut se dispenser d'avoir connaissance des différentes mesures dont on se sert pour les terres dans le royaume sous diverses dénominations et il faudra qu'il ait un état détaillé de leur composition et de leur étendue rapportés à l'arpent, la perche et la toise, mesure de Paris; il aura besoin encore d'être instruit des autres mesures usitées pour les denrées, dans toutes les provinces; rien ne l'en mettra plus promptement au fait qu'un tableau sur lequel on marquera le volume et la pesanteur de chacune de ces mesures en particulier, combinées vis-à-vis du pied de Roy et du poids de Marc. S'il n'était point éclairci de ces détails, il ne pourrait souvent décider en connaissance de cause sur plusieurs points intéressants et relatifs à la correspondance qu'il aura dans les provinces.

L'on voit tous les jours que les cultivateurs, ainsi que les marchands de grains qui sont à peine au fait de ces propositions dans leur voisinage, les ignorent dans le lointain. Cette ignorance est cause que les premiers font souvent de mauvais marchés et que les derniers tirent quelquefois des blés ou autres denrées de fort loin, pendant qu'il leur serait avantageux de les faire venir de plus près. On rendrait un grand service aux uns et aux autres, en les éclairant sur tout cela.

Tels sont les premiers objets sur lesquels on croit qu'il est à propos que le Comité délibère dans le commencement de ses assemblées. L'on ne propose ceci que comme de simples idées très faibles qu'on lui présente par zèle et qu'on soumet à son jugement (1).

Ce Mémoire justifie l'autorité prépondérante dont jouissait Turbilly en 1760 dans le Contrôle général.

Un jour, Turbilly avait écrit à Bertin qu'il serait bien utile qu'il y eût, au Contrôle général, « une réunion d'amis » pour s'occuper de toutes les questions d'agriculture. Cette réflexion tomba au moment favorable dans un terrain propice. La réunion d'amis prit le caractère officiel d'un Comité et devint un des premiers éléments d'un Ministère de l'Agriculture.

Le **23** décembre 1760, Trudaine écrivit à Turbilly pour lui annoncer le succès de ses projets :

(1) *Archives Nationales*, H¹¹, 1506.

J'ai encore entretenu hier M. le Contrôleur général de ce qui
concerne les sociétés d'agriculture; il désire qu'après les fêtes il
y ait chez moi une assemblée composée des personnes que je
vous ai nommées pour délibérer sur tout ce qui concerne cet
objet intéressant. L'affaire de Tours qui, par vos soins, est la plus
prête sera expédiée la première. Je le vois dans les dispositions
les plus favorables.

Trudaine n'était pas moins heureux que Turbilly.
Le 26, il remerciait Bertin de lui confier l'établissement de ce Comité d'agriculture « qui sera, dit-il, de
la plus grande utilité ».

Le 6 janvier 1761, Bertin répliqua en donnant à
Trudaine des instructions définitives.

Le roy a donné, Monsieur, une attention particulière aux projets qui ont été faits dans différentes provinces du royaume pour
y former des sociétés d'agriculture, qui, s'occupant uniquement
d'un objet aussi intéressant, pussent lui procurer les moyens
qu'ils croiront les plus propres pour l'encourager et la faire prospérer ; il en a été écrit une lettre à MM. les Intendants dont vous
avez connaissance; la plupart ont répondu; quelques-uns ont
proposé des arrangements relatifs aux vues de Sa Majesté. J'ai
pensé que pour donner à ce travail l'uniformité et la suite nécessaires, il était à propos de former chez vous un Comité qui
s'assemblera un jour de chaque semaine, et dans lequel on examinera les projets formés dans toutes les Généralités, les partis
qu'il conviendra de prendre pour les mettre à exécution. M. de
Courteille par le travail dont il est chargé, sur tout ce qui
regarde le commerce des blés, et M. de Sauvigny qui, comme
Intendant de la Généralité de Paris, a une connaissance particulière de tout ce qui concerne les détails de la campagne, y seront
très utiles; M. votre fils ne pourra qu'y servir aussi beaucoup, et
d'ailleurs il vous sera personnellement de secours; M. le marquis
de Turbilly, qui par son zèle pour l'agriculture, par les exemples
qu'il a donnés dans ses terres, et l'ouvrage qu'il a publié, a contribué plus que personne à mettre en mouvement les projets des
sociétés d'agriculture et à réveiller l'attention des citoyens zélés
pour cet objet, voudra bien y assister aussi, et M. Parent sera
chargé de tenir le registre des délibérations qui pourront s'y

prendre. Le roy, à qui j'ai proposé cet arrangement, l'a approuvé. Je vous prie d'en faire part à ceux que je viens de vous nommer, afin que les assemblées puissent commencer incessamment à se tenir (1).

Et Trudaine de lui répondre :

Il est certain qu'un Comité, composé de quelques personnes aussi respectables qu'éclairées, qui s'assembleront toutes les semaines, pour diriger, sous un même point de vue, les diverses opérations relatives à l'augmentation et à la perfection de l'agriculture, sera de la plus grande utilité. L'on croit même qu'il est nécessaire, pour tenir l'ensemble de la chose, et tourner vers le but qu'on se propose le travail des sociétés que l'on établit dans les différentes Généralités, pour s'appliquer uniquement à cet objet essentiel.

M. le Contrôleur général a décidé, avec juste raison, qu'il ne convenait point d'attribuer à celle de Paris aucune supériorité sur les autres, et qu'il ne fallait pas que le Bureau qu'elle aurait dans cette capitale fût le Bureau général d'agriculture du royaume; si on lui donnait quelque pouvoir, sur ces compagnies libres, entre lesquelles il est important de maintenir l'égalité et d'entretenir l'émulation, cela les dégoûterait et il en résulterait un mauvais effet.

Le Comité s'occupera vraisemblablement, d'abord, du soin d'achever l'établissement de toutes ces sociétés; à mesure qu'elles seront formées, il leur indiquera la route que le roy désire qu'elles prennent, chacune en particulier dans le commencement, relativement à leur climat, à leur position, au sol de leurs fonds, à ses productions, au génie des habitants et aux autres considérations intéressantes.

Cette attention est d'autant plus indispensable, que, dans les premiers temps, nos sociétés n'écoutant que leur zèle, pourraient embrasser trop d'objets à la fois, et ne pas se tourner vers ceux qui demandent d'être traités de préférence. Telle province, par exemple, ayant besoin qu'on s'attache principalement aux blés et aux prairies artificielles, pendant que telle autre exige d'abord des soins pour la culture des vignes ou la nourriture des bestiaux.

(1) *Archives Nationales*, F¹⁰ 258.

On objectera peut-être contre cette disposition que l'agriculture veut être libre, et qu'on ne saurait commander à des compagnies composées de citoyens qui ne sont point obligés à l'obéissance dans cette partie; aussi ce sont des conseils et non des ordres, qu'on entend leur donner, et l'on ne prétend pas les gêner en rien; mais comme ces citoyens se trouveront remplis de bonne volonté, quand on leur marquera que Sa Majesté souhaite qu'ils fassent quelque chose pour le bien public, auquel ils se sont voués, ils s'y porteront sûrement avec plus d'empressement encore, que si on le leur ordonnait avec droit de s'en faire obéir; ce serait ne pas connaître notre nation que de penser d'eux différemment.

Ce Comité, qui n'agira que sous l'autorité du ministre des Finances, qui en sera le chef, lui épargnera bien des détails dans lesquels ses autres occupations ne lui permettent souvent pas d'entrer; il examinera les matières, en délibérera, marquera son avis, et les lui présentera toutes prêtes à décider; il envisagera l'agriculture dans le grand et pour le bien général de l'État, sans acception pour aucune province de préférence, partialité dont les sociétés de chaque Généralité ne sauraient être exemptes, étant naturel qu'elles pensent aux intérêts de leur territoire, avant de songer à ceux du corps entier de la Monarchie, qui aura quelquefois des besoins plus pressants et d'une autre conséquence.

Le Comité tiendra la balance entre toutes ces sociétés sur lesquelles il veillera, il aura soin de protéger et d'encourager l'agriculture, il tâchera de la dégager des entraves qui la gênent, et de surmonter les obstacles qui s'opposent à ses progrès. Il proposera les nouvelles lois dont elle a besoin, nos anciennes, qui tiennent du Gouvernement féodal, ne la favorisant pas assez; mais parmi ces nouvelles lois, il ne placera point de règlements prohibitifs, attendu qu'ils produiraient les plus mauvais effets; enfin il recherchera soigneusement tous les moyens capables de hâter le succès de son entreprise dont la réussite est certaine; si les fruits n'en sont pas considérables d'abord, l'on en sera bien dédommagé par la suite : c'est de la semence qu'il faudra laisser germer, croître et mûrir, avant d'en faire la récolte.

La nation agréablement prévenue par le bruit de l'établissement des Sociétés d'agriculture, qui sont fort de son goût, verra avec joie ce Comité, qui ne peut commencer trop tôt,

par mille raisons; il lui fera sentir que le Gouvernement a
véritablement dessein de soutenir ces sociétés et de rétablir la
culture des terres, malheureusement trop négligée depuis longtemps en France.

L'agriculture ne sera plus, comme par le passé, dépourvue
de secours.

Espérons que, pour achever d'honorer l'agriculture, et d'y
porter tout le monde, le roy voudra bien se déterminer quelque
jour, sur les instances des cultivateurs, à former un Conseil
royal d'agriculture, dont il sera lui-même le chef: l'on en a bien
créé un pareil pour le commerce; il paraîtra toujours surprenant qu'auparavant d'établir ce dernier, l'on n'ait point fait le
premier, puisqu'il était naturel de s'occuper de la cause avant
de pourvoir à l'effet (1).

Le nouveau Comité fut convoqué immédiatement et
se réunit le dimanche 11 janvier 1761. Trudaine
informa ses nouveaux collaborateurs des ordres du
roi et des instructions de Bertin.

Une note de Trudaine fixa les rôles, suivant le conseil
de Turbilly :

M. Parent tiendra les registres.

Recueillir et examiner toutes les ordonnances et règlements
sur l'agriculture : M. l'abbé Bertin et M. le marquis de Turbilly.

Revoir et extraire toute la législation du commerce des grains,
depuis François Ier jusqu'à présent : M. l'abbé Bertin et M. le
marquis de Turbilly.

Examiner les péages sur les grains : M. de Montigny.

Faire un état détaillé des différentes mesures des terres :
M. Parent.

Dresser un tableau contenant les mesures usitées pour les
denrées, dans toutes les provinces : M. Parent (2).

Ce fut Parent, premier commis des finances, qui
réunit, au Contrôle général, les correspondances des
sociétés d'agriculture, car il est intéressant de noter

(1) *Archives Nationales*, F10 258.
(2) *Archives Nationales*, F10 258.

que Bertin autorisa les sociétés d'agriculture à correspondre directement avec lui, sans qu'elles fussent obligées de passer par les Intendances.

Il semble bien, d'après cet ordre de travail, que le Comité d'agriculture ne devait pas seulement centraliser les nouvelles qui arrivaient de la province et les questions touchant l'organisation des sociétés d'agriculture, puisqu'un ordre de service fixait à certains membres du Comité des attributions particulières.

Nous le répétons, il est de toute justice de reconnaître que, dans les derniers mois de 1760, Turbilly fut, au point de vue administratif, l'âme de l'administration du Contrôle général comme sa Société de Tours fut le modèle des autres Sociétés d'agriculture.

Dans un rapport adressé par Trudaine, mais annoté par Bertin, peut-être rédigé par Parent et postérieur de quelques années à la création du Comité de 1760, on lit ce passage, qui explique le plan préparé et exécuté par le Contrôle général.

« Au milieu de la guerre dernière et lorsque l'attention de toute l'Europe était fixée sur les progrès des ennemis dans l'Amérique septentrionale, on crut devoir rappeler la nation française aux travaux de l'agriculture dont elle paraissait avoir négligé les avantages. On s'occupa d'abord du soin de faire répandre des livres bien faits sur l'amélioration de la culture des terres, sur le profit qu'on devait en retirer et sur l'espèce d'abandon où l'on avait laissé l'agriculture depuis un siècle. Ces ouvrages firent beaucoup de sensation et le moment arriva d'en profiter. Le plan que l'Administration se proposa fut, en premier lieu, d'encourager les propriétaires des terres et les fermiers à faire des efforts pour augmenter leurs travaux et les produits de leurs fonds, soit en répandant plus d'engrais sur les terres par la multiplication des bestiaux, soit en défrichant les terres incultes dont l'étendue formait alors des déserts dans les plus belles provinces du royaume.

« En second lieu, l'Administration se proposa d'entendre les cultivateurs eux-mêmes sur l'espèce des encouragements qu'ils désiraient obtenir.

« Pour cet effet, il fut établi, en 1760, un Comité composé de cinq Conseillers d'État et de trois particuliers, que leur zèle et leur expérience dans l'agriculture avaient fait connaître avantageusement. Il fut présidé par le ministre du roy ayant le département de l'Agriculture.

« Ce Comité s'assembla régulièrement toutes les semaines, pour correspondre avec les Intendants des provinces auxquels on envoya les questions dont les réponses devaient faire connaître l'état de la culture des terres dans leur généralité.

« On leur proposa, pour les soulager dans ce travail, de former auprès d'eux des Sociétés d'agriculture où ils appelleraient, parmi les propriétaires, ceux qui seraient les plus distingués dans leur province par l'étendue de leurs possessions et par leurs lumières sur la meilleure manière de les cultiver.

« Ce plan réussit autant qu'on pouvait l'espérer. On parvint successivement, et dès l'année 1762, à former, dans 21 généralités, 18 Sociétés d'agriculture dont les membres ne s'occupèrent plus que du soin d'encou-

rager les peuples à la culture par leurs leçons et
encore plus par leurs exemples. Toutes ces Sociétés
furent établies, chacune par des arrêts du Conseil, dans
lesquels leurs membres furent nommés et cette distinction ne fut pas un des moindres véhicules à leur
empressement. »

Parmi les Sociétés d'agriculture en préparation dans
le second semestre de 1760, les deux premières qui
reçurent la consécration royale furent la Société de
Tours, organisée par Turbilly, et la Société de Paris,
par Bertier de Sauvigny.

Pendant que Turbilly mettait sur pied la Société de la
Généralité de Tours, il s'était occupé, en même temps,
de la Société de la Généralité de Paris, quoique Bertier
de Sauvigny en ait été le véritable promoteur et ordonnateur. Les arrêts du Conseil relatifs à la Société de
Tours (24 février) et de Paris (1er mars 1761), furent
rendus presque au même moment, sur le rapport de
Bertin. Le 12 mars, la Société de Paris se réunit à
l'hôtel de l'Intendance de Paris ; Bertier de Sauvigny
fonctionnait en qualité de commissaire du roi ; il donna
communication aux membres choisis par le roi du
règlement de la future Société ; mais ce fut Turbilly
qui ouvrit la séance du 12 mars, par une lecture sur
la création des Sociétés royales d'Agriculture dans les
différentes Généralités du royaume. Cette lecture fut
dans la bouche de Turbilly l'exposé de la politique
de Bertin. Elle donne l'impression d'une déclaration
de Gouvernement.

L'établissement des Sociétés d'agriculture dans les différentes
Généralités du royaume a deux objets :

Le premier, d'étudier par une pratique constante les meilleures

façons de cultiver les terres, relativement à chaque province et
à chaque canton; d'employer les diverses espèces de fonds aux
genres de productions auxquelles ils sont les plus propres; de
donner connaissance au public de leurs expériences, afin que
leurs découvertes, même celles que d'autres citoyens auraient
faites, après les avoir constatées; d'exciter dans le pays, principalement par leur exemple, le goût pour l'agriculture; et de
répandre dans la nation des lumières sur cette matière importante.

Le second objet de ces sociétés, est de proposer au Gouvernement, chacune pour la province dans laquelle elles seront établies, les faveurs et les secours qu'elles croiront les plus propres
à ramener le goût de l'agriculture et à la faire prospérer. Ce
second objet demande beaucoup de prudence et de ménagement:
il est des choses qu'on peut faire dans un temps et qui sont
impossibles dans un autre. On peut compter sur la bonne volonté
du roi et de ses ministres: mais chaque société ne doit faire
aucune proposition incompatible avec les besoins actuels de
l'État; elles doivent éviter surtout les vaines déclamations qui ne
tendent qu'à grossir les inconvénients aux yeux du public, sans
fournir les moyens d'y remédier.

Elles éviteront encore, avec beaucoup de soin, de proposer
aucun des moyens qui pourraient porter quelque atteinte à la libre
propriété des biens, et à la liberté entière que doivent avoir les
propriétaires, de les gérer et de les administrer, comme ils le
jugent à propos: ce sont des conseils et des secours qu'on veut
leur donner, en évitant scrupuleusement tout ce qui pourrait
avoir l'apparence de gêne.

Pour que les sociétés puissent atteindre le but qu'elles se proposent, il est essentiel qu'elles gagnent la confiance du public
et principalement celle des cultivateurs; elles ne sauraient
l'acquérir que par une conduite sage et circonspecte: il vaut
mieux aller pas à pas et marcher sûrement.

Une telle institution doit produire, dans la suite, les meilleurs
effets, ils seront presque insensibles d'abord; mais ils iront toujours en augmentant, et l'on espère que les fruits en seront
considérables dans quelques années. Cette entreprise de longue
haleine ne peut s'effectuer que lentement. C'est un plan dont
l'exécution dépend autant de la confiance que de l'habileté de
ceux qui le suivront.

Les sociétés doivent donc s'attacher à traiter avec ordre les

objets destinés à les occuper; se prescrire cet ordre elles-mêmes,
en commençant par ceux de ces objets qui sont les plus simples,
les plus faciles et les plus utiles à la province : le succès dans
quelques parties sera très propre à inspirer la confiance sur les
autres.

On croit qu'à moins qu'il n'y ait des raisons, fondées sur le
local, qui déterminent à s'occuper par préférence de quelques
objets particuliers, on doit s'appliquer d'abord à ce qui concerne
les labours, tant à la main qu'à la charrue, des terres destinées
à porter des grains, en examinant les différentes méthodes
usitées jusqu'à présent; les outils dont on se sert, tout ce que
l'on peut y ajouter de perfection ; passer ensuite aux engrais et
amendements qu'il est le plus avantageux de donner à ces terres;
puis à ce qui concerne les semailles et les diverses façons de
les faire.

Les prés mériteront ensuite une attention très particulière,
tant pour examiner les moyens de tirer le meilleur parti des
prairies naturelles, que pour multiplier les prairies artificielles.

Ce qui concerne les bestiaux sera l'objet d'un travail fort
étendu et de la plus grande utilité, en le suivant dans toutes les
espèces, même les volailles de basse-cour, les colombiers, les
mouches à miel, etc.

On pourra s'occuper ensuite des vignes, des bois, des chanvres,
des lins, des arbres fruitiers, et de toutes les autres cultures;
enfin des défrichements, et de tous les moyens possibles de tirer
parti des terres restées incultes jusqu'à présent, sans préjudicier
aux anciennes cultures.

En traçant cette légère esquisse, on ne prétend ni gêner la
liberté qu'auront les sociétés, ni leur prescrire aucun ordre, mais
seulement leur indiquer les matières qui doivent les occuper
pour remplir les vues du Gouvernement.

Le système de ces sociétés doit être de n'en adopter exclusivement aucun, parce que certaine pratique, bonne dans un lieu,
ne vaut souvent rien dans un autre. Les gens de la campagne
sont fort attachés à leurs anciens usages, et l'on a beaucoup de
peine à les leur faire quitter; ce n'est que peu à peu que l'on en
vient à bout. Les nouvelles cultures, qui leur ont été proposées
jusqu'à présent, ont peu réussi, et n'ont servi qu'à les dégoûter de
ces fortes tentatives, pour lesquelles ils témoignent un éloignement singulier. Il paraît à propos de ne leur présenter les nou-
veautés qu'on jugera utiles qu'après les avoir si fort éprouvées

sous leurs yeux qu'une grande partie d'entre eux désire les
suivre.

Les sociétés n'auront point de vue de tourner leurs travaux en
écritures. Ces compagnies différentes des Académies doivent
s'occuper bien plus de la pratique que de la théorie, elles observe-
ront, dans les ouvrages qu'elles publieront, d'être fort laconiques
sur les choses de la spéculation et de ne donner de détails que
sur leurs expériences, et dans un style à la portée de tout le
monde.

On reproche communément, aux habitants de nos campagnes,
de ne point lire les ouvrages économiques; mais cela vient
peut-être de ce qu'on ne s'est pas assez occupé de les mettre
à leur portée, ils ne profitent que des instructions qu'ils com-
prennent.

Les hommes, et surtout ceux de cet état, se persuadent bien
plus par ce qu'ils voient que par ce qu'ils lisent, et l'exemple est
le plus fort de tous les encouragements.

Les Sociétés établies dans les Généralités du royaume réuniront en diverses compagnies, un nombre de citoyens éclairés et
zélés, qui travailleront de concert, uniquement par honneur, au
bien général, dans la partie la plus essentielle, sans qu'il en
coûte rien au roi, ni à l'État.

Ce discours de Turbilly résume le caractère des
institutions qu'on cherchait à susciter sous le nom de
Sociétés d'agriculture.

Dans le règlement, suivi d'un nouvel arrêt du
Conseil, Bertin avait fait réserver, aux membres nommés par le roi, le droit de compléter la Société par
l'élection de nouveaux associés. Sous l'influence de
Bertier de Sauvigny, de Turbilly et de Palerne, nommé
secrétaire perpétuel par le roi, la Société de la Généralité de Paris inscrivit sur la liste de ses membres
le comte de Saint-Florentin, Bertin lui-même Trudaine, Intendant des Finances, Courteille, l'abbé Bertin, de Montigny et Parent, c'est-à-dire tous les
membres de la Commission d'agriculture établie par

Bertin au Contrôle général des Finances, sur la demande de Turbilly. Une lettre de Turbilly datée d'octobre 1761 complète le tableau de ses efforts et de ses succès (1).

J'ai reçu, Monsieur, la lettre que vous m'avez fait l'honneur et le plaisir de m'écrire, le 22 de l'autre mois. Je vous envoie ci-inclus l'arrêt du Conseil pour encourager les défrichements que vous me demandez; je ne doute pas qu'il ne produise un bon effet, parce que si l'on trouve l'exemption trop courte, on sera toujours à même de la prolonger au bout de 10 ans; j'ai cru gagner beaucoup en obtenant cette première faveur, sur un objet aussi important, pour lequel il n'avait encore été rien fait; on n'arrive pas au mieux tout d'un coup, il faut aller doucement, marcher toujours et l'on y parvient enfin.

Je vous ai ci-devant marqué que l'on avait pris en considération ce qui regarde la liberté du commerce des grains, et qu'on s'en occupait; c'est une chose extrêmement intéressante.

J'espère que vous serez content des essais que vous comptez faire, en semant cette année de l'orge, du lin et de l'avoine d'hyver; il est surprenant que leur culture ne soit pas d'usage dans votre canton, elle n'est pas difficile, puisqu'il s'agit que de bien préparer la terre et de la fumer, comme pour les autres grains. L'avoine d'hyver se passeroit cependant plus aisément d'engrais que l'orge et le lin en question; ce dernier surtout exige non seulement du fumier, mais encore de la terre un peu pesante.

Le procès dont vous me marquez que vous êtes menacé de la part du Chapitre de Chartres, qui prétend exiger de vous la dime des prairies artificielles me paraît singulier. Je pense comme vous qu'il serait à désirer que par une loi générale on exemptât de dîmes toutes les prairies artificielles, attendu leur utilité; lorsque votre Société royale d'Agriculture d'Orléans s'assemblera, vous pourrés lui proposer de demander si elle juge à propos cette loi.

J'ai l'honneur de vous envoyer aussi ci-joint, Monsieur, le Recueil imprimé qui contient tous les arrangements de la Société royale d'Agriculture de Paris, ses délibérations et les Mémoires publiés par son ordre; il servira d'un guide sûr aux autres

(1) Conservée dans les Archives de la Société.

pareilles Sociétés qui existent déjà et facilitera beaucoup un semblable établissement dans les Généralités où il n'est point encore achevé, et où M. le Contrôleur général compte l'envoyer, en l'adressant à MM. les Intendants.

Ce Recueil produira d'ailleurs plusieurs bons effets que vous sentirez aisément ; je l'ai envoyé à M. Mich et pour votre Société de la part de celle de Paris et ceci sans que j'attendois son impression, je vous aurois répondu plus tôt.

Continuez, je vous prie, à me faire part de vos travaux et de vos judicieuses observations sur tout ce qui a rapport à l'agriculture ; je tâcherai d'en profiter pour le bien de l'État, qui est l'unique but que je me propose.

Agréez, s'il vous plaît, le renouvellement des assurances qu'on ne peut rien ajouter aux sentiments avec lesquels j'ai l'honneur d'être, Monsieur, votre très humble et très obéissant serviteur.

Après avoir rendu à Turbilly, l'homme de Tours et l'homme de Paris, tous les honneurs d'une féconde initiative, marquons, avec reconnaissance, l'action soutenue de Trudaine sur tous les Intendants, c'est-à-dire dans toutes les Généralités du royaume. Il est juste de noter, comme exemple, la conduite de Pajot de Marcheval, Intendant du Limousin. Ce dernier, après deux années d'études dans sa Généralité, créa une société d'agriculture avec tous les gens éclairés et zélés de Limoges. Les assemblées régulières se tinrent, dès 1759, à l'hôtel de l'Intendance. « Je les préside », disait l'Intendant, et, naturellement, la Société de Limoges méritait, une des premières, d'être constituée par un arrêt royal (1). Elle le reçut, le 12 mai 1761, en même temps que la Société d'agriculture de Lyon, qui se forma tout particulièrement sous les auspices et même par

____

(1) Labiche, *Les Sociétés d'agriculture au XVIII° siècle*, p. 18. — Les Archives nationales ont fourni les bases de cet intéressant mémoire.

ordre de Bertin. Tours, Paris, Limoges et Lyon prirent rang à peu près dans le même temps.

Voici la date de la reconnaissance officielle des différentes sociétés qui suivirent de près la création des sociétés de Tours et de Paris, et cette nomenclature forme le tableau d'ensemble de la grande réforme financière et agricole de Bertin : Tours, 24 février 1761 ; Paris, 1er mars 1761 ; Limoges, 12 mai 1761 ; Lyon, 12 mai 1761 ; Bretagne, 12 juin 1761 ; Orléans, 1er juin 1761 ; Riom, 17 juin 1761 ; Rouen, 27 juillet 1761 ; Soissons, 7 septembre 1761 ; Alençon, 31 janvier 1762 ; Auch, 15 février 1762 ; La Rochelle, 15 février 1762 ; Montauban, 21 mars 1762 ; Caen, 25 juillet 1762 ; Hainaut, 4 septembre 1763. Les sociétés d'agriculture furent organisées en plusieurs bureaux de manière à envelopper, dans un réseau de travail et d'encouragement, les diverses parties d'une circonscription agricole. L'organisation des sociétés d'agriculture appartient donc aux années pendant lesquelles Bertin fut Contrôleur général des Finances (1759-1763). En 1763, la mission de Bertin au Contrôle général était accomplie, mais elle se continua dans un nouveau cadre et avec des succès divers (1).

Quand Bertin avait accepté le Contrôle général, nous avons dit qu'il avait fait ses réserves, prévoyant le moment où les difficultés de la situation conduiraient le roi à lui faciliter une retraite. Un conseiller du Parlement, François de Laverdy, prit la charge et les honneurs.

Cette retraite devait être une grande fortune. Au lieu

____

(1) *Archives Nationales.* Cartons H. 1510, 1511, 1514, 1516-1522.

de tomber en disgrâce, il s'éleva en faveur. On rétablit, pour le protégé de Mme de Pompadour, un poste de secrétaire d'État rendu vacant par la mort de Berryer. (7 nov. 1762.)

Le département qui lui fut attribué était formé, en majeure partie, de services détachés du Contrôle général et de la Surintendance des postes. Sans en relater la nomenclature, il faut signaler les haras et les écoles de médecine vétérinaire, l'agriculture en général, et les sociétés d'agriculture, la Compagnie des Indes, les manufactures de porcelaine, les postes, les dépôts d'archives, la navigation dans l'intérieur du royaume ; et, comme administration de province, la principauté des Dombes, la Guyenne, la Normandie, la Champagne, la ville et la Généralité de Lyon, etc. (1).

A ses attributions officielles, Bertin en joignit d'autres plus intimes ; car il fut chargé de la gestion de la fortune privée que le monarque s'était créée en dehors du domaine de l'État. Telle fut, évidemment, la raison de sa perpétuelle influence. Il mérita le reproche d'être l'homme des affaires du roi et de Mme de Pompadour ; nous n'en avons, à cette heure, aucun souci. Il conçut et poursuivit l'expérience d'alimenter le Trésor par des institutions d'agriculture et cela nous suffit.

Bertin entra immédiatement en possession de son nouveau département, dans lequel il allait constituer le premier département de l'Agriculture (2).

_____

(1) *Mémoires de la Société d'Agriculture*, 1888. Heuzé, *Éloge de Bertin*.
(2) Dans sa *Bibliographie historique des finances de la France au XVIIIe siècle*, M. Stourm a cité un manuscrit conservé à la Chambre de commerce de Paris sous le titre : *Extrait des travaux* du sieur Brunet fait par ordre de M. Bertin, Contrôleur général, sur les abus introduits dans l'administration des finances. Bertin n'a publié aucun ouvrage.

Nous avons insisté sur la première période de l'administration de Bertin, parce que l'œuvre des Sociétés d'agriculture fut menée pendant qu'il tenait les fonctions de Contrôleur général. Nous recherchons spécialement, dans cette étude, les origines et les destinées de la Société de la Généralité de Paris. Nous ne suivrons donc pas Bertin dans la seconde période de sa vie administrative, et son action comme ministre Secrétaire d'État, quoiqu'on doive reconnaître que l'esprit général de son administration continua d'être extrêmement libéral et conforme aux traditions de Vincent de Gournay, de Trudaine et de Turgot, dont il avait été, à des titres divers, le collègue. Rappelons seulement l'édit sur la liberté de la circulation des grains, sur le défrichement des terres, l'établissement des écoles vétérinaires, une école d'horticulture près de Melun, une école d'agriculture à Annel, près de Compiègne, une école de boulangerie à Paris. N'oublions pas qu'il multiplia les relations avec les cultivateurs, pour les instruire dans la lutte contre les insectes et les animaux nuisibles, les mulots et les loups, par exemple, et pour propager des plantes nouvelles et utiles.

Rapprocher et consigner tous ces souvenirs, c'est retracer avec sympathie la carrière du premier ministre de l'Agriculture (1).

La mort de Louis XV, dont Bertin avait été le secret et fidèle serviteur, fut le signal de la décadence des services qui composaient ce qu'on appelait, dans l'annuaire royal, « le ministère de M. Bertin ». L'avènement

(1) Comte de Luçay. *Les Secrétaires d'État depuis leur institution jusqu'à la mort de Louis XV*. Paris, 1881, p. 360 et 525.

de Turgot, son ancien collègue au Bureau du Commerce, aurait dû faire croire à la consolidation de son autorité; mais Turgot ne fit que passer, et l'arrivée de Necker (1776) comme Directeur général des Finances, changea le sort des affaires administratives. Quand Necker supprima les six Intendants des Finances, pour concentrer l'autorité entre ses mains, il porta à Bertin et à son système d'administration un coup mortel. « Si on ne veut pas me permettre de travailler, qu'on me le dise. J'aime le repos », écrit-il à Moreau, son ami et son collaborateur. Bertin survécut encore quelque temps à la tourmente, mais ses œuvres furent atteintes; le service des Sociétés d'agriculture fut abandonné à lui-même. Il faut avouer, d'autre part, que les Sociétés d'agriculture commençaient à s'occuper de la politique administrative plus que de l'agriculture pratique. « Je n'entends que des réclamations, écrivait-il à Parent; préparez-moi des réponses, occupez-vous donc de vos Sociétés d'agriculture. » Mais Parent, le premier commis des Finances, avait un fils, et ce fils était un malhonnête homme. Bertin avait confié, à ce dernier, l'administration de la manufacture de Sèvres; Necker parvint à convaincre Parent de malversations; Parent fils fut arrêté et mis à la Bastille. Nul doute que Bertin, aux premières nouvelles du désastre, n'ait pris la résolution, suivant la formule ordinaire, de demander l'autorisation de se retirer. Bertin démissionna, en effet, en novembre 1780; le Secrétariat d'État, dont il était chargé, disparut dans le Contrôle général qui absorba les principaux services de son ministère. Comme il arrivait souvent, dans les révolutions de cour, les ministres démissionnaires prenaient une retraite forcée à la campagne. Bertin se retira dans sa belle propriété de Chatou ; il n'était pas bien malheureux, car il conserva même son appartement dans le palais de Versailles. Comment en eût-il été autrement, lui qui avait mené les affaires de Louis XV et de Mme de Pompadour, et qui avait été le témoin des premières opérations financières du gouvernement de Louis XVI ?

Après la retraite de Bertin, son département fut attaqué à fond et désorganisé. Il portait la trop vive empreinte du ministre lui-même, de Bertin, un libéral, un physiocrate, disait-on, mais peut-être aussi un dépensier. Son ministère réunissait les attributions de deux nouveaux ministères, ceux de l'Agriculture et du Commerce ; et cela était naturel, à une époque où le blé était un des principaux objets d'exportation. Necker vit d'un mauvais œil cette organisation administrative qui semblait se rattacher à la « secte des économistes », dont il était l'adversaire ; il la fit supprimer, et après 1780, le département de Bertin fut remanié et rattaché directement au Contrôle général. Necker entendait liquider les dépenses de la maison du Roi, en attendant qu'il pût les réduire. Il était dans son rôle.

Quand Bertin quitta le ministère en 1780, Malesherbes eut beau jeu pour reprendre la thèse des Académies contre la thèse de l'Administration. Le Mémoire qu'il présenta à la Société de la Généralité de Paris, plusieurs années après la retraite de Bertin, est rempli de judicieuses observations sur la manière d'instruire le peuple par les savants en dehors de l'Administration royale. Au premier moment, l'institution des sociétés d'agriculture avait été accueillie par les savants avec réserve, nous l'avons dit. Les Académies, fondées entre 1750 et 1760, avaient eu peur de voir s'élever à côté d'elles des rivales qui auraient menacé leurs privilèges et leur clientèle. Ces craintes s'étaient dissipées par les déclarations réitérées du Gouvernement et la conduite des Intendants. Les localités où fonctionnaient des Académies ne virent pas se former des sociétés d'agriculture. Les savants pensaient que ces nouvelles institutions, par leur composition, n'étaient pas capables de faire pénétrer, dans la pratique de l'agriculture, les réformes et les innovations. Le temps, en apparence, leur avait donné raison. Vers 1789, Malesherbes reprit les observations qu'il avait seulement formulées devant ses amis de l'Académie des sciences. Tout en comblant d'éloges la Société d'agriculture de la Généralité de Paris, il plaida, devant la Société elle-même, la nécessité d'organiser un système de correspondance entre les cultivateurs et la création d'un Bureau de renseignements scientifiques, ce qui ne diminue en rien la reconnaissance qui est due à la persévérance et au dévouement de Bertin.

En 1784, une crise de fourrage ayant mis en péril l'existence du bétail dans le royaume, le Contrôle général fit appel non pas à la Société d'agriculture, mais à un nouveau Comité d'administration scientifique. Ce sera l'occasion d'une bataille en règle. A l'heure de 1785, Vincent de Gournay, Trudaine, Turbilly, les collaborateurs de Bertin sont morts. Bertin lui-même vit dans la retraite. Seul Bertier de Sauvigny est debout et l'Intendance de Paris tient tête au Contrôle général.

Le 31 juillet 1787, Lavoisier prend la parole et résume l'histoire agricole des trente dernières années :

L'agriculture, dit-il, est pour la France la première et la plus
importante de toutes les fabriques, puisque la valeur de ses productions territoriales, estimées d'après des évaluations modérées,
s'élèvent chaque année à plus de 2 milliards 500 millions. C'est
cette reproduction annuelle qui fournit à la nourriture et à l'entretien du peuple, à l'aliment des manufactures, au commerce
d'exportation, au paiement de l'impôt. Il n'y a pas longtemps que
ces grandes vérités sont connues en France. Jusqu'au ministère
de M. Bertin, l'attention du Gouvernement s'était portée tout
entière sur le commerce, qui présente des opérations plus brillantes en apparence, et plus propres à illustrer un règne. L'agriculture avait été négligée au point que l'administration ne l'avait
comptée pour rien dans l'établissement des Conseils, et dans la
distribution des départements. M. Bertin, pendant son ministère,
dirigea les travaux de quelques savants distingués vers cet
important objet. Il fit publier des instructions, fit distribuer gratuitement des graines, pour introduire des cultures inconnues
en France, et il établit dans les principales Généralités des Sociétés
d'agriculture, dont quelques-unes même ont publié de bons
mémoires. Mais la plupart des établissements faits par ce ministre n'ont pas eu une durée plus longue que son ministère,
parce qu'il ne leur avait point donné une constitution durable, et
indépendante de la surveillance de l'Administration ; en sorte
qu'ils ont cessé d'exister, du moment où la main qui les avait
créés a cessé de les soutenir. La Société d'Agriculture de Paris
est à peu près la seule qui ait conservé son activité. Son activité encore avait-elle éprouvé une interruption de vingt années
et ne doit-elle son rétablissement qu'au zèle très actif et très
éclairé de M. l'Intendant de Paris (1).

La déclaration de Lavoisier couronne la vie et l'éloge
de Bertin ; le témoignage écrit d'Arthur Young con-
sacre la mémoire du second fondateur de notre Compagnie, de Turbilly. « C'était en 1787, je voulais voir, a
écrit Arthur Young, le domaine de Turbilly, qui, pour
moi, est une terre classique. » Young cherche en vain
et ne peut se renseigner. Vingt ans à peine se sont

____

(1) Pigeonneau et de Foville. *Le comité de l'administration de l'agriculture au contrôle général des Finances*, Paris, 1882, p. 400.

écoulés et l'oubli s'est fait. « Je poursuivais mes recherches avec tant d'anxiété qu'on pouvait me prendre pour un fou. »

Enfin, il découvre le domaine et le château qui ont été vendus après la déconfiture de Turbilly, mort insolvable. Young ne peut le croire. « Cela me fit beaucoup de peine, dit-il. Je ne puis exprimer le désir inquiet que je sentais d'examiner les plus petites particules de cette terre. » M. le marquis de Galway, le nouveau propriétaire, le reçoit à merveille. Young voit tout; il se rend compte de tout.

Un jour, il ne peut retenir son émotion. « J'étais presque suffoqué, lorsque je demandai à M. de Galway comment un si grand cultivateur s'était ruiné; je fus soulagé lorsque j'appris qu'il avait été ruiné par l'établissement d'une fabrique de porcelaine. M. de Galway observa que les travaux d'agriculture n'avaient fait aucun tort à sa fortune. Il n'avait jamais entendu dire qu'ils l'eussent mis dans aucun embarras. Ces aveux diminuèrent mes regrets, il n'avait pas laissé d'enfants, quoiqu'il fût marié, de sorte que ses cendres reposent en paix, sans que sa mémoire soit attaquée par une postérité indigente (1). »

Nous recueillons pieusement cette réflexion bien anglaise d'un voyageur qui était un admirateur, et nous la déposons sur la tombe de Turbilly. Aussi la Société nationale d'Agriculture doit-elle, au début de son histoire, unir ces deux noms dans le même hommage : Bertin et Turbilly.

Rendons hommage à Bertin, honorons Turbilly,

____

(1) Arthur Young. *Voyages en France*, 1re édit. t. I, p. 275.

et constituons la Société de la Généralité de Paris sous les auspices de l'Intendant, Bertier de Sauvigny (1).

L'histoire de la Société royale d'Agriculture de la Généralité de Paris est ouverte.

(1) Bussière, *Henri Bertin et sa famille*. 3ᵉ partie. Les ministères de Bertin. Périgueux, 1908.

CHAPITRE PREMIER

1761-1783

CONSTITUTION ET COMPOSITION DE LA SOCIÉTÉ D'AGRICUL-
TURE DE LA GÉNÉRALITÉ DE PARIS EN 1761. — COMPTE
RENDU DE SES PREMIERS TRAVAUX. — RETRAITE DE BERTIN
ET DÉMEMBREMENT DU MINISTÈRE DE L'AGRICULTURE. —
DÉCADENCE DE LA SOCIÉTÉ.

La Généralité de Paris comprenait à peu près les
quatre départements de la Seine, Seine-et-Oise, Seine-
et-Marne et Oise avec une partie de l'Yonne, de l'Aube,
et d'Eure-et-Loir. Elle se divisait en 22 élections qui
forment aujourd'hui presque autant d'arrondissements
et dont les chefs-lieux étaient : Paris, Beauvais, Compiègne, Senlis, Nogent-sur-Seine, Sens, Joigny, Saint-
Florentin, Tonnerre, Vezelay, Melun, Meaux, Coulommiers, Rozoy, Nemours, Provins, Montereau, Pontoise,
Étampes, Mantes, Montfort-l'Amaury et Dreux.

L'administration de la Généralité de Paris, l'une des
plus étendues et des plus riches du royaume, avait été
dévolue, au milieu du xviiie siècle, à Bertier de Sauvigny, Intendant, d'abord à Moulins, puis à Grenoble
et enfin à Paris en 1744. Il est probable qu'il trouva
faveur auprès de Phelypeaux, comte de Saint-Florentin, grâce à son beau-père Orry, Contrôleur général des

Finances. Phelypeaux avait dans ses attributions la Généralité de Paris, et comme sa famille était d'une famille parlementaire de Bourgogne, il y a lieu de croire que d'Ogny, Trésorier général des états de Bourgogne, eut aussi quelque influence dans cette nomination importante.

Bertier de Sauvigny était un homme fort habile et très capable de mener à bien ses propres affaires et les affaires publiques. Il suivit le mouvement qui porta en même temps, Bertin au Contrôle général, Trudaine et Turbilly vers la création des sociétés d'agriculture.

Quand Bertin donna aux Intendants l'ordre d'aller de l'avant, Bertier était prêt à constituer, dans la Généralité de Paris, une société d'agriculture comme Turbilly dans la Généralité de Tours.

C'est donc Jean-Louis Bertier qui entra en scène en 1760. Il avait un fils, très distingué d'ailleurs, qui devait aussi jouer, dans l'Administration, un rôle très important. Suivant l'usage, Jean-Louis obtint pour son fils Jean-Louis-Bénigne la survivance de ses importantes fonctions en 1768.

A ce moment, ce dernier était marié à la fille de l'Intendant Foullon, qui était fort riche et jouissait à ce titre d'un premier crédit.

L'histoire de Jean-Louis-Bénigne est mêlée si intimement à l'histoire de la Société, qu'aucun détail de sa vie n'est nécessaire pour le moment.

Tout ce que nous pouvons dire, c'est que le père et le fils administrèrent la Généralité de Paris pendant plus de quarante ans, avec un succès complet, que Jean-Louis, le premier des Sauvigny, fut comblé de félicitations pour sa gestion en matière d'impôts et que nous le retrouverons, dans l'Assemblée des notables de 1787, parmi les membres du Conseil du roi.

Quant à Jean-Louis-Bénigne, il figure dans la liste de l'Assemblée des notables avec son titre d'Intendant de la généralité. Il sera, en même temps, Surintendant de la maison de la reine Marie-Antoinette. Il se montrera homme d'affaires, homme de Cour, et par cette double situation tiendra longtemps, dans sa main, les destinées de la Société d'agriculture de sa Généralité.

Le 26 février 1760, Jean-Louis Bertier, en sa qualité d'Intendant de la Généralité de Paris, adressa la lettre suivante à Trudaine (1) :

« Monsieur, conformément à vos intentions, et sui-
« vant l'exemple de ce qui s'est passé à Tours, il s'est
« formé une Société d'agriculture dans la Généralité
« de Paris.

« J'ai l'honneur de vous envoyer la liste des per-
« sonnes qui doivent composer le Bureau de Paris...
« Comme les membres du Bureau de Paris semblent
« désirer d'être promptement autorisés à suivre les
« opérations d'un objet aussi important, j'ai l'honneur
« de vous adresser le projet d'arrêt du Conseil qui est
« nécessaire à cet effet. Je vous supplie de le faire
« expédier le plus promptement qu'il vous sera pos-
« sible, afin de répondre à l'empressement de ces mes-
« sieurs. Je suis, avec un profond respect, etc. »

Trudaine transmit les pièces à Bertin et l'arrêt du Conseil, conforme, d'ailleurs, au projet de Bertier de Sauvigny, fut rendu immédiatement le 1er mars 1761 au Conseil du roi, sur le rapport de Bertin :

« Le roy étant informé que plusieurs de ses sujets,

(1) *Archives Nationales*, Cart. II, 1301.

« zélés pour le bien public, se portaient avec autant
« d'empressement que d'intelligence à l'amélioration
« de l'agriculture dans son royaume ; et que dans la
« vue d'encourager les cultivateurs, par leur exemple,
« à défricher les terres incultes, à acquérir de nouveaux
« genres de cultures, à perfectionner les différentes
« méthodes de cultiver les terres actuellement en va-
« leur, ils se seraient proposé d'établir, sous la pro-
« tection de Sa Majesté, des Sociétés d'agriculture dont
« les membres, éclairés par une pratique constante,
« se communiqueraient leurs observations et en don-
« neraient connaissance au public ; que nommément
« un nombre de personnes possédant ou cultivant des
« terres dans la Généralité de Paris, distinguées dans
« leur état et occupées d'augmenter la culture des
« terres, n'attendaient que la permission de Sa Majesté
« pour se former en Société, et travailler de concert
« sur cet objet : Et Sa Majesté, s'étant fait rendre
« compte du plan qui lui a été proposé pour l'établis-
« sement de ladite Société, des occupations auxquelles
« elle doit se livrer et des personnes qui doivent la
« composer ; vu l'avis du sieur Intendant de la Géné-
« ralité de Paris, sur l'utilité et la convenance de cet
« établissement ; ouï le rapport du sieur Bertin, con-
« seiller ordinaire au Conseil Royal, Contrôleur géné-
« ral des Finances : Sa Majesté étant en son conseil, a
« ordonné et ordonne ce qui suit :

ARTICLE PREMIER. — « Il sera établi, dans la Généralité
« de Paris, une Société, qui fera son unique occupation
« de l'agriculture et de tout ce qui y a rapport, sans
« qu'elle puisse prendre connaissance d'aucune autre
« matière ; elle sera composée de quatre bureaux, dont

« le premier tiendra ses séances à Paris, le second à
« Meaux, le troisième à Beauvais et le quatrième à
« Sens; voulant néanmoins Sa Majesté, que tous les
« membres de ladite Société ne composent qu'un seul
« corps, et ayant séance et voix délibérative dans cha-
« cun desdits quatre bureaux, lorsqu'ils se trouveront
« dans le lieu de leur établissement. Le Bureau de Paris
« sera composé de vingt personnes, comprises dans la
« liste annexée à la minute du présent arrêt : chacun
« des trois autres Burea sera composé de dix per-
« sonnes, qui seront désignées; et aura ledit sieur
« Intendant et Commissaire départi en la Généralité de
« Paris, séance et voix délibérative, comme Commis-
« saire du Roi, dans toutes lesdites Assemblées.

Art. II. — « Les assemblées ordinaires de chaque
« Bureau se tiendront une fois par semaine, dans le
« lieu de la même ville et au jour qu'il sera convenu.
« Pourront, à cet effet, lesdits membres, prendre pour
« la police intérieure, le lieu et le jour desdites assem-
« blées, et pour l'élection des membres, telles délibé-
« rations qu'ils aviseront bon être.

Art. III. — « Les délibérations qui seront prises par
« la Société sur le fait de l'Agriculture, et tous les
« mémoires qui y seront relatifs, seront adressés au
« sieur Contrôleur général des Finances, pour, sur le
« compte qui en sera par lui rendu à Sa Majesté, être
« par Elle pourvu ce qu'il appartiendra.

« Fait au Conseil d'État du roi, Sa Majesté y étant,
« tenu à Versailles le premier mars mil sept cent
« soixante-un. Signé : Phelypeaux.

« Ensuite la liste des personnes qui composent la
« Société d'agriculture de la Généralité de Paris. »

BUREAU DE PARIS

1. M. l'Abbé Lucas, chanoine de Notre-Dame.

2. M. Favre d'Aunoy, procureur général de la Congrégation de Sainte-Geneviève.

3. Dom Busson, grand prieur de l'Abbaye de Saint-Germain-des-Prés.

4. Dom Rousseau, abbé régulier de l'Abbaye du Pin, ordre de Cîteaux, et proviseur du Collège de Saint-Bernard.

5. M. le Prince de Tingry (Luxembourg et Montmorency), lieutenant général des armées du roi.

6. M. le Comte de Guerchy, chevalier des ordres du roi, lieutenant général des armées de Sa Majesté.

7. M. le Comte d'Hérouville, lieutenant général des armées du roi.

8. M. le Bailly de Fleury.

9. M. Rolland de Challerange, conseiller au Parlement de Paris.

10. M. le Chevalier Turgot.

11. M. Pàris du Verney.

12. M. le Baron d'Ogilvy.

13. M. le Marquis de Turbilly.

14. M. l'Abbé Bertier, abbé de Vézelay.

15. M. de Boisement, fermier général.

16. M. de Garsault, écuyer du roi, directeur des haras royaux.

17. M. Le Roy, lieutenant des chasses du roi.

18. M. Navarre, laboureur, à Villeneuve-sous-Dammartin.

19. M. Pépin, laboureur, à Montreuil.

20. M. de Palerne, Trésorier général de Monseigneur le Duc d'Orléans, Secrétaire perpétuel de la Société pour le Bureau de Paris. — Signé : Phelypeaux.

L'arrêt fut notifié immédiatement aux intéressés par le Contrôleur général, en leur adressant la lettre suivante qui traçait le programme de leurs travaux :

Monsieur, le roy ayant approuvé l'empressement que plusieurs particuliers des Généralités de Paris et de Tours ont montré de seconder ses intentions et de se former en société pour favoriser le progrès de l'organisation, dans leur province, Sa Majesté a rendu, en son conseil, un arrêt qui les autorise à cet effet; je vous en envoie un exemplaire. Je ne doute pas, Monsieur, que vous ne concouriés aux mêmes vues et que vous ne me mettiés bientôt en état de rendre compte au roy des mesures que vous aurez pris, pour rassembler auprès de vous un nombre de personnes zélées et désintéressées, qui ayent la bonne volonté de s'occuper sérieusement de cet objet. Vous verrés, Monsieur, par la lecture de cet arrêt *qu'il n'est question uniquement dans ces sociétés que de la pratique de l'agriculture bien plus que de sa théorie qui peut être traitée séparément et avec beaucoup d'utilité par les Académies qui se proposent de s'en occuper.* Sa Majesté verra avec plaisir que ceux des membres de l'Académie qui ont fait une étude particulière et pratique de l'agriculture, deviennent membres de la nouvelle société et que tous fassent réciproquement leurs efforts, pour contribuer à la perfection d'un art le plus utile de tous, puisqu'il est la véritable richesse et la ressource de l'État. Je suis, etc. (1).

La première réunion de la Société royale d'Agriculture de la Généralité de Paris, Bureau de Paris, eut lieu le 12 mars 1761, chez B uer de Sauvigny, Intendant de la Généralité. Il fut donné lecture de l'arrêt du 1er mars, et chacun des membres déclara accepter

(1) *Archives Nationale.*, II. 1301. Dans les citations, nous avons conservé l'orthographe des originaux.

le mandat qui lui était confié, sauf M. Pâris du Verney qui ne le put, « à cause, disait-il, de l'état de sa santé ». La Société a ensuite délibéré sur le règlement qui suit et qui avait été préparé par les soins de Bertier de Sauvigny :

« Règlement de la Société royale d'Agriculture de la Généralité de Paris.

ARTICLE PREMIER. — « Cette Société fera son unique « occupation de l'agriculture, et de tout ce qui y a rap- « port. Le but qu'elle se proposera, dans ses travaux, « sera d'instruire, principalement par son exemple, ses « compatriotes, sur un objet aussi important pour le « bien de l'État ; d'exciter, dans le pays, le goût pour « cet art précieux ; d'étudier par une pratique constante, « tout ce qui pourra contribuer à le rendre florissant ; « et de proposer les moyens qu'elle croira les plus pro- « pres à l'encourager, ainsi qu'à le faire prospérer ; « l'honneur sera la base d'un tel établissement, et « l'amour de la Patrie, le seul motif qui l'animera.

ART. II. — « La Généralité de Paris étant d'une « étendue considérable, la Société sera partagée en « quatre bureaux, sçavoir : le premier à Paris, le « second à Meaux, le troisième à Beauvais et le qua- « trième à Sens.

ART. III. — « Ces bureaux correspondront entre eux ; « celui de Paris formera le Bureau général et le centre « de la correspondance, tous les membres de la Société « y auront séance et voix délibérative, de même que « dans les trois autres, quand ils s'y trouveront, puis- « qu'ils ne feront qu'un seul et même corps.

ART. IV. — « Cette institution étant faite pour le « bien général de tous les citoyens, il est juste et même

« nécessaire, pour en assurer la réussite, qu'ils y con-
« courent également, et que l'on choisisse entre eux un
« certain nombre de ceux qui se trouveront le plus en
« situation de contribuer à son succès : dans cette vue,
« le Bureau de Paris sera composé de vingt personnes
« éclairées, zélées et distinguées, chacune dans leur
« état, qui auront la qualité de membres, y compris
« un Secrétaire perpétuel. La noblesse y sera principa-
« lement invitée, de même que dans les Bureaux de
« Meaux, de Beauvais et de Sens, qui seront composés
« chacun de dix personnes, pareillement en qualité de
« membres, y compris un Secrétaire perpétuel.

Art. V. — « Les assemblées ordinaires de chaque
« bureau se tiendront une fois par semaine, dans le lieu
« de la même ville, et au jour qu'il sera convenu, et il
« y aura tous les ans plusieurs assemblées publiques
« qui seront indiquées, dans lesquelles on pourra dis-
« tribuer des prix d'agriculture, si le roi juge à propos
« d'en établir, ou que des citoyens zélés veuillent en
« donner.

Art. VI. — « Les membres de la Société résidans
« dans les villes ci-dessus marquées, se trouveront, le
« plus exactement qu'il leur sera possible, aux assem-
« blées de leur bureau, et ceux qui demeureront ail-
« leurs, s'y rendront le plus souvent qu'ils pourront.
« Ils prendront des mesures pour que les assemblées
« ne manquent jamais aux jours marqués, de façon
« qu'il s'y trouve toujours au moins huit d'entre eux au
« Bureau de Paris, et cinq dans chacun des trois autres
« Bureaux. Tous ces membres donneront ou enverront
« de temps en temps des mémoires sur telle partie de
« l'agriculture qu'ils jugeront à propos, sur les expé-

« riences qu'ils auront faites. Chacun d'eux sera le
« maître de s'appliquer à la branche qu'il voudra, la
« liberté étant l'âme d'une pareille association.

Art. VII. — « Les citoyens des provinces de la Gé-
« néralité seront invités d'envoyer aussi des mémoires
« sur l'agriculture dans les bureaux de la Société,
« pour contribuer à la mettre plus tôt en état de donner
« au public des ouvrages sur cette matière intéres-
« sante.

Art. VIII. — « Les places des membres de cette
« Société qui cesseront d'être domiciliés dans le pays,
« deviendront vacantes de droit, et les membres de
« chaque bureau nommeront par élection, à toutes
« celles qui y vaqueront. Cette élection se fera par
« scrutin à la pluralité des voix; dès qu'elle sera faite,
« le Secrétaire perpétuel en informera les trois autres
« bureaux.

Art. IX. — « Indépendamment de ces membres, il
« y aura dans la Société, des associés, qu'elle élira pa-
« reillement à la pluralité des voix, et dont le nombre
« ne sera pas fixé. Ils auront séance et voix délibéra-
« tive dans tous les bureaux. Ces associés seront choisis
« non seulement en France, parmi les régnicoles, mais
« encore dans les pays étrangers. Ce seront les mem-
« bres du Bureau de Paris qui les nommeront, et
« quand les autres bureaux désireront faire avoir à
« quelques personnes des places d'associés, ils adres-
« seront leur vœu à ce sujet au Bureau de Paris, qui
« en décidera à la pluralité des voix. L'Intendant de la
« Généralité aura séance et voix délibérative, comme
« Commissaire du roi, dans toutes les assemblées.

Art. X. — « Cette Société correspondra avec les

« autres Sociétés d'agriculture des différentes Généra-
« lités du royaume. Les délibérations qu'elle prendra
« sur le fait de l'agriculture, et tous les mémoires qui
« y seront relatifs, seront adressés au Contrôleur géné-
« ral des Finances, pour en rendre compte au roi. Il y
« aura à la tête de chaque bureau un Directeur qui sera
« remplacé en cas d'absence par le premier des mem-
« bres présents, suivant l'ordre du tableau qui sera
« dressé chaque année pour cet effet. Ces Directeurs
« seront choisis dans les membres du même bureau
« seulement. On y nommera tous les ans par élection,
« de la manière qu'on va expliquer, et la même per-
« sonne ne pourra être continuée deux années de suite.

« Art. XI. — Les Directeurs seront élus par scrutin
« à la pluralité des voix, mais par les membres du
« même Bureau seulement, qui notifiera cette élection
« aux trois autres. Le Directeur du Bureau de Paris
« sera Directeur général de la Société.

Art. XII. — « Les Secrétaires seront perpétuels ;
« quand leurs places deviendront vacantes, chacun des
« bureaux choisira et nommera le sien, séparément
« par élection, de la même façon que les Directeurs :
« on en fera ensuite part aux autres bureaux.

Art. XIII. — « Chaque bureau pourra, dans les
« occasions, inviter à ses assemblées particulières les
« citoyens dont il croira devoir prendre des avis ou
« des éclaircissements.

Art. XIV. — « La Société et ses bureaux, chacun
« en particulier, régleront tous les objets de leur
« police intérieure qui ne sont pas prévus par le
« présent règlement. Leurs vacances commenceront
« chaque année au quinze novembre suivant. Il y aura

« aussi des petites vacances pendant les quinzaines de
« Pâques et de la Pentecôte. Chaque bureau pourra
« néanmoins, pendant ces vacances, et dans les autres
« temps, s'assembler extraordinairement, s'il le juge
« à propos. »

Il fut ensuite arrêté que la Société se réunirait chez
M. Bertier de Sauvigny, tous les jeudis, que les
séances commenceraient à cinq heures du soir pour
finir à sept heures et demie.

On procéda ensuite à l'élection du Directeur
général de la Société et du bureau de Paris ; le choix
tomba sur M. le Comte de Guerchy qui accepta (1). Puis,
un tirage au sort détermina le rang de chacun des
membres dans le Bureau de Paris, conformément aux
prescriptions de l'article 10 du règlement. Ce tirage
donna les résultats suivants : N°s 1, l'abbé Bertier ;
2, M. le Bailly de Fleury ; 3, M. de Boisemont ; 4,
M. le Marquis de Turbilly ; 5, M. Pépin ; 6, M. le Baron
d'Ogilvy ; 7, M. Favre d'Aunoy ; 8, M. Rolland de
Chalierange ; 9, M. le Prince de Tingry ; 10, Dom
Busson ; 11, M. le chevalier Turgot ; 12, M. de Garsault ;
13, M. l'abbé Lucas ; 14, Dom Rousseau ; 15, M. Le
Roy ; 16, M. Navarre ; 17, M. le Comte d'Hérouville ;
18, M. Pâris du Verney.

La séance fut terminée par la lecture d'un Mémoire (2)
de M. le Marquis de Turbilly sur les labours à la
bêche et à la charrue, leur action et leur influence
sur la végétation et des réflexions sur les Sociétés

(1 C'est à tort qu'on a désigné le marquis de Turbilly comme ayant
été le premier Directeur ou Président de la Société. Aucun document
n'indique que, dans les autres années, il ait été élu Directeur. Il a
présidé nombre de séances, mais comme suppléant le Directeur. De
même il a remplacé quelquefois le Secrétaire perpétuel.

(2. Nous avons publié en entier ce Mémoire dans l'Introduction, p. 34.

royales d'Agriculture des différentes Généralités du royaume.

Au cours de la deuxième séance, tenue le 2 avril 1761, la Société procéda au remplacement de M. Pâris du Verney qui avait couvert du prétexte de sa mauvaise santé son refus d'entrer dans la Société, si l'on en croit une lettre de Palerne au Contrôleur général, du 22 avril 1761, qui notifie l'élection du successeur de Pâris du Verney (1). Ce successeur fut Pottier, Intendant du commerce. Il fut décidé ensuite que l'on élirait des correspondants, en nombre illimité, mais que ceux-ci n'auraient pas droit de séance dans les assemblées, où ils ne pourraient entrer qu'autant qu'ils y seraient particulièrement invités ; 2° que le Secrétaire perpétuel écrirait au Contrôleur général pour solliciter du roi l'autorisation de procéder à la nomination des associés.

Le Marquis de Turbilly fit alors lecture d'un programme d'enquête économique et statistique sur l'état de l'agriculture dans chacun des cantons de la Généralité de Paris, et, après discussion, la Société adopta un texte qui est un véritable modèle pour les travaux de cette nature, et que nous reproduisons *in extenso*. Ce programme prouve l'intelligence et la haute compétence des membres composant alors la Société, et donne une idée exacte de l'état de l'agriculture pratique et des connaissances agronomiques à cette époque.

La Société royale d'agriculture de la Généralité de Paris, établie par Arrêt du Conseil d'État du roy, du 1er mars dernier,

____

(1) *Archives nationales*, H, 1501.

désirant se mettre à portée de se rendre utile au public, le plus tôt qu'il lui sera possible, demande, pour cet effet, dans chaque canton de cette généralité, à messieurs ses correspondans, et aux citoyens zélés les éclaircissemens suivans :

1° Quelles sont les différentes espèces de terres du canton et leurs divers degrés de bonté ?

2° Quel est leur emploi actuel ?

3° Comment travaille-t-on celles qu'on cultive à bras d'hommes, de quels outils se sert-on et pourquoi (1) ?

4° Quels animaux emploie-t-on au labourage ?

5° De quelles charrues se sert-on et pourquoi ?

6° Comment laboure-t-on les terres, est-ce en sillons, en planches, ou tout à fait à plat ? et pourquoi ?

7° Combien de tours de charrue donne-t-on à chaque espèce de terre, tant pour les gros que pour les menus grains, et dans quel temps ?

8° Quand fume-t-on ces terres ; de quels engrais, naturels ou artificiels, se sert-on ; quelle est la quantité qu'on en met dans un arpent : à vingt pieds par perche, et cent perches par arpent ?

9° Dans quels temps fait-on la semaille de chaque espèce de gros et de menus grains, et combien de boisseaux, mesure de Paris, emploie-t-on pour ensemencer un arpent, même mesure ?

10° Combien cet arpent rapporte-t-il communément de gerbes, et combien produisent-elles ordinairement de boisseaux de grains, même mesure ?

11° A quels accidens ou maladies les blés sont-ils sujets, et quels remèdes y apporte-t-on ?

12° Y a-t-il des terres incultes dans le canton ; quelle en est l'espèce, la qualité et l'étendue à peu près ?

13° Y a-t-il des marais, et à quoi servent-ils ? en tire-t-on de la tourbe ?

14° Y a-t-il une grande quantité de terrains ou de pâturages communs ; quelle est leur nature ; quel parti en tire-t-on ; quelle police observe-t-on à ce sujet ?

15° Quels soins prend-on des prairies naturelles ; les amé-

---

(1) Il faut se rappeler qu'à l'époque dont il s'agit, beaucoup de petits cultivateurs, trop pauvres pour s'acheter une charrue et plusieurs chevaux pour la tirer, labouraient leurs héritages à la bêche.

liore-t-on, et comment ? les fauche-t-on plusieurs fois par an, les arrose-t-on ?

16° Fait-on des prairies artificielles ; de quelles espèces sont-elles ; combien de fois les fauche-t-on chaque année ; quelle quantité de fourrage sec produisent-elles ordinairement tous les ans, par arpent à la mesure ci-devant marquée, et pendant quel temps ces prairies durent-elles ?

17° Pratique-t-on beaucoup de haies et de fossés autour des terres ?

18° Y a-t-il beaucoup de vignes ; quel en est le plant et la culture, ainsi que l'espèce des engrais et des terres qu'on y emploie ?

19° Combien ces vignes rapportent-elles communément de vin par chaque arpent, même mesure ; dans quelles expositions sont-elles placées ?

20° Quelle est la quantité et l'espèce de vin qu'elles produisent ?

21° Y a-t-il dans le canton des forêts et autres bois moins étendus, soit en futaie ou en taillis ; de quelles sortes d'arbres sont-ils composés ; à quel âge les met-on en coupe, et quelle est leur destination ordinaire ?

22° Élève-t-on beaucoup d'arbres champêtres ; en plante-t-on en avenues et sur le bord des chemins ; quelles en sont les différentes espèces ; les émonde-t-on ?

23° Quels arbres fruitiers a-t-on dans les champs ; comment sont-ils cultivés ; a-t-on soin de les tailler, tant pour le fruit, qu'afin que leur ombrage nuise moins aux terres ?

24° De quelles espèces et qualités sont les fruits ; y en a-t-il beaucoup ?

25° A-t-on planté des mûriers blancs ; a-t-on soin de leur donner des labours suffisans et de les tailler convenablement ; sont-ils d'une bonne espèce, et s'ils ne se trouvent pas tels, prend-on la précaution de les enter avec une meilleure espèce ?

26° Élève-t-on des vers à soie ; réussissent-ils bien ?

27° Y a-t-il beaucoup d'abeilles et prospèrent-elles ? Comment recueille-t-on le miel et la cire ? Fait-on mourir pour cet effet les mouches, au lieu de châtrer les ruches, comme on le pratique en divers endroits ; quelle est la forme de ces ruches, et de quoi sont-elles faites ?

28° Les gens de la campagne ont-ils une grande étendue de jardinages, et les entretiennent-ils bien ?

29° Y a-t-il beaucoup de légumes, et quelles en sont les espèces, les qualités, la quantité ?

30° Sème-t-on suffisamment de chanvres et de lins, tant d'été que d'hyver, et les cultive-t-on convenablement ?

31° Plante-t-on du safran ?

32° Quelles sont les différentes productions du canton, autres que celles marquées ci-dessus ?

33° Lesquelles de toutes ces productions abondent le plus ?

34° Trouve-t-on de la marne, et à quelle profondeur ; de quelle qualité est-elle ?

35° Y a-t-il des carrières suffisantes dans le canton ; de quelles espèces de pierres sont-elles ; à quelle profondeur ; de quelle façon s'y prend-on pour les connoître ; coûtent-elles cher à exploiter, et ne croit-on pas qu'on puisse en découvrir à meilleur marché ?

36° Comment et de quoi sont bâties et couvertes les maisons des habitants de la campagne ?

37° Se trouve-t-il dans le territoire des mines, du charbon de terre, de la houille, ou quelques terres combustibles ?

38° Y a-t-il beaucoup de bestiaux dans le canton ; quelles sont les différentes espèces qui s'y trouvent ; de quelles qualités sont-elles ; lesquelles sont les plus nombreuses ?

39° Fait-on parquer les vaches et les moutons ?

40° Quelle est la proportion que l'on observe pour le nombre de moutons qu'on peut nourrir vis-à-vis de la quantité de terres que l'on possède ?

41° Laisse-t-on toujours les béliers avec les brebis, ou bien les sépare-t-on pendant une partie de l'année ?

42° Combien chaque mouton et brebis rendent-ils communément de laine tous les ans ?

43° Comment dégraisse-t-on la laine, et quel parti en tire-t-on ?

44° Fait-on engraisser des bestiaux, au verd ou au sec ; quelles en sont les espèces, et combien de temps restent-elles, chacune, à l'engrais ?

45° Y a-t-il assez de fourrage pour le bétail qu'on garde pendant l'hyver ; quelle proportion observe-t-on à cet égard vis-à-vis de chaque espèce ?

46° Quels genres de maladies les bestiaux des diverses espèces essuyent-ils le plus souvent, et quels remèdes y apporte-t-on ?

47° Combien paye-t-on, tant en hyver qu'en été, les journées ordinaires d'hommes, de femmes et d'enfans employés à cultiver les terres ?

48° Fait-on ramasser les récoltes à prix d'argent, ou bien en donnant une portion dans les grains?

49° Sont-ce les habitans du pays qui font les récoltes et tous les autres travaux de la campagne, ou bien est-on obligé d'y employer des journaliers venans d'ailleurs?

50° Travaille-t-on, dans les villages et dans les campagnes, à filer beaucoup de chanvre ; y file-t-on aussi du lin, de la laine ou du coton; y fait-on de la toile ou quelques étoffes grossières?

51° Le pays est-il sujet aux inondations?

52° Y a-t-il des maladies épidémiques?

53° La proportion est-elle augmentée ou diminuée?

54° Enfin, quel est en gros l'état présent de la culture dans le canton?

Ce programme ne renferme aucune question sur les assolements en usage, sur les instruments autres que la charrue, sur les charges et impositions, sur le prix des denrées, sur l'état de la viabilité, sur les foires et marchés, sur la proportion existant entre les divers modes d'exploitation, faire-valoir direct, fermage, métayage, censive, comme aussi entre les exploitants du sol, grands, moyens et petits cultivateurs, maxima et minima pour chacune de ces trois catégories. Tel qu'il a été formulé, néanmoins, ce programme dénotait une connaissance déjà approfondie des conditions de l'économie agricole et un progrès sérieux.

Dans sa troisième séance du 9 avril, la Société élut comme correspondants : Dom Poirier, cellerier de l'abbaye de Saint-Denis, d'Elu, ancien prévôt de Lille, et Bercher, laboureur à Daumont, puis on entendit un Mémoire de M. Navarre sur l'état actuel de l'agriculture dans le canton de Villeneuve-sous-Dammartin.

Au cours de la quatrième séance, tenue le 16 avril,

on opéra la répartition des Élections (1) de la Généralité de Paris entre les quatre bureaux de la Société, et le Bureau de Paris reçut, dans sa circonscription, les Élections de Paris, de Melun, d'Étampes, de Pontoise, de Mantes, de Montfort-l'Amaury, de Dreux, de Nemours, de Montereau et de Nogent-sur-Seine.

Dès le 3 avril, le Secrétaire perpétuel avait transmis au Contrôleur général l'extrait de la délibération par laquelle la Société sollicitait l'autorisation de nommer ses associés. Le 14 du même mois, grâce aux démarches actives de Bertier de Sauvigny, cette autorisation fut accordée par le roi, et, le 23, la Société procéda à cette élection, dans sa cinquième séance, en nommant les personnes suivantes (2) :

21. M. le maréchal d'Estrées, ministre d'État, chevalier des ordres du roi.

22. M. le comte de Saint-Florentin, ministre et secrétaire d'État, chevalier commandeur des ordres du roi.

23. M. Bertin, Conseiller ordinaire au Conseil royal, Contrôleur général des finances.

24. M. Trudaine, Conseiller d'État au Conseil royal et Intendant des finances.

25. M. de Courteille, Conseiller d'État et Intendant des finances.

26. M. l'abbé Bertin, Conseiller d'État.

(1) A cette époque, les Élections formaient, dans chaque Généralité, une division administrative analogue à celle de l'arrondissement dans nos départements actuels. La Généralité était administrée par un fonctionnaire portant le nom d'Intendant, et l'Élection, par un fonctionnaire nommé Subdélégué.

(2) Ces associés étaient membres au même titre que les associés nationaux et les membres étrangers actuels. Les membres du bureau étaient ce que sont aujourd'hui les membres titulaires.

27. M. Trudaine de Montigny, Conseiller d'État et Intendant des finances en survivance.

28. M. Parent, premier commis des finances.

29. M. l'abbé Farjonel, Conseiller au Parlement, chanoine de Notre-Dame.

30. M. l'abbé de Malherbe, chanoine de Notre-Dame.

31. M. le Comte d'Ayen.

32. M. de Montclar, Procureur général du Parlement d'Aix.

33. M. le Marquis de Marigny, Secrétaire-commandeur des ordres du roi, directeur et ordonnateur des bâtiments, jardins et arts du roi, académies et manufactures royales.

34. M. de Beaumont, Conseiller d'État et Intendant des finances.

35. M. de Buffon, Intendant du Jardin Royal des Plantes, membre de l'Académie française et de l'Académie des sciences.

36. M. de Montigny, Trésorier de France, membre de l'Académie des sciences.

37. M. Duhamel du Monceau, Inspecteur général des arsenaux de la marine, membre de l'Académie des sciences.

38. M. de Jussieu (Bernard), Docteur-régent de la Faculté de médecine de Paris, Démonstrateur des plantes au Jardin du roi, membre de l'Académie des sciences.

39. M. Tillet, Commissaire du roi pour les essais et affinages à la Monnaie, membre de l'Académie des sciences.

40. M. de Monthion, Maître des requêtes.

41. M. Patullo.

42. M. de d'Angeuil, Maîtres des comptes.

43. M. Delisle.

44. M. d'Ogny, Trésorier général des États de Bourgogne.

45. M. Prépau.

46. M. de Butré.

47. M. Roux, médecin de la Faculté de Paris et chimiste.

On élut ensuite pour correspondant M. Moreau, directeur des fermes du roi, à Melun, et la séance fut terminée par la lecture d'un Mémoire de Dom Busson sur l'état actuel de l'agriculture dans le canton d'Avrainville, près Arpajon.

Voici la Société d'Agriculture de la Généralité de Paris constituée. Elle siège à l'Hôtel de l'Intendance. Le Commissaire du roi est l'Intendant Bertier de Sauvigny.

Avant d'entrer dans le détail de l'histoire de la Société, faisons connaissance avec son premier personnel. Signalons, par quelques mots d'éloge et de justice, les noms de ceux qui furent jugés dignes de travailler à l'amélioration de l'agriculture et qui, par deux élections séparées, devaient désormais figurer sur la liste des membres de la Compagnie.

Au premier rang, nous trouvons l'abbé Lucas, chanoine de Notre-Dame; Favre d'Aunoy, Procureur général de la Congrégation de Sainte-Geneviève; Dom Busson, grand prieur de l'Abbaye de Saint-Germaindes-Prés, abbé régulier de l'Abbaye du Pin, de l'ordre de Cîteaux et proviseur du collège de Saint-Bernard.

Les personnes choisies dans l'ordre du clergé n'ont

laissé aucun souvenir ; mais elles représentaient des intérêts très considérables et, en général, les intérêts agricoles étaient, de la part du clergé, l'objet d'une attention, je dirais mieux, d'une affection particulière.

On ne peut pas en dire autant des terres de la noblesse ; mais il y avait d'honorables exceptions.

Ce n'était pas au titre de propriétaires praticiens que de grands personnages figurèrent parmi les membres de la Société, mais plutôt comme représentants de l'ordre de la noblesse.

Nous trouvons, en tête des nobles, membres du bureau, Charles-François de Montmorency-Luxembourg, prince de Tingry. Il ne devait pas faire grande figure dans la nouvelle Société, mais il consentit à donner son nom à une œuvre agricole, vingt ans avant les La Rochefoucauld, les Noailles et les Béthune. Il lui resta fidèle pendant vingt-cinq ans.

Dans l'éloge de Trudaine, il est dit que sa fille épousa M. de La Tour-Maubourg et que Mlle de La Tour-Maubourg épousa le prince de Tingry. Il est très probable que Trudaine avait inscrit son petit-gendre parmi les membres de la Société royale d'Agriculture.

En tout cas, dans la liste des associés de 1785, le prince de Tingry est qualifié de capitaine des gardes, et lieutenant général du roi. Il mourut en 1787.

Le comte de Guerchy, fils d'un des plus braves officiers des armées de Louis XV, était, en 1761, chevalier des ordres du roi et lieutenant général. Le premier, il fut nommé, au scrutin, président de la Société d'agriculture. Après la paix de 1763, on le retrouve ambassadeur à Londres, où il mourut. Son fils devait plus tard lui succéder dans la Société d'agriculture, et le marquis de Guerchy y tint un rôle important.

Le comte d'Hérouville figure comme membre du bureau à l'époque de la fondation de la Société.

Le Bailli de Fleury faisait partie du Bureau en 1761 ; il lut un Mémoire sur les sociétés d'agriculture qu'on n'a pas retrouvé et il est possible que celui de Turbilly, sur le même sujet, l'ait décidé à le supprimer.

Rolland de Challerange était conseiller au Parlement de Paris.

Turbilly s'offre à nous pour recevoir l'expression respectueuse de notre reconnaissance.

Nous nous trouvons arrêtés dans son éloge par la conviction que nos lecteurs le connaissent déjà parfaitement et l'honorent comme un des fondateurs de notre Compagnie. Il nous suffira de rappeler son livre célèbre sur la pratique des défrichements. Dans ce livre, qui est une date et fut un événement, Turbilly émit des opinions étendues sur le mode de perception des impôts, la multiplication excessive du gibier seigneurial, l'impunité du vagabondage et de la mendicité, enfin sur les principaux obstacles au développement de la richesse dans les campagnes. Malheureusement, la fin de sa vie fut attristée par des revers de fortune. Il mourut insolvable en 1776. Notre ancien président, M. Chevreul, a consacré à Turbilly deux importants articles dans le *Journal des savants* (1).

Le grand nom de Turgot vient illustrer les origines de la Société, mais il ne s'agit pas de l'Intendant Turgot, futur Contrôleur général ; il s'agit de son frère qui,

____

(1) *Journal des savants*. 1855, p. 692 à 703 et p. 367 à 772.

après une vie agitée comme chevalier de Malte, et gouverneur de la Guyane, partagea son activité entre la culture de ses terres, l'intimité des savants et l'histoire naturelle; il était membre de l'Académie des sciences. Condorcet et Broussonet firent son éloge.

Pâris du Verney, le célèbre financier, l'adversaire de Law, était passionné pour l'agriculture; mais il ne put accepter la faveur royale et fut remplacé par Pottier, Intendant du commerce.

Le baron d'Ogilvy passait pour un excellent praticien; il lut à la Société un Mémoire sur les semoirs.

L'abbé Bertier, abbé de Vézelay, avait été agréé parmi les premiers associés, très probablement à cause de sa parenté avec Bertier de Sauvigny.

De Boisemont était fermier général.

Pépin, Le Roy et Garsault avaient des titres particuliers à la bienveillance de Bertier de Sauvigny qui, sans aucun doute, contribua à leur élection.

Pépin, né à Montreuil, d'une famille de jardiniers, s'était distingué dans l'art de diriger les espaliers qui donnent encore les fameuses pêches de Montreuil. Il était considéré comme le premier dans l'art de l'arboriculture fruitière. Il mourut sans héritier, emportant dans la tombe les trésors de son expérience.

Le Roy, lieutenant des chasses du parc de Versailles, s'était fait une notoriété par ses lettres philosophiques sur l'intelligence des animaux. C'était un homme distingué. Il avait fourni, à l'ancienne *Encyclopédie*, les articles : Terrier, Forêt, Garenne, Culture des terres.

Garsault, capitaine des haras et membre de l'Académie des sciences, s'était acquis une vraie réputation par ses nombreux écrits sur l'équitation et l'hippiatrique.

Navarre était un praticien. Il fit un Mémoire sur l'état de l'agriculture dans le canton de Villeneuve-sous-Dammartin. Ce Mémoire a été perdu.

Pour clore cette liste dans laquelle on s'était efforcé de réunir quelques hommes de science et de pratique, de Palerne, Trésorier général du duc d'Orléans, nous apparaît comme le personnage principal. Mais il est évident qu'il tenait son importance de sa place plutôt que de ses connaissances scientifiques. Le duc d'Orléans aimait les lettres, les arts et les sciences, et un représentant de sa personne et de ses biens ne pouvait que donner du lustre à la nouvelle Société.

Palerne avait été nommé Secrétaire perpétuel par ordonnance royale.

Plus tard, en 1768, l'Almanach royal nous apprend que Palerne était devenu Secrétaire de la chambre du roi. On devine, dans cette mission de confiance, l'influence de Saint-Florentin et de Bertin ; il paraît avoir pris une part personnelle aux travaux de la Société. Il collabora au *Journal économique*, notamment par des articles sur la marne.

On a vu, par les procès-verbaux des premières séances de la Société, l'autorisation accordée par le roi aux dix-huit premiers membres de la Société dont nous avons cité les noms et qui composaient le bureau, d'élire une nouvelle série de membres qu'on appela des associés.

Nous nous bornerons à faire quelques remarques sur la composition de la liste des associés qui, avant d'être élus, furent certainement désignés par Bertin,

Contrôleur général, de Sauvigny, Intendant de Paris et de Palerne, Secrétaire perpétuel. Ces associés sont si nombreux et si considérables qu'un volume serait nécessaire pour rechercher et énumérer leurs titres.

La liste commence par le nom du maréchal d'Estrées qui est qualifié de ministre d'État, maréchal de France le 24 février 1757 et ministre d'État seulement le 15 août 1758. D'abord connu sous le nom de chevalier de Louvois, il prit les noms et les armes d'Estrées, du chef de sa mère, sœur du dernier maréchal d'Estrées, mort sans postérité. Son nom était une décoration pour la Société.

La nomination de Phélypeaux, plus tard duc de La Vrillière, ministre, Secrétaire d'État, était inévitable : il tenait, en 1764, dans ses attributions, la ville et la Généralité de Paris, et était le chef direct de l'Intendant Bertier de Sauvigny.

L'abbé Bertin n'était guère agriculteur, mais il était le frère du Contrôleur général. Il portait le titre de conseiller d'État et figura dans les personnages de la maison royale comme aumônier de Mesdames de France.

De Courteille, conseiller d'État, Intendant des finances, s'occupait spécialement du commerce des blés.

Parent, premier commis des Finances et principal agent du Contrôleur général, devait exercer la première influence sur toutes les affaires de l'agriculture, pendant le ministère de Bertin.

Rien à dire de l'abbé Farjonel, conseiller au Parlement, et de l'abbé de Malherbe, chanoine de Notre-Dame.

Le comte d'Ayen, gouverneur de Saint-Germain était le protecteur des cultivateurs, surtout des jardiniers : il avait acheté, à Saint-Germain, un parc dans lequel il se plaisait à rassembler les espèces les plus remarquables d'arbres étrangers. C'est lui qui fit nommer Richard, jardinier en chef des jardins de Versailles. Nous le retrouverons en 1788 sous le nom du maréchal de Noailles.

De Montclar, Procureur général du Parlement d'Aix, était un ami de d'Aguesseau. Il publia un Mémoire sur le Comtat Venaissin ; d'Aguesseau se plaisait à le nommer l'ami du bien. Il se fit remarquer par ses réquisitoires contre les Jésuites plutôt que par ses connaissances en histoire naturelle.

Le marquis de Marigny, comme Directeur général des bâtiments, devait être très versé dans l'art des jardins.

De Beaumont fut élu comme conseiller d'État et Intendant des Finances.

Quant à M. de Buffon, membre de l'Académie des sciences, son nom si célèbre n'a pas besoin d'éloges ; cependant, il est nécessaire d'en faire gloire à la Société d'agriculture. Il assista, dit Broussonet, aux premières séances de la Société. Il fut un jour son président. C'est surtout par la science forestière qu'il entra dans l'économie rurale. Louis XV, l'ayant appelé auprès de lui pour prendre son avis sur la forêt de Fontainebleau, fut si satisfait de son travail qu'il voulut le nommer Surintendant des forêts de ses domaines. Buffon refusa cette place et se contenta de l'Intendance du jardin du Roi. Il montra toujours un attachement particulier à la Société ; il lui proposa de fonder un prix pour l'étude des maladies des animaux, et lorsqu'elle résolut de soumettre à l'Assemblée nationale un Mémoire sur la situation de l'agriculture, il envoya des notes alors qu'il était déjà très malade. Broussonet fit son éloge en 1788.

Avec Buffon, la Société s'adjoignit trois membres, trois gloires de l'Académie des Sciences : Duhamel du Monceau, Bernard de Jussieu et Tillet.

Il faudrait consacrer des notices spéciales à ces illustres savants dont les mérites éclatants et divers ont été reconnus et célébrés par Condorcet (1).

Une place particulière doit être réservée à M. de Monthion, maître des requêtes et ensuite conseiller d'État. Sa fortune, dont il n'était en quelque sorte que le dépositaire, fut, pour les malheureux et pour les Sociétés savantes, une source de bienfaits; il écrivit beaucoup, fit de bonnes actions, de bons livres et quoiqu'il ne paraisse pas avoir laissé à la Société d'agriculture une de ces libéralités dont il fut prodigue, il nous appartient de lui rendre hommage.

Viennent ensuite quelques noms moins célèbres mais que nous ne devons pas négliger.

En première ligne : Patullo, dont l'ouvrage sur l'amélioration des terres fit sensation en 1758; François de Neufchâteau écrivit son éloge.

M. de d'Angeuil, qui ne joua aucun rôle.

M. Rigoley d'Ogny, Trésorier général des États de Bourgogne et plus tard Intendant général des postes.

M. Prépau. N'est-ce pas Préau le chef du service des hôpitaux et des forges à l'École d'Alfort?

M. Augustin Roux était de Bordeaux; il vint à Paris

---

(1) Voy. Condorcet, Édit. Arago. — *Éloge de Trudaine Jean-Charles-Philibert*, p. 206; — *Éloge de Bernard de Jussieu*, p. 236; — *Éloge de Duhamel du Monceau*, p. 210; — *du chevalier Turgot*, p. 453; — *de Montigny*, p. 580.

sur la recommandation de Montesquieu, se poussa du côté de la médecine et se fit connaître par quelques articles scientifiques. Il était de la Société d'Agriculture depuis dix ans, lorsqu'en 1771, il fut appelé à une chaire de chimie fondée à la Faculté de médecine.

Les deux derniers membres élus par la Société, Delisle et de Butré, donnèrent des preuves de leur dévouement à l'économie rurale.

Delisle eut du succès lorsque, le 2 juillet 1761, il rendit compte des expériences qu'il avait faites sur le ray-grass, sur le froment Poulard, sur le glanage.

Quant à de Butré, il parut dans la séance du 9 juillet 1761 et lut un Mémoire sur la population. Il quitta Paris pour aller lui-même, de ses propres mains, travailler le jardinage d'abord sous les ordres de Pépin à Montreuil, ensuite dans un jardin qu'il créa à Strasbourg. Il paraît qu'on lui enleva, pour une cause ou pour une autre, ses magnifiques plantations et qu'il se crut obligé d'émigrer à l'étranger.

Il est curieux de noter que de Butré fut nommé membre de la Société d'Agriculture dans la promotion de Bertin et de Trudaine, de Buffon et de Jussieu et qu'il quitta Paris et la France, après avoir pris les leçons et les secrets de Pépin pour aller tailler en paix les arbres fruitiers de l'Électeur palatin.

Il publia l'ouvrage suivant : *Traité raisonné des arbres fruitiers et autres opérations relatives à la culture*, par Butré, jardinier-propriétaire. On cite encore un manuel pour les agriculteurs et les propriétaires par le baron de Butré, 1786, in-4°, en allemand.

Voici donc Bertin, Contrôleur général des Finances, et Trudaine, conseiller d'État et Intendant des Finances, devenus les associés d'une société dont ils étaient les véritables fondateurs.

De Trudaine, Jean-Charles-Philibert, qui porte sur notre liste le titre de « conseiller d'État », nous devons dire un mot : non pas au point de vue de son rôle dans l'administration du Contrôle général des Finances, mais au point de vue de l'Académie des sciences dont il fut un des membres les plus distingués. S'il laissa un grand souvenir dans l'administration du Commerce, des Manufactures et des Ponts et Chaussées, il n'abandonna jamais l'étude de la chimie, de la physique et de l'histoire naturelle; il voulut même profiter de la direction des Travaux publics pour rassembler et coordonner les éléments de l'histoire naturelle de la France. C'est un trait. Il mourut le 1er janvier 1769.

Sur la liste des associés de la Société d'Agriculture, nous trouvons Trudaine de Montigny, Conseiller d'État et Intendant des Finances en survivance à côté de Trudaine son père, depuis 1757. Il lui succéda en 1769. Il refusa la place de Contrôleur général. Il s'illustra dans l'administration du département des Ponts et Chaussées et du Commerce de Paris, et fit partie de l'Académie des sciences comme son père, dont il écrivit l'éloge.

Un hasard fort singulier réunit, sur notre liste, Jean-Charles-Philibert Trudaine, le père, et Trudaine de Montigny, son fils : à côté d'eux figure M. de Montigny. Or ce M. de Montigny, qui portait le même surnom que Trudaine de Montigny, était le fils d'un Trésorier de France et non pas le fils de l'Intendant des Finances, Jean-Charles-Philibert. Son vrai nom était Mignot de Montigny. Ajoutez à cette apparente confusion que Montigny fut employé par les Trudaine dans l'administration de leurs services, notamment en qualité de Commissaire pour le pavé de Paris. Tous trois furent membres de l'Académie des sciences. Trudaine de Montigny mourut en 1777 et de Montigny en 1782. Ces explications étaient nécessaires.

Reprenons le récit des travaux de la Société.

La sixième séance termina le mois d'avril 1761.

Le Bailli de Fleury lut un Mémoire sur l'utilité des Sociétés d'agriculture. Il ne pouvait que confirmer, par de nouvelles réflexions, la notice de Turbilly et célébrer dignement la nouvelle Société d'agriculture de la Généralité de Paris.

La septième séance s'ouvrit (le 7 mai) par la lecture d'un Mémoire de M. du Plessis, ancien lieutenant aux gardes françaises, dans lequel il indiquait un moyen de préserver le blé de la carie. Après avoir défini le caractère de cette maladie, que l'on avait reconnue récemment contagieuse, grâce aux expériences de Tillet, l'auteur du Mémoire fait connaître que l'on peut préserver le blé de la carie, en l'arrosant avec du lait de chaux et en lui faisant subir plusieurs pelletages à deux jours d'intervalle l'un de l'autre. « Il est essentiel, dit-il en « terminant, de laisser chaque fois le tas de blé deux « jours au moins, sans y toucher, quelque violente « fermentation qu'il éprouve; des expériences, faites « à dessein, ont fait voir que la faculté de germer n'en « recevait pas la plus légère altération. »

Turgot, de Montigny, Tillet et Roux furent chargés de contrôler ce procédé qui fut, en effet, reconnu efficace.

Quatre mois seulement s'étaient écoulés et la Société s'affirmait. A sa huitième séance, le 4 juin 1761, elle fut saisie, par l'Intendant de Sauvigny, au nom du Contrôleur général, d'un projet d'arrêt du Conseil. Cet arrêt tendait à encourager et favoriser les défrichements. Le roi désirait que la Société donnât son avis sur cette question. La Société approuva, en principe, le projet; mais elle présenta plusieurs observations. Elle critiqua, d'abord, la durée, qui lui parut trop courte, et demanda qu'au lieu de neuf années, l'exemption de toute imposition fût portée à dix-huit ou vingt années. Elle fit remarquer, à ce sujet, que, au bout de dix ans, le défricheur commencerait à peine à retirer le fruit de ses avances, surtout s'il était obligé, pour établir un corps de ferme, de faire beaucoup de dépenses en bâtiments, sans compter les dépenses nécessaires à la culture. Si, d'autre part, on plantait des bois, l'exemption de dix années deviendrait absolument nulle et les frais seraient en pure perte, le cultivateur ne pouvant recueillir quelque chose de ses avances qu'au bout de vingt années, puisqu'on est obligé d'employer cinq ans pour la plantation et les labours : après quoi on recèpe les bois, opération qu'on recommence ordinairement au bout de cinq autres années, pour avoir ensuite, dix ans après, une coupe en règle : ce qui recule à la vingtième année les profits du défrichement.

La Société demanda, en outre, qu'à l'exemption des impositions, on ajoutât celle des dîmes. « Le clergé de Bretagne a si bien compris, ajoute-t-elle, l'utilité de cette dernière mesure qu'il a, de lui-même, appliqué cette mesure aux terres qui seraient défrichées. »

La Société souhaitait encore qu'une disposition de

la loi projetée mit l'ancienne culture à l'abri de l'abandon qu'elle pourrait éprouver, dans le cas où un cultivateur, pour profiter du bénéfice de la loi, n'entreprendrait un défrichement, qu'en délaissant une culture qui contribue actuellement aux charges de l'État, et dont la diminution de la cote retomberait nécessairement sur les paroisses de son canton. Elle proposait donc de soumettre, dans ce cas, le cultivateur à la même taxe que celle pour laquelle il se trouverait imposé, à moins qu'il n'ait fait passer son ancienne exploitation entre les mains d'un autre cultivateur ou fermier, et ce, pendant les dix-huit ou vingt ans de l'exemption.

Dans sa lettre d'envoi, le Contrôleur général avait exprimé la crainte que les défrichements ne déterminassent une élévation des prix de la journée des ouvriers. En réponse, la Société émit l'avis qu'une telle majoration serait plutôt un bien qu'un mal, mais, il lui paraissait impossible qu'elle eût lieu, parce que les défrichements augmentant la somme des denrées, le prix de celles-ci diminuerait, si les défrichements ne devaient pas procurer à l'État un accroissement de population par la règle générale que, plus il y a de culture, plus il y a de population. Donc l'augmentation de la quantité des denrées ferait naître des consommateurs, les prix resteraient les mêmes et le prix des journées ne s'élèverait pas : « ce qui peut encore se prouver par une seconde règle d'une expérience reconnue, dit la Société, le prix de la journée est communément le vingtième du prix du septier de blé, mesure de Paris » ; et par là se montre la vraie raison de la différence du salaire des ouvriers dans les provinces du royaume, le salaire suivant toujours la différence du prix du blé (1).

La seule observation dont il fût tenu compte fut celle relative à l'obligation, pour le cultivateur, de ne point délaisser sa culture pour profiter du bénéfice de la loi, en entreprenant un défrichement, et le projet ainsi modifié devint la loi du 16 août 1761.

Pendant la même séance, la Société élut, pour associés, Desmarets, alors correspondant de l'Académie des sciences, et Tenon, professeur aux écoles de chirurgie et membre de l'Académie des sciences.

En outre, Genet, secrétaire-interprète du roi aux Affaires étrangères, fut nommé correspondant.

Dans la neuvième séance, du 11 juin, on s'occupa d'un Mémoire relatif à un nouveau mode de culture du blé, dit *à la Tull* (2), ainsi qu'à certains insectes qui s'attaquent au froment et que M. Tenon s'était chargé d'étudier; puis, on décida de faire faire, par MM. Navarre, Pottier, d'Ogny et Favre d'Aunoy, différentes expériences touchant l'élevage des moutons, en plein air et sous un hangar, et particulièrement sur l'alimentation de ces mêmes animaux dans des pâturages marécageux, avec addition de gros navets. M. Patullo fut invité à rédiger un Mémoire détaillé sur le mode de culture de ces navets.

A cette époque, un arrêt du Conseil avait limité à neuf années la durée des baux. C'était une mesure fiscale dont le but était de multiplier le revenu du droit d'enregistrement. M. Pottier, au cours de la

(1) Voir *Mémoires de la Société nationale d'Agriculture*, vol. de 1761, p. 32, et note manuscrite de M. Bouchard-Huzard en tête du volume.
(2) On verra plus loin quelle était cette nouvelle méthode inventée par Tull, cultivateur anglais.

dixième séance, fut chargé d'étudier la question et de présenter un rapport, en vue de faire cesser les inconvénients qui résultaient de cette mesure. Après la lecture d'un Mémoire de M. de Viterne sur les avantages que l'on pouvait retirer des crues d'eau, il fut décidé qu'à l'avenir tous les Mémoires reçus par la Société seraient d'abord examinés par deux commissaires qui en feraient l'objet d'un rapport, à la suite duquel on statuerait sur l'utilité d'en donner une lecture complète à l'Assemblée; que M. de Montigny ferait un extrait de ce qui serait jugé intéressant dans chacun de ces Mémoires, extrait qui serait porté, avec les observations de la Société, sur un registre spécial. Enfin, la séance a été terminée par la lecture d'un Mémoire de M. de Méliand (1), Intendant de Soissons, sur l'utilité et l'usage de terres et cendres de houille trouvées près Noyon, Ribémont et Laon, dont l'analyse a été confiée à Turgot, de Montigny et Roux. On convint, en outre, de prier M. de Méliand de fournir les indications nécessaires, pour aider à découvrir cette espèce de terre en d'autres provinces, en indiquant quelles sont les autres couches de terre qui se trouvent au-dessus et au-dessous.

La onzième séance fut consacrée à l'examen des causes qui provoquaient la dépopulation des campagnes, ainsi qu'aux moyens de faire cesser le vagabondage et la mendicité qui étaient alors, disait-on, la lèpre des campagnes.

Le principal objet de la douzième séance, tenue le

(1) Aux Archives nationales, dans le carton K, 906, on trouve un excellent Mémoire de Méliand sur l'état de l'agriculture dans la Généralité de Soissons.

2 juillet 1761, fut la division de la Société en Sections pour faciliter l'étude des diverses questions. Ainsi, l'abbé Lucas, le baron d'Ogilvy, le marquis de Turbilly, de Garsault, Navarre, Patullo et Delisle furent chargés de la grande culture, labours, instruments, engrais et amendements, culture des blés et autres grains; MM. Pépin, Navarre, Patullo et Delisle, des légumes; MM. le baron d'Ogilvy, le marquis de Turbilly, Navarre et Patullo, des prairies naturelles et artificielles; MM. Favre d'Aunoy, le marquis de Turbilly, Navarre et Delisle, des différentes espèces de bestiaux; MM. le marquis de Turbilly, de Montclar et Delisle, des volailles; MM. le marquis de Turbilly et de Montclar, des abeilles et des vers à soie; MM. le marquis de Turbilly et de Garsault, de la culture des vignes et de la vinification; MM. le baron d'Ogilvy, le chevalier Turgot, le marquis de Turbilly, de Palerne, Pottier et Delisle, de l'arboriculture forestière et d'ornement; MM. Pépin et Delisle de l'arboriculture fruitière, et enfin M. le marquis de Turbilly, des défrichements et des desséchements. On voit que Turbilly est partout, de toutes les commissions et sur toutes les matières. La séance fut terminée par la lecture d'un Mémoire de M. Delisle, contenant le compte rendu d'expériences par lui faites sur le ray-grass et le red clove ou trèfle rouge, et desquelles il résultait que le ray grass, alors signalé en Angleterre, était l'une des plus riches prairies artificielles, donnant en abondance un fourrage excellent pour les chevaux et les moutons, et d'une conservation facile. Duhamel du Monceau lui-même, dans son *Traité de la culture*, en affirmant la supériorité de ce fourrage, lorsqu'il était

cultivé dans une bonne terre un peu humide, déclarait qu'il ne présentait pas les mêmes qualités que le trèfle rouge français préféré par les bestiaux. A la suite de cette communication, la Société pria M. de Jussieu de donner une nomenclature des différentes sortes de trèfle, dont la culture serait la plus avantageuse suivant les diverses espèces de terres.

Dans la treizième séance, celle du 9 juillet, M. le baron d'Ogilvy lui un Mémoire sur les semoirs qui venaient d'être inventés, depuis quelques années, par le célèbre cultivateur anglais, M. Tull. Celui-ci avait imaginé une nouvelle méthode de culture disposée par rayons et plates-bandes, au moyen lesquels on semait, tous les ans, du froment sur le même champ. A cet effet, il avait inventé un semoir et divers autres instruments très ingénieux. M. Duhamel du Monceau avait décrit et perfectionné cette méthode, qu'un grand nombre de riches propriétaires avaient alors adoptée sur sa recommandation.

L'un de ces grands propriétaires, M. de Châteauvieux, ayant expérimenté la méthode de Tull avec succès, pensa qu'il pourrait être avantageux d'employer le semoir à l'ensemencement des terres cultivées suivant la méthode ordinaire, et l'expérience qu'il fit, pendant plusieurs années, dans deux métairies auprès de Genève, ainsi, d'ailleurs, que les expériences tentées dans divers pays par d'autres cultivateurs, démontrèrent :

1° Que les semailles s'exécutaient plus promptement, plus sûrement, et à moins de frais ;

2° Qu'on épargnait au moins la moitié, et souvent les deux tiers de la quantité de semence employée suivant l'usage ordinaire ;

3° Qu'enfin ces semailles avaient toujours conservé, dans les diverses années, contraires ou favorables à la végétation du blé, une supériorité marquée sur celles faites à la main, en même terrain préparé de même, et qu'à la récolte, elles avaient rendu une égale quantité de paille et une plus grande quantité de grains.

Le semoir de Tull présentait de graves défauts, notamment celui de broyer beaucoup de grains ; Duhamel du Monceau en inventa un plus satisfaisant, mais qui avait l'inconvénient de perdre des grains à chaque arrêt et de ne point former toujours des lignes droites, fermes et suffisamment profondes. M. de Châteauvieux rectifia ces défauts, mais ses rangées étaient trop serrées, M. Tillet les espaça. En outre, ces semoirs étaient trop coûteux pour la masse des cultivateurs ; l'abbé Soumille chercha à combiner le semoir de M. de Châteauvieux avec les exigences de l'état de la culture à cette époque. Il inventa ainsi un semoir à bras qui pouvait présenter quelque utilité, mais qui, ne semant qu'une raie à la fois et à la suite d'une charrue, réduisait l'avantage à une épargne sur la semence qu'un semeur adroit pouvait procurer, en semant à la main le long du sillon. Enfin, un menuisier-mécanicien, Jouvet, s'aidant des avis de MM. Duhamel du Monceau, Delisle et de quelques autres agronomes, parvint à exécuter plusieurs semoirs à cylindres, qui, malgré quelques défauts, fonctionnaient avec précision et présentaient les conditions de solidité et de bon marché désirables.

Le Mémoire concluait à engager la Société à favoriser le perfectionnement de cet utile instrument, en faisant exécuter, par Jouvet, différents modèles qui seraient livrés gratuitement à des cultivateurs, à condition de les employer et de rendre compte de leur fonctionnement.

La Société, voulant s'assurer des avantages que pouvait offrir l'emploi du semoir (1), chargea MM. Navarre, d'Ogilvy, Pottier et de Palerne d'expérimenter cet instrument en faisant semer, chacun, deux arpents de terre, l'un avec un semoir, l'autre suivant la méthode ordinaire, c'est-à-dire à la main.

La lecture de deux Mémoires : l'un de M. de Butré sur la population, et l'autre de M. Delisle sur le froment poulard, termina la séance.

Dans sa quatorzième séance, la Société s'occupa de la culture du colza et décida de demander un Mémoire détaillé sur cette culture aux Intendants de Soissons et de Lille.

Les procès-verbaux des quinzième et seizième séances n'ont présenté aucune discussion digne d'être signalée; mais la Société prit une résolution fort intéressante.

Tenant en considération les inconvénients qui résultaient de l'arbitraire dans les impositions, et principalement dans la taille, inconvénients qui nuisaient considérablement aux progrès de l'agriculture, elle mit à l'étude la recherche des moyens d'y remédier et d'indiquer la meilleure façon d'établir la taille réelle, en faisant des cadastres de fonds. Elle invitait ses membres et ses associés à présenter des Mémoires sur cette matière, et nommait, pour les examiner et en rendre compte, une Commission composée de MM. le baron d'Ogilvy, Le Roy, Pottier, Trudaine de Montigny, de Montclar, de Montigny, de Monthion et Prépau (2).

----

(1) *Mémoires de la Société nationale d'Agriculture de France*, vol. de 1761, p. 47.

(2) *Ibidem*.

Au cours de la dix-septième séance, M. Delisle lut un Mémoire sur l'abus qui se commettait dans les marchés passés entre les fermiers et les moissonneurs, ainsi que sur les dommages que causaient, dans les campagnes, les glaneurs et principalement ceux en état de travailler aux récoltes.

En outre, MM. le baron d'Ogilvy et de Palerne lurent chacun un Mémoire sur les moyens de remédier à la taille arbitraire. Ces Mémoires furent renvoyés à la Commission citée plus haut (1).

Dans les séances des 13, 20 et 27 août 1761, la Société s'occupa de régler ce qui concernait l'impression et la publication de ses Procès-verbaux ainsi que des Mémoires qu'elle voulait y annexer. Au cours de la dernière, elle élut, comme associés, sur la demande du Bureau de Meaux, MM. Havier, Fadin, le comte de Montcan, Ityer, Guignace, Danse, de Perthuis (Rhémy) et Bourdin, tous membres du Bureau de Meaux. Il fut ensuite donné lecture de deux Mémoires du Bureau de Meaux, le premier sur certains inconvénients des baux à ferme; le second, sur les dommages causés par la trop grande quantité de gibier; et, enfin, d'un Mémoire de M. Verrier sur l'utilité des semis de pépins et de noyaux pour l'obtention de variétés nouvelles ou améliorées dans l'arboriculture fruitière.

Le 3 septembre 1761, la Société tint sa vingt et unième séance. Elle commença par élire, pour associés, Genet, correspondant de la Société, Abeille, secrétaire de la Société d'agriculture de Rennes, et Bertrand, secrétaire de la Société économique de Berne, en Suisse; puis elle décida, conformément à une demande

(1) *Ibidem.*

de M. Wiche, membre de la Société des arts et du commerce de Londres, de faire rechercher, comme cette dernière association le faisait alors, en Angleterre, les herbes, racines, plantes, semences ou gazons, pouvant végéter en hiver et produire une nourriture suffisante pour le gros bétail en remplacement du foin sec.

Au cours de la vingt-deuxième séance, 10 septembre, la Société arrêta plusieurs mesures d'ordre pour établir, avec les autres Sociétés d'agriculture, une correspondance et l'échange des Mémoires qu'elles publieraient; elle remit, après les vacances, la discussion sur la liberté du commerce des grains, leur importation et leur exportation, et décida de proposer, à toutes les sociétés, d'adopter, dans leurs délibérations et leurs publications, une unité de poids et de mesures, ainsi que le lui demandait la Société d'agriculture de Lyon. Cette unité, à son avis, devait comprendre : pour les terres, l'arpent de cent perches de vingt pieds de roi, et, pour les grains, le boisseau ainsi que le septier de Paris, pesant environ 240 livres, poids de marc. Puis, elle ajourna sa première réunion après les vacances au jeudi 19 novembre 1761.

Dans sa séance du 27 août, la Société avait jugé qu'il serait utile d'avoir à sa disposition un domaine pour y faire des expériences et elle rédigeait, à ce sujet, un Mémoire que de Palerne avait été chargé, dans la séance du 13 août, de préparer et d'adresser au Contrôleur général. Ce document, qui fut envoyé au Ministre le 1er septembre 1761, était ainsi conçu :

« La Société royale d'agriculture de la Généralité de « Paris, qui s'est occupée, depuis son établissement, de « tout ce qui pouvait répondre aux vües du roy, a

« senti que ses Mémoires sur les différentes parties de
« la culture auraient bien plus de créance vis-à-vis de
« la nation, s'ils étaient fondés sur des expériences
« faites par la Société même. Cette réflexion l'a déter-
« minée à demander à M. le Contrôleur général de lui
« faire obtenir, de Sa Majesté, un de ses domaines, le
« plus à la portée de sa capitale qu'il se pourra. Il serait
« à propos qu'il fût assez étendu pour y pouvoir traiter
« tous les divers genres de culture et de plantations,
« et y faire les expériences convenables sur la propa-
« gation des animaux et leurs maladies.

« Ce domaine devenant, par son employ, un des plus
« nobles et des plus utiles de l'État, paraîtrait devoir mé-
« riter de Sa Majesté une exemption de toute imposition.
« La Société se flatte que M. le Contrôleur général voudra
« bien être favorable à ses vües dans cette occasion (1). »

Le Contrôleur général ne répondit point à ce Mémoire, car, malgré sa bonne volonté pour la Société,
l'état des finances ne lui permettait pas de proposer
une dépense de cette nature, et la demande de la
Société fut abandonnée.

Le 15 octobre 1761, le Contrôleur général adressa
aux Intendants un exemplaire du premier volume des
Mémoires de la Société qui venaient d'être publiés, et
les engagea à redoubler d'efforts pour faire créer des
associations semblables à celle de la Généralité de Paris.
« Celles qui sont établies dans d'autres Généralités,
« disait-il, correspondent déjà entre elles, et il n'en
« peut résulter qu'un très grand bien (2). »

(1) *Archives Nationales*, II. 1501.
(2) *Mémoires de la Société nationale d'Agriculture de France*, vol.
de 1761, pp. 49 et 51.

Privée de revenus et de subventions, la Société
continua à se réunir, mais cessa de publier les procès-
verbaux de ses séances jusqu'en 1785. C'est seulement
dans le dépôt des Archives nationales que l'on saisit
quelques traces de son action, car le résumé que
donne le premier volume des Mémoires de 1785 est
beaucoup trop succinct pour qu'on puisse y recueillir
des renseignements suffisants.

Lors de la rentrée, le marquis de Turbilly donna
lecture à la Société d'un Mémoire qu'il avait rédigé
sur une légumineuse cultivée dans l'Anjou, où il possédait de grands domaines.

C'était le grand chou d'Anjou, connu actuellement
sous le nom de chou vert, ou chou non pommé, ou chou
sans tête (1). Le marquis de Turbilly faisait connaître
les qualités de cette plante qu'il indiquait, avec raison,
d'ailleurs, comme l'un des légumes les plus utiles pour
les habitants des campagnes de l'Anjou, du Poitou, du
Maine et de la Bretagne, parce que venant dans toutes
les terres, même les plus médiocres, pourvu qu'elles
fussent fumées suffisamment, elles étaient une ressource précieuse pour la nourriture des hommes et des
bestiaux dans l'hiver et au printemps. L'utilité de ce
chou était si bien reconnue que l'on obligeait les fer-

---

1. Ce chou, dont les départements de la Bretagne, de l'Anjou,
du Maine et du Poitou font un grand usage pour les bestiaux, constitue, comme plante potagère, une des principales ressources des mé-
nages de la campagne, en hiver surtout, lorsque la gelée en a atten-
dri les feuilles. Comme c'est une crucifère bisannuelle, au printemps
on mange aussi les pousses nouvelles de ce chou avant le développement des fleurs : ces pousses sont nommées : *Brocolis-asperges*.
Il y a de nombreuses variétés du chou vert, mais ce sont le chou cava-
lier, ou grand chou à vache, ou chou en arbre, et le chou moellier,
ou le chou à tige rouge, ou le chou branchu du Poitou, sous-variétés
du moellier, qui sont le plus cultivés et recherchés.

miers, par leurs baux, d'en planter une certaine quantité et d'en laisser un certain nombre sur pied lorsqu'ils sortaient de leurs fermes.

Dans le même temps, la Société reçut deux Mémoires de M. de Puimaret, riche agriculteur qui possédait des domaines en Dauphiné où il habitait, dans le Limousin et dans le Condommois. Ces Mémoires rendaient compte d'expériences faites par leur auteur : 1° sur le sainfoin, qui portait alors quatre noms : sainfoin, esparce, herbe de Maurienne et gaillet; 2° sur le ray-grass, auquel Dom Mirondot, disait-il, a donné à tort le nom de faux seigle qui caractérise mieux la plante connue à Genève et en Dauphiné sous le nom de frumental ou de fenasse, et, dans le pays de Gex, sous celui de fromentée.

L'alucite des grains causait de grands dégâts aux céréales dans l'Angoumois et le Poitou, depuis 1760 ; le Gouvernement s'en inquiéta et invita la Société à étudier cet insecte et à proposer des moyens de le détruire. Tillet et Duhamel du Monceau furent chargés de faire ces recherches.

Après une année d'études, Tillet et Duhamel présentèrent à la Société un rapport résumant leurs travaux. Après discussion, ce rapport fut adressé au Ministre qui le fit publier sous ce titre : *Histoire d'un insecte qui dévore les grains de l'Angoumois.*

Des instructions rédigées par la Société furent, en outre, répandues pour indiquer les divers procédés de destruction à employer contre l'alucite.

Nous avons dit, plus haut, que la Société avait été consultée sur un arrêt du Conseil relatif aux défrichements et que cet arrêt avait été promulgué comme loi de l'État, le 16 août 1761. Les observations de la Société n'avaient sans doute pas été prises en considération, au moins quant à l'exemption des dîmes seigneuriales et ecclésiastiques, car, à la date du 26 janvier 1762, de Palerne adressait la lettre suivante au Contrôleur général :

« Monsieur, la Société royale d'agriculture m'a « chargé d'avoir l'honneur de vous rendre compte des « utiles effets qu'a produits l'arrêt du Conseil en faveur « des défrichements. Messieurs du Chapitre de Notre- « Dame et de la Sainte-Chapelle, ainsi que ceux des « Bénédictins et des Chanoines réguliers de Sainte- « Geneviève se sont empressés d'envoyer à l'Assem- « blée un acte capitulaire par lequel ils exemptent, « pendant vingt années, de dixmes et novales, cham- « parts et terrages sur toutes les terres qui seront défri- « chées dans l'étendue de leurs domaines. La Société a « pensé, Monsieur, qu'un exemple aussi nécessaire « pour le progrès de l'agriculture serait suivi par les « autres ordres, si vous vouliez avoir la bonté d'écrire « aux différents supérieurs pour les engager à accorder « les mêmes exemptions.

« La prochaine ouverture de l'Assemblée du clergé « paraît aussi une occasion favorable pour obtenir, en « particulier, de chacun des membres qui la composent « un désistement pareil en faveur des défrichements, et « la Société se flatte que vous voudrez bien en conférer « avec M. l'archevêque de Narbonne (1)... » En outre, la Société fit passer un Mémoire dans lequel elle relevait l'avantage que le clergé retirerait de cette exemp-

---

(1) L'archevêque de Narbonne était le président de l'Assemblée du clergé et jouissait d'une grande influence parmi ses collègues.

tion, puisque, au bout de quelques années, il pourrait
prélever une dîme sur des terres qui, dans l'état actuel,
ne lui rapportaient rien.

Le 3 août 1762, une nouvelle lettre de la Société à
M. Trudaine faisait connaître au Gouvernement que
les seigneurs qu'elle comptait dans son sein avaient,
à l'imitation de leurs collègues ecclésiastiques, renoncé,
pour vingt ans, à la dîme, aux terrages et champarts,
sur les terres que défricheraient leurs vassaux, et, joi-
gnant à sa lettre un Mémoire rédigé par MM. Delisle,
Abeille, Turgot et de Palerne, la Société demandait
qu'un nouvel arrêt du Conseil étendît, pour dix ans au
moins, le bénéfice de l'arrêt du 16 août 1761 aux biens
possédés par les possesseurs laïques.

Enfin, l'arrêt de 1761 était méconnu presque partout
par les agents ou les sous-traitants des fermiers des
tailles, qui prétendaient que cet acte n'ayant point été
enregistré par les Parlements, n'avait point force de loi
et restait inexécutoire (1). Les tribunaux des Aides,
desquels relevaient les procès en pareille matière, rendaient généralement des sentences conformes à ces
prétentions. Des Sociétés d'agriculture s'en plaignaient,
et la Société de Paris, se faisant l'interprète des récla-
mants, sollicita la publication d'une déclaration ou d'un
édit royal qui vînt confirmer l'arrêt du 16 août 1761.

L'Assemblée du clergé vota, à l'unanimité, l'exemp-

(1) Les édits, les ordonnances et les déclarations étaient soumis à
l'enregistrement des Parlements, et ne devenaient exécutoires qu'après
cette formalité. Les arrêts du Conseil du roi et les lettres-patentes
n'étaient point soumis à l'enregistrement. Les premiers actes étaient
des lois ; les seconds, de simples décrets, dans le sens que nous atta-
chons actuellement à ces actes. Les édits ne traitaient qu'une seule
matière : les ordonnances en embrassaient plusieurs, et, quant aux
déclarations, elles étaient moins des lois que des actes interprétatifs
ou complémentaires des lois.

tion de dix ans, et le Gouvernement en autorisa l'application, par un arrêt rendu en 1762, qui, confirmant celui de 1761, défendit, sous peine d'emprisonnement, de restitution et d'amende arbitraire, de percevoir, pendant dix ans, aucune taille sur les terres défrichées. Quant aux possesseurs laïques, le Contrôleur général fit observer à la Société que les dîmes, terrages et champarts, dus à ces derniers, constituaient, à leur profit, une propriété dont ils ne pouvaient être dépouillés, même temporairement, par un acte de la puissance royale, et que c'était de leur bon vouloir que l'on devait attendre l'exemption que l'on sollicitait d'eux.

En mai 1762, la Société tenta de faire cesser un autre abus, celui des fêtes dont la multiplicité causait un dommage considérable aux cultivateurs parce qu'en ces jours-là tout travail était interdit. Bertin, saisi d'une demande à l'effet de restreindre le nombre des fêtes, la transmit à l'archevêque de Paris, en la lui recommandant. Il n'y fut donné malheureusement aucune suite.

Dans sa séance du 8 décembre 1763, la Société prit une décision remarquable et qui dénotait sa sollicitude pour les progrès de l'agriculture. N'ayant pu obtenir le domaine qu'elle avait demandé pour y faire des expériences pratiques et offrir ainsi des modèles aux cultivateurs, elle résolut de s'adresser à ceux-ci pour réaliser, dans une mesure plus restreinte à la vérité, le but qu'elle s'était proposé. Une communication du marquis de Turbilly, un de ses plus illustres membres, lui apprit qu'il avait amélioré les méthodes de culture et les rendements dans ses domaines de l'Anjou, en décernant des prix à ceux qui avaient le mieux

cultivé leurs terres et obtenu les plus belles récoltes,
et en faisant juger les concurrents, aux prix à décerner
dans chaque paroisse, par un jury élu par les habitants. Elle arrêta donc de faire, au moyen de souscriptions recueillies parmi ses membres, un fonds qui
servirait à décerner deux ou plusieurs prix aux cultivateurs ou autres personnes qui auraient le mieux
réussi dans les recherches qu'elle aurait proposées.

« Le principal objet de ces recherches », disait-elle
dans son programme, « sera d'éclaircir successive-
« ment, par des expériences faites avec soin, les diffé-
« rentes pratiques de l'agriculture et de l'économie
« rustique. »

De plus, la Société décida, dans sa session d'avril
1765, qu'elle décernerait un prix de 600 livres à l'auteur du meilleur Mémoire donnant la description, les
causes, les effets et la guérison des maladies épidémiques et contagieuses des bestiaux, et que, dans sa
séance du mois d'avril 1766, elle accorderait un prix de
800 livres à l'auteur du meilleur travail sur la qualité
et sur l'emploi des engrais qui conviennent aux terres,
principalement aux terres à blé, au point de vue de
leur qualité.

« Des expériences bien faites, disait le programme,
« soit pour employer de nouveaux engrais jusqu'à pré-
« sent peu connus ou négligés, soit pour suppléer au
« fumier des animaux lorsqu'on en a peu, soit pour
« perfectionner la qualité des fumiers, ou la pièce qui
« renfermerait le plus de faits, d'observations et d'ex-
« périences utiles sur l'art de fertiliser la terre par des
« engrais, doivent seules avoir droit au prix. »

Telle est l'origine des concours agricoles, et ce fut

la Société de la Généralité de Paris qui, de son initiative, en donna l'intelligent et patriotique exemple.

Le 4 mars 1764, le marquis de Turbilly avait transmis
le programme des deux prix, que nous venons de faire
connaître, au Contrôleur général, qui le fit imprimer
et répandre par les Intendants dans toutes les Généralités.

Un journaliste, Le Rebours, directeur de la *Gazette
de l'Agriculture et du Commerce*, ayant appris, par l'un
de ses confrères de Londres, que les seigneurs et riches
commerçants ou particuliers de l'Angleterre avaient
formé, à l'aide de souscriptions à payer annuellement,
un fonds avec lequel ils ouvraient des concours pour
l'encouragement des arts, des manufactures et du commerce, eut l'idée d'importer cette institution en France,
au profit de l'agriculture. Il adressa, à ce sujet, le
24 juillet 1764, un Mémoire au Contrôleur général,
qui le transmit immédiatement à la Société, en lui
demandant si elle consentirait à se charger de centraliser et de conserver le montant des souscriptions pour
l'appliquer à des distributions de prix.

La Société vit, dans cette proposition, l'heureuse
confirmation de la mesure qu'elle avait adoptée. Elle
s'empressa d'accueillir la demande du Contrôleur
général. Le projet, ainsi que le programme des prix à
décerner, ayant été approuvés par le roi, la souscription
fut ouverte au mois d'août 1765. Le roi se fit inscrire
en tête des souscripteurs. Nous dirons plus tard quelle
fut la suite de cette affaire.

Dans sa séance du mois d'avril 1765, la Société
décerna le prix de 600 livres sur les maladies des bestiaux à un médecin de Bourg-en-Bresse, Barberet,

ancien premier médecin des armées et membre de l'Académie des sciences de Dijon. Le mémoire de Barberet ayant paru incomplet, la Société proposa le même sujet pour le prix à décerner en 1767. Voici le programme qu'elle publia et que Bertin fit répandre par les Sociétés d'agriculture et les Intendants, le 21 septembre 1765 :

« Histoire de toutes les maladies épidémiques des
« bestiaux et des animaux de toute espèce, qui se
« trouvent décrites dans les auteurs anciens et mo-
« dernes ; les causes qui ont pu les produire et les
« remèdes qui ont paru les plus efficaces pour les com-
« battre.

« La Société désire que les auteurs ne bornent pas
« leurs recherches à celles des maladies qui ont été
« décrites dans les ouvrages de médecine ; mais qu'ils
« rassemblent aussi celles dont il est fait mention dans
« les historiens et même dans les poëtes ; qu'ils dis-
« cutent ces descriptions et qu'ils tâchent de les lier
« les unes aux autres, afin d'en former un corps de
« doctrine qui puisse éclairer sur cette branche impor-
« tante de l'économie rustique. »

Le prix était de 1,200 livres.

Voici comment s'exprimait Bertin dans sa circulaire aux Intendants :

« Quoiqu'il n'y ait point eu, Monsieur, de société
« d'agriculture formée dans votre Généralité, l'objet
« dont celle de Paris s'est occupée est trop intéressant
« pour ne point vous faire part de ses louables inten-
« tions. Elle vient de décerner un prix à la disserta-
« tion qui lui a paru la meilleure sur les maladies des
« bestiaux, et elle en propose un second, de la somme

« de 1,200 livres, sur la même matière. Je vous envoie
« quelques exemplaires du programme qu'elle a publié
« à ce sujet. Je vous prie de le faire connaître aux
« personnes que vous croirez être en état, par leurs
« lumières, d'y recourir. Les campagnes ont grand
« besoin de secours à cet égard, puisque, quand les
« maladies épidémiques sur le bétail viennent à se
« répandre, on manque des connaissances nécessaires
« pour les traiter, et aucun remède ne peut garantir
« la perte inestimable des bestiaux. Les progrès des
« élèves des écoles vétérinaires promettent beaucoup,
« mais on ne saurait trop multiplier les recherches
« sur une matière si importante et je compte que les
« observations réunies de toutes les provinces seront
« d'un grand secours. »

La Société s'était occupée, dès 1763, de la recherche
des causes qui pouvaient s'opposer au progrès de
l'agriculture, et, afin de rendre son travail plus utile,
elle avait consulté, à ce sujet, les autres sociétés d'agriculture, avec lesquelles elle correspondait, ainsi que
l'établit la lettre du Contrôleur général, en date du
15 octobre 1761, dont nous avons donné plus haut un
extrait.

Le 19 juin 1765, la Société adressait à Bertin la
réponse qu'elle avait reçue de la Société d'Alençon, en
l'accompagnant d'un Mémoire dans lequel elle discu-
tait l'avis donné par cette association, en appelant,
d'ailleurs, l'attention du Ministre sur ce document, qui
paraît avoir été le seul remarquable parmi ceux envoyés
par les Sociétés. Ce Mémoire, de la Société de la Généralité de Paris, donne une idée exacte de quelques-
unes des difficultés que rencontraient les cultivateurs.

« La Société d'agriculture établie à Alençon pro-
« pose un règlement composé de cinq articles qu'elle
« croit nécessaires pour l'encouragement de l'agricul-
« ture.

« Le premier a pour objet de permettre à tout pro-
« priétaire et habitant de villes franches et tarifées de
« faire valoir son bien sans être imposé à la taille
« autrement que le fermier, sans perdre son droit à
« la bourgeoisie; et, dans le cas où il ne l'exempterait
« point de collecte (1), qu'il fût permis de mettre une
« personne à sa place pour la faire dont il serait garant
« et responsable; que les correspondants des Sociétés
« d'agriculture, pour récompense de leurs travaux,
« soient taxés d'office.

« Le deuxième, de permettre à tout propriétaire de
« mettre une partie de son terrain en prairies artifi-
« cielles sans payer la dixme, pourvu que cette quantité
« n'excède point la totalité de son héritage.

« Le troisième, d'obliger les gros décimateurs de
« vendre au moins les deux tiers de leurs pailles aux
« habitants des paroisses à raison de 6 livres le cent de
« grosse paille, et de 4 livres la menue.

« Le quatrième, d'exempter de dixme et champart,
« au moins pendant dix années, les terres nouvelle-
« ment défrichées.

« Le cinquième, de permettre, par une loi générale,
« le défrichement des terrains appartenant au roy,
« moyennant une modique redevance annuelle; d'or-
« donner, faute par les seigneurs de cultiver les ter-

(1) La collecte était le nom que l'on donnait à la levée des deniers
de la taille et des autres impositions qui se faisaient par assiette. Dans
chaque paroisse, il y avait un collecteur chargé de percevoir la collecte qu'il versait au receveur de la circonscription ou des élections.

« rains vagues, que les particuliers pourront les
« mettre en culture à la charge d'une modique rente
« annuelle ; d'ordonner le partage des communes (*les*
« *biens communaux*) entre les chefs de famille, et
« faire en sorte, par une loy quelconque, que ces
« terrains, en totalité ou en partie, fussent mis en
« valeur.

« Dans un Mémoire intitulé *l'OEil du maître* qui
« accompagne ce projet, on s'étend beaucoup sur le
« préjudice que l'agriculture a souffert de la retraite
« des propriétaires dans les villes ; mais comment les
« rappeler sur leur bien, s'ils sont confondus, pour la
« collecte, avec le paysan, si l'on continue de les im-
« poser au double de ce que payent les fermiers, si
« l'on fait perdre à ces habitants le droit de bour-
« geoisie, et s'il ne leur est pas permis de rentrer
« dans les villes et de n'y recouvrer leur droit de
« bourgeois qu'après un certain nombre d'années ?

« Loin de doubler l'imposition du propriétaire, on
« devrait considérer que l'exploitation lui est plus
« coûteuse qu'au fermier ; qu'elle le devient encore
« davantage à proportion qu'il améliore plus son
« bien. D'ailleurs, il paie les vingtièmes de sa pro-
« priété.

« Quant aux autres articles du projet, on ne trouve
« rien dans le Mémoire intitulé *l'OEil du maître* qui y
« soit relatif.

« De ces cinq articles, le premier paraît mériter
« une attention particulière, et nous proposerons les
« réflexions dont nous le croyons susceptible, lors-
« que nous aurons jeté un coup d'œil sur les quatre
« autres.

« Le deuxième, de la façon dont il est proposé, n'est
« pas clair; on n'entend pas bien ce que signifie la per-
« mission de mettre une partie de son bien en prairies
« artificielles, pourvu que la quantité n'excède pas la
« *totalité de l'héritage*. Il y a sans doute une erreur de
« copiste, et il est vraisemblable que l'on a voulu
« mettre *le tiers de l'héritage*. Mais, dans cette suppo-
« sition, comment établir des règles générales sur cette
« matière, tandis que la dixme sera payée en nature?
« L'usage seul fait la loy en matière de dixmes;
« chaque Parlement a une jurisprudence différente, et
« nos rois ne se sont point encore permis de donner
« des lois générales pour fixer la perception de ce
« droit. Si le sort des curés était fixé en argent, si cette
« rétribution formait une branche d'imposition, et si
« les curés étaient seuls décimateurs, on ferait bientôt
« cesser les inconvénients multipliés qui sont une
« suite de l'imposition en nature. Mais, nous paraîs-
« sons encore bien éloignés de ce degré de simplicité,
« et nous ne voyons pas trop ce qu'il est possible de
« faire sur cet article.

« L'obligation que l'on veut imposer pour le troisième
« article aux décimateurs de vendre les deux tiers de
« leurs pailles aux habitants de leurs paroisses moyen-
« nant un prix modique déterminé paraît contraire à la
« liberté naturelle qu'a tout propriétaire de disposer
« de son bien à son gré; l'esprit des Sociétés d'agri-
« culture n'est point de solliciter de pareilles lois;
« elles se font un devoir trop précieux de respecter les
« droits de la propriété.

« Pour l'exemption de dixmes et champarts sur les
« terres nouvellement défrichées, proposée par le qua-

« trième article, il serait étonnant que le clergé voulût
« s'y refuser, il entendrait bien mal ses propres inté-
« rêts. La Société d'agriculture de Paris est actuelle-
« ment occupée de cet objet, et partage les désirs de
« celle d'Alençon.

« Enfin, pour ce qui concerne les terrains incultes
« appartenant au roy, il est à désirer que le Conseil
« se porte à les aliéner. S'ils appartiennent à des sei-
« gneurs, il pourrait être injuste de les contraindre
« à les faire valoir, ou à permettre, à leur défaut, à des
« particuliers de s'en emparer moyennant une rede-
« vance. Il faut laisser agir l'intérêt; il y a lieu de
« croire que si les seigneurs n'ont point affermé, ni
« accensé ces terres, c'est qu'ils n'ont trouvé ni fer-
« miers, ni censitaires. Tant que la liberté du commerce
« des grains n'a point été établie, on a bien pu rester
« dans cette sorte d'inaction; mais l'intérêt est un
« puissant aiguillon pour les hommes, et lorsqu'il
« y aura du profit à faire valoir ces sortes de terrains,
« et qu'il se présentera des hommes à ce sujet, on ne
« doit point craindre que les seigneurs se refusent à
« en retirer un fermage ou un cens, lorsqu'aujour-
« d'hui ils n'en retirent rien. Le partage des communes
« et leur défrichement en totalité ou en partie sont de
« ces objets sur lesquels on a déjà beaucoup raisonné,
« mais sur lesquels les préjugés ne sont pas encore
« détruits. Il faut tout attendre du temps et des efforts
« que l'on fera pour démontrer les avantages qui résul-
« teraient de ces partages et de ces défrichements.

« Revenons au premier article, qui est véritablement
« le plus important.

« Nous avons vu avec peine l'espèce d'humiliation

« que la Société d'Alençon répand sur les habitants des
« campagnes. Qu'elle laisse ces préjugés aux bourgeois
« des villes, et, loin de les adopter, que le terme de
« *Paysan* ne soit jamais à ses yeux un terme de mépris,
« et qu'elle ne craigne point qu'un bourgeois de ville
« soit humilié de partager les charges de la collecte
« avec ceux qui habitent les campagnes et qui ne
« peuvent pas s'y soustraire (1).

« L'article 20 de l'Édit de 1600 est conçu en ces
« termes : « Et généralement seront cotisés tous ceux
« qui sont contribuables à raison de leurs facultés,
« quelque part qu'elles soient, meubles ou immeubles,
« héritages nobles ou roturiers, trafic ou industrie. »
« Cette loi, qui n'a d'application qu'aux Généralités des
« pays d'Élections, n'a point reçu d'atteinte, et forme
« la règle constante en cette matière. Le fermier est
« imposable à raison de ses facultés personnelles, et
« pour le bénéfice qu'il est censé faire sur sa ferme du
« bien d'autruy ; le propriétaire qui donne son bien
« à ferme est imposable à raison de sa propriété ; celui
« qui fait valoir par lui-même doit payer la portion
« que payerait le fermier ; c'est l'imposition faite sur
« le bénéfice de l'exploitation ; il doit y joindre la por-
« tion de taille que doit supporter sa propriété. Si le
« propriétaire ne faisant point valoir demeure dans une
« *ville franche*, il n'est point assujetti à l'imposition de
« la propriété, parce que la taille à raison des facultés
« ne doit être imposée qu'au lieu du domicile, et que
« le lieu qu'il habite est affranchi de tailles. S'il
« demeure dans une *ville tarifée*, il paie le tarif à raison

(1) On verra un peu plus loin la Société s'élever, plus énergiquement
encore, contre ce préjugé.

« de sa consommation, et le paiement de ces droits est
« représentatif de la taille personnelle qui s'impose
« à raison des facultés.

« Les règlements sont donc très sages, lorsqu'ils
« assujettissent ceux qui veulent se retirer dans les
« villes au paiement des impositions pendant un certain
« nombre d'années. C'est dans le même esprit qu'ils
« assujettissent les bourgeois des villes franches qui
« résidaient plus de sept mois dans une province, tail-
« lable à la taille de propriété dans cette paroisse, et,
« tant que la taille ne sera point réelle, et qu'elle por-
« tera tant sur les fonds que sur l'industrie et les
« facultés, loin de s'élever contre ces règlements, ainsi
« que le fait la Société d'agriculture d'Alençon, l'inté-
« rêt des taillables paraît exiger que l'on en maintienne
« l'exécution avec le plus grand soin.

« Mais, ce qui doit fixer l'attention des Sociétés
« d'agriculture, c'est le peu de ménagements que l'on
« apporte dans l'imposition des propriétaires dans plu-
« sieurs Généralités. On oublie que l'imposition du fer-
« mier n'est nullement proportionnée à ses bénéfices ;
« que le poids des charges a tellement augmenté que
« l'imposition qu'on lui fait payer porte réellement
« plus sur le propriétaire que sur lui ; que ce proprié-
« taire, outre la taille et ses accessoires, est encore
« chargé des vingtièmes et des réparations, de sorte
« que, si on l'impose au double de ce qu'aurait payé le
« fermier, on le dépouille réellement, en quelque sorte,
« de sa propriété, on le force à abandonner l'exploita-
« tion de son propre bien, on lui ôte le goût et la faculté
« d'en acquérir, et on le met dans l'impuissance
« d'améliorer.

« Aucune loi n'autorise cette répartition injuste ; cet
« abus s'est introduit dans le temps que l'on a cherché
« à établir les tailles proportionnelles d'après des tarifs
« proposés par M. l'abbé de Saint-Pierre. Nous voyons
« dans des manuscrits que plusieurs des commissaires
« choisis dans différentes élections pour asseoir ces
« tailles, se sont élevés contre cette proposition, et
« qu'ils ont représenté l'injustice qu'il y avait à dou-
« bler l'imposition des propriétaires. Cependant on a
« cédé, dans plusieurs provinces, à l'autorité qui sem-
« blait prescrire cette règle ; les commissaires ont
« opéré d'après ces principes, et l'usage a prévalu sur
« l'équité, et, on peut même le dire, sur les anciens règle-
« ments qui ne prescrivent autre chose que d'imposer à
« raison des facultés des taillables (1). Ceux de MM. les
« Intendants qui se sont le plus occupés du soin de
« répartir les impositions avec égalité ont cherché
« successivement à rétablir la proportion dans l'im-
« position des contribuables. Dans la Généralité de
« Paris, le propriétaire ne paie plus qu'un quart ou un

(1) Sous la Régence, l'abbé de Saint-Pierre avait présenté un Mémoire
remarquable dans lequel il proposait de substituer la taille propor-
tionnelle à la taille arbitraire et indiquait les moyens d'exécuter cette
vaste opération financière. Il était appuyé par le comte de Boulain-
villiers, alors en crédit auprès du Régent, auquel il avait remis également un Mémoire sur le même objet. Ce projet était un résumé des
idées de Colbert, de Vauban et de Boisguillebert. Un premier essai fut
tenté dans la ville de Lisieux, par un arrêt du Conseil du 27 décembre
1717. Le maire et les échevins furent chargés d'apprécier les revenus
fonciers et industriels des particuliers et des corporations. Cette in-
novation fut accueillie avec joie par les habitants, et toutes les villes
voisines réclamèrent la même faveur. Il n'en fut pas de même dans
les campagnes, où l'on fit un très mauvais règlement qui joignait à une
taxe foncière des taxes compliquées sur le bétail ainsi que sur les
autres produits de l'industrie agricole, et qui affermait ces taxes et ces
tailles. On eût pu facilement réparer le mal et poursuivre l'entreprise ;
fatigué des plaintes qu'il recevait des propriétaires ruraux, le Gouvernement renonça à continuer ce travail de transformation ; mais les
localités où il avait été exécuté furent maintenues sous ce régime.

« cinquième au delà du fermier. Dans la Généralité de
« Rouen, il payait encore, en 1761, un tiers en sus, et
« même, dans plusieurs Élections, on n'avait pas encore
« pu détruire l'usage de lui faire payer le double. Dans
« la Généralité d'Alençon, où le plus grand nombre des
« paroisses est imposé suivant les tarifs dont nous avons
« parlé, nous ne sommes pas surpris que l'on y fasse
« encore contribuer le propriétaire dans la double pro-
« portion du fermier, et il y a tout lieu de présumer
« que l'on suit les mêmes principes dans la Champagne,
« dans le Limousin où il y a beaucoup de villes tari-
« fées, et peut-être même dans tous les autres pays
« d'Élection. La Société d'agriculture paraîtrait donc
« dans le cas de fixer l'attention du Ministère sur cet
« objet important. Si l'on pouvait espérer de voir bien-
« tôt établir le cadastre, elle pourrait rester dans l'inac-
« tion à cet égard ; mais, dans l'incertitude où elle peut
« être sur le temps nécessaire pour consommer un si
« grand travail, et sur les moyens que l'on peut avoir
« d'y parvenir, il est de son devoir de proposer pour
« règle de la répartition ce qui se fait dans la Généra-
« lité de Paris, et de demander que M. le Contrôleur
« général écrive à MM. les Intendants pour les engager
« à détruire successivement un usage aussi contraire
« aux progrès de l'agriculture et aux véritables prin-
« cipes de la répartition. On ne peut pas y remédier tout
« d'un coup, mais une sage administration ramènera
« insensiblement les choses dans l'état où elles doivent
« être, et dont aucune loy n'a ordonné ni même permis
« qu'on s'écartât (1).

(1) Dans cette dernière partie du Mémoire, les propriétaires dont
parle la Société sont les propriétaires exploitant par eux-mêmes leurs

« A l'égard de la taxe d'office proposée pour les cor-
« respondants, cette proposition paraît susceptible de
« beaucoup de difficultés. La taxe d'office, dans son ori-
« gine, n'a eu d'autre destination que de réprimer
« l'autorité des gens puissants ; c'était un ministère de
« rigueur qu'exerçaient MM. les Intendants, et ce pou-
« voir ne leur a été confié que pour assujettir à une
« juste contribution ceux qui seraient tentés par des
« voies injustes de s'y soustraire. Si, depuis, on a déna-
« turé le pouvoir de taxer d'office en accordant aux
« gardes-étalons et à d'autres particuliers la faculté de
« la demander pour obtenir des modérations sur leurs
« cotes, et pour les dérober au pouvoir des collecteurs,
« c'est alors une espèce de privilège qu'il peut être
« dangereux de multiplier. Si on l'accordait aux cor-
« respondants de la Société d'Alençon, il faudrait l'ac-
« corder à tous les correspondants des autres Sociétés.
« Ce qui ne serait aujourd'hui que la récompense du
« zèle pourrait, dans la suite, être une source d'abus.
« D'ailleurs, de quelle utilité serait cette taxe d'office
« dans d'autres provinces que la Normandie, puisque
« les collecteurs peuvent l'augmenter et porter l'appel
« des ordonnances de MM. les Intendants à la Cour
« des Aides. En Normandie, on sollicite vivement la
« taxe d'office, parce que, jusqu'à présent, on n'a pas
« permis aux habitants de se pourvoir autrement dans
« le cas où ils ne la croyent susceptible d'être aug-
« mentée que par voie de représentation à MM. les In-

domaines. C'étaient surtout les grands propriétaires qui avaient à souffrir du mode de taxation qui est ici critiqué, et il ne faut pas perdre
de vue que les membres de la Société comptaient tous au nombre des
grands propriétaires ; d'où vient la chaleur qu'ils mettaient à défendre
une cause juste d'ailleurs en elle-même.

« tendants dont les ordonnances, en cas d'appel, sont
« portées au Conseil. Mais, déjà, les collecteurs ont pré-
« tendu qu'ils avaient le droit, par les règlements,
« d'augmenter ces taxes, et la Cour des Aides demande
« que l'instruction, pour raison de ces augmentations,
« soit portée en l'Élection. Ainsi, multiplier ces taxes
« d'office, c'est multiplier les difficultés. D'ailleurs, les
« Sociétés d'agriculture sont bien éloignées de deman-
« der qu'on multiplie les privilèges de quelque nature
« qu'ils soient ; elles en reconnaissent trop les abus, et
« sentent trop bien le préjudice qu'ils portent à l'agri-
« culture. »

Ce Mémoire était recommandé à l'attention du Ministre et nous le recommandons à l'attention de nos
lecteurs.

Si Bertin aimait l'agriculture, s'il était quelque peu
agronome, il était encore plus courtisan, et, comme
les conclusions de la Société ne pouvaient être du goût
de la cour, il se borna à écrire en marge du Mémoire :
« *N'y a pas lieu de garder le mémoire* (1). »

Vers la même époque, la Société reçut de l'abbé
Bullot, Secrétaire perpétuel du Bureau de Meaux, un
Mémoire sur un essai de culture de l'orge fromentée,
dite sucrion, ou orge nue, et qui diffère de l'orge commune. Ce Mémoire fut approuvé sur le rapport du chevalier Turgot (2), et le Secrétaire perpétuel, de Palerne,
fut chargé de féliciter son auteur.

Un sieur Moreau, inspecteur des pépinières du roi,
établies à La Rochette près Melun, avait conçu le pro-

____

(1) *Archives Nationales*, H. 1501.
(2) Ce rapport très savant prouve que son auteur, le chevalier Turgot,
était un botaniste distingué.

jet d'ouvrir, dans ces pépinières, une école pour former des « pépiniers ». Il voulait peupler cet établissement d'enfants trouvés, auxquels il donnerait ainsi une instruction qui leur permettrait de vivre honorablement, au lieu d'aller mendier par les routes, lorsqu'ils étaient congédiés des hôpitaux, où on les avait recueillis. Il s'adressa donc à la Société de Paris, afin d'obtenir, d'abord, l'autorisation pour cette œuvre charitable et favorable au progrès de l'une des branches de l'agriculture, d'ouvrir son école, puis l'envoi de vingt-quatre enfants trouvés. De Palerne transmit à Bertin cette requête que la Société recommandait particulièrement au Ministre. La demande de Moreau fut accueillie, et un arrêt du Conseil, en date du 9 février 1767, décida la création de la pépinière-école qui devait servir d'asile à cinquante enfants. Au début, Tenon, associé de la Société, fut chargé de choisir les vingt-quatre enfants demandés par Moreau et de les conduire. Cette école, véritable colonie agricole, prospéra jusqu'en 1780, époque à laquelle Necker, obéissant au système d'économie, dont il fit parfois une fâcheuse application pendant ses deux ministères, se fondant sur des abus qui s'étaient glissés dans l'administration de certaines pépinières provinciales, fit supprimer complètement l'institution, au lieu de se borner à en corriger les vices. L'école-pépinière de La Rochette fut ainsi supprimée, et les malheureux élèves de Moreau furent abandonnés et voués, pour la plupart, à la misère et à la mendicité.

Le 1er juillet 1765, Tenon donna lecture à la Société d'un Mémoire où il exposait le résultat de ses travaux sur les maladies des bestiaux. La Société en approuva les conclusions et chargea son Secrétaire perpétuel de transmettre ce document au ministre.

Le 18 du même mois de juillet, de Palerne, toujours au nom de la Compagnie, signala les dégâts que les pigeons des fermes et des colombiers seigneuriaux causaient aux récoltes de céréales qui étaient versées, et demanda que le gouvernement prescrivît la fermeture des colombiers, depuis l'époque de l'épiage des céréales, jusqu'à la fin de la moisson. Le Ministre transmit la demande à Joly de Fleuri, alors procureur général au Parlement de Paris, en le priant d'examiner s'il n'y aurait point lieu de faire rendre, par la Cour, un arrêt conforme aux conclusions de la Société.

Malheureusement, le printemps de l'année 1765 avait été très pluvieux et l'on avait craint, pendant quelque temps, que la récolte ne fût mauvaise. Joly de Fleuri, après une conférence avec de Miromesnil, alors premier président du Parlement, répondit au Ministre qu'il résultait de son entretien avec le Premier président, que le Parlement avait en plusieurs temps, et notamment en 1761, rendu des arrêts pour obliger les propriétaires de pigeons à les renfermer jusqu'à la moisson, parce que les blés étaient versés dans beaucoup de provinces et de paroisses; tandis que dans cette année (1766) les dégâts dont se plaignait la Société étaient locaux et peu considérables; on ne trouvait de blés versés qu'aux environs de Paris. et d'ailleurs, qu'il serait dangereux de prendre un arrêt qui renouvellerait les craintes qui commençaient à se dissiper sur l'insuffisance de la récolte.

Dans les premiers mois de 1766, la Société adressa à Bertin un nouveau Mémoire sur la nécessité de sus-

pendre, en faveur des défrichements, la perception des
dîmes ecclésiastiques, des dîmes inféodées, des novales
et des champarts et terrages (1) qui étaient exigés
dans beaucoup de localités malgré les promesses faites
par le clergé et quelques seigneurs.

« Le roy, disait-elle dans ce document, a exempté
« les défrichements pendant dix ans, des tailles, des
« vingtièmes et autres impositions. Il faudrait, ce qui
« serait plus utile, y joindre la suppression, pendant
« le même temps, des dixmes et des champarts qui
« sont les impositions les plus onéreuses.

« La taille, les vingtièmes et les autres impositions
« se prennent sur le revenu, c'est-à-dire sur les pro-
« duits de la terre, déduction faite des avances néces-
« saires pour faire naître un nouveau revenu, l'année
« suivante.

« La dixme (2), la novale et le champart, au lieu de
« se percevoir sur le revenu, se perçoivent sur la tota-
« lité des productions. Il en résulte que le décimateur,
« curé ou seigneur, dépouillent toujours le proprié-
« taire d'une portion excessive des revenus, quelque-
« fois de la totalité de ce qui est proprement revenu,
« et, dans bien des cas, d'une partie du capital consa-

1 Les dîmes ecclésiastiques étaient celles dues aux cures; les
dîmes inféodées, celles levées par le roi ou les seigneurs le roi
comme seigneur; les novales étaient les dîmes sur les terres nouvellement mises en culture; les champarts, les dîmes sur les gerbes et
les terrages sur les fruits. Champarts et terrages n'étaient dus qu'aux
seigneurs dans leur censive. Les francs-alleux étaient seuls exempts
des droits seigneuriaux et des dîmes.

2 Il y avait trois sortes de dîmes, les grosses, qu'on levait sur les
gros fruits, comme le blé, le vin, et le gros bétail; les menues, qui se
levaient sur les menus grains et sur le menu bétail; les vertes, celles
levées sur les légumes, les fourrages, le lin, le chanvre. Ceux qui
avaient droit aux grosses dîmes étaient dénommés *gros décimateurs*;
les autres, *décimateurs*. Les uns et les autres avaient, chacun, un
agent appelé *dixmeur*, pour recueillir leurs dîmes.

« cré à perpétuer la culture. C'est le cas des défriche-
« ments, car la production n'égale pas les frais et
« c'est alors sur le capital qu'on prend la dixme et le
« champart.

« L'arrêt du Conseil du 16 août 1761 fixe à dix ans
« les exemptions, mais l'article premier porte que le
« roy se réserve de proroger ce délai suivant la nature,
« l'importance et le succès des défrichements. La
« Société demande que le délai soit porté immédiate-
« ment à vingt années.

« Personne n'ignore que le défaut de bétail, quelle
« qu'en soit la cause, et surtout le défaut de bêtes à
« laine, a beaucoup contribué au dépérissement de notre
« agriculture. S'il n'y a pas assez de bétail en France
« pour fournir des engrais aux terres cultivées, où en
« trouvera-t-on pour améliorer les défrichements?

« Donc il faudra acheter du bétail pour avoir du
« fumier, créer des prairies naturelles ou artificielles,
« augmenter les bâtiments, le chiffre des domestiques
« ou les salaires des ouvriers. Toutes ces dépenses
« motivent la demande de vingt ans d'exemption. »

Cette réclamation ne fut point entendue; le mauvais état des finances paraît même avoir fait regret-
ter au Gouvernement d'avoir aliéné pour dix ans la
perception des impositions sur les terres défrichées.

Le prix de 800 livres, promis au cultivateur qui
aurait le mieux cultivé son héritage, et qui aurait
présenté le meilleur travail sur la qualité et l'emploi
des engrais qui conviennent aux terres, suivant
leur qualité, fut décerné en 1766, à un sieur Charlemagne, cultivateur à Bobigny, sur le rapport d'une
commission désignée par l'Intendant de la Généralité

de Paris et composée de Navarre, cultivateur à Compans, Alforty, cultivateur à Villepinte, Benoist, cultivateur à Mitry, Craford, curé de Bobigny, Bondeval, syndic de Bobigny, Villot, procureur fiscal et cultivateur à Bobigny et Christophe, laboureur, rapporteur.

Le 30 décembre 1766, la Société en fit donner avis à Bertin et lui signala, en même temps, un fait qui méritait l'attention du Gouvernement. Un sieur Bernier, fils d'un riche cultivateur des environs de Meaux, venait d'acheter une charge de Trésorier de France (1), mais la Chambre des Comptes avait refusé d'enregistrer les lettres royales qui investissaient Bernier de sa charge, par le motif que celui-ci était fils d'un laboureur, c'est-à-dire d'une personne exerçant une profession « dérogeante ». De Palerne, chargé de transmettre cette lettre à Bertin, le priait de lui accorder une audience à ce sujet. Le Ministre consentit à recevoir de Palerne et, à la suite de cet entretien, l'engagea à lui remettre un Mémoire, afin d'en saisir le Conseil du roi.

Ce Mémoire, dans lequel de Palerne insistait vivement pour que les cultivateurs fussent honorés comme les autres citoyens, nobles ou bourgeois, fut suivi d'un projet, remis le 7 juillet 1767 (2).

(1) Cette charge répondait à celle de nos Trésoriers-Payeurs généraux actuels.
(2) Voici le texte de ce mémoire :   Paris, ce 7 juillet 1767.

       « Monsieur,

     « J'ai eu l'honneur de vous écrire il y a déjà quelque temps au nom
« de la Société pour vous supplier d'appuyer auprès de Sa Majesté le
« désir que nous avions de pouvoir faire rendre aux laboureurs la con-
« sidération dont nous avons cru qu'ils étaient privés par l'édit sur
« les officiers municipaux. Cet édit confond les laboureurs avec la

Le lendemain, 8 juillet, le chevalier Turgot et l'abbé Nolin, nouveau membre élu, présentèrent à la Société un rapport sur une charrue à deux socs qu'ils avaient été chargés d'examiner et d'expérimenter.

Dans le courant du mois d'août 1766, le Contrôleur général (ce n'était plus Bertin) avait adressé à la Société une charrue à deux socs inventée par un agriculteur de « Bézu-le-Long, village situé près de Gisors-en-Vexin ». M. Millin-Duperreux, un nouvel associé, proposa de l'expérimenter dans sa ferme, sise au Perreux, à deux lieues de Paris. MM. de Palerne, Thiroux, Maître des requêtes, également élu récemment comme associé, le chevalier Turgot et l'abbé Nolin furent chargés d'assister à ces opérations. Placée sur un terrain léger et sablonneux, la charrue parut fonctionner avec facilité, mais on ajourna le jugement et l'on remit, après les vacances, à faire, dans des terres de différente nature, de nouvelles épreuves permettant d'apprécier l'utilité, soit générale, soit particulière, dont ce nouvel instrument était susceptible.

« classe des citoyens dont les professions sont réputées *viles* ou
« *dérogeantes*. J'avais joint à ma lettre un projet d'un nouvel édit.
  « Notre zèle en faveur des cultivateurs avait été excité par le refus
« qu'un des fils de M. Bernier, fameux laboureur, a éprouvé à la
« Chambre des Comptes d'être reçu dans la charge de Trésorier de
« France à Soissons, sous prétexte de l'état dérogeant de son père. Le
« second fils de M. Bernier, actuellement laboureur (*), est un de nos
« membres. Vous sentez mieux que nous, Monsieur, quel coup un
« pareil refus doit porter à l'état de cultivateur; nous vous supplions
« de jeter une seconde fois les yeux sur le projet d'édit que nous
« avions l'honneur de vous présenter, et de vouloir l'appuyer auprès
« de Sa Majesté. La Société désirerait que vous voulussiez bien l'ins-
« truire du succès de sa demande. Je suis, avec respect, etc. — DE
« PALERNE. « (*Archives nationales*, II. 1501.)

  (*) Bernier fils était cultivateur à Villeneuve-sous-Dammartin, où il exploitait un domaine de près de 300 arpents.

Charlemagne, le lauréat de 1766, qui venait d'être nommé correspondant, proposa de faire exécuter, sur ses terres, les nouvelles expériences. La proposition fut acceptée, parce qu'à Bobigny on trouvait des terrains de nature plus compacte qu'au Perreux.

La rigueur de l'hiver n'ayant pas permis de faire les expériences, Charlemagne profita de ce temps d'inaction pour faire quelques changements à la charrue. A cet effet, il fit construire une charrue semblable, quant à la disposition générale, mais dans laquelle il changea et perfectionna diverses parties par l'assemblage des pièces et par la forme des socs. Le 10 mars 1767, les deux charrues furent mises en travail. Celle de Bézu, quoique mise à sa dernière période, n'entrait que de quatre pouces et enterrait mal le fumier, dont une partie s'embarrassait dans les fourchettes, ce qui empêchait la terre d'être exactement retournée. On reconnut que la forme et la faiblesse des socs et de l'assemblage rendaient impropre aux défrichements cette charrue qui n'ouvrait, en outre, que des sillons de quinze pouces.

La charrue de Charlemagne, mise ensuite en œuvre, ouvrit des sillons de six pouces de profondeur et de vingt-deux de largeur. Le fumier paraissait bien enterré et la terre exactement retournée; les chevaux avaient tiré avec facilité. Transporté sur une terre en jachère, l'instrument ouvrit des raies de huit pouces de profondeur, sans que les chevaux parussent se fatiguer davantage. On fit alors piquer les socs, jusqu'à un pied de profondeur; mais, alors les chevaux tiraient fortement et on n'eût pu exécuter un semblable labour sans ajouter un cheval de renfort.

Sur la proposition de Charlemagne, la charrue fut conduite sur une luzerne de sept ans. Malgré les difficultés qu'offrait le défrichement de cette luzerne, surtout au printemps, la charrue accomplit son travail d'une façon satisfaisante ; elle retournait très bien les gazons, coupait net les racines et piquait à dix pouces de profondeur, formant deux raies bien parallèles : Charlemagne affirma qu'avec cet instrument il labourait deux arpents par jour.

Bernier, cultivateur à Villeneuve-sous-Dammartin, dont nous avons parlé plus haut, assistait à ces expériences ; il exprima quelques doutes sur l'utilité de la charrue de Charlemagne dans des terres plus fortes que celles du Perreux et de Bobigny, et il fut convenu que de nouveaux essais seraient exécutés sur les terres compactes et argileuses de sa ferme. Bernier invita les plus gros cultivateurs de la France (1) et de la Brie à assister aux nouvelles expériences.

L'effet fut tenté d'abord sur une pièce de terre labourée une première fois avant l'hiver ; puis, sur une terre en pente douce, mais alors, la charrue révéla certains défauts.

Quoi qu'il en fut, de l'avis à peu près unanime des assistants, la charrue de Charlemagne fut considérée comme étant d'un excellent usage dans le temps des semailles, puisqu'elle avançait le travail, qu'elle était très supérieure à celle de Bézu, et que si on parvenait à faire mordre également les deux socs, elle serait fort utile, surtout pour recouvrir les semences à la charrue, pratique presque généralement usitée par les cultivateurs.

1. Sous ce nom de France, on désignait l'Île-de-France.

La Société conclut, de son côté, que l'utilité de la charrue à deux socs de Charlemagne n'était pas suffisamment constatée, ni sa construction assez perfectionnée pour qu'elle pût donner un avis définitif et suffisamment motivé au Contrôleur général (1).

Voici quelques notes bonnes à recueillir :

Il existait alors, dans les campagnes, une opinion suivant laquelle la noix vomique n'aurait eu aucun effet nuisible sur les hommes. Le 12 février 1767, la Société adressa au Ministre un Mémoire, dans lequel elle affirmait que la noix vomique était un poison plus violent que l'opium et qu'il était utile d'en faire connaître aux cultivateurs les effets dangereux.

En 1771, il y eut en Bourgogne beaucoup de blés ergotés. Bertin fit rédiger, par la Société d'agriculture, une instruction sur les causes de l'ergot et les moyens de prévenir cette maladie Ce travail était complété par un Mémoire dû à Maret, médecin à Dijon, sur le traitement de la gangrène sèche occasionnée par l'ergot. Cette publication fut répandue en Bourgogne par les soins du Ministre.

En 1778 et 1779, s'éleva la querelle scientifique, dite des *tuberculiens* et des *antituberculiens*, provoquée par la publication du Mémoire de Parmentier sur l'utilité de la pomme de terre, pour remplacer le froment dans les temps de disette. La Société, saisie de ce Mémoire dès 1775, l'avait approuvé et recommandé à Bertin, qui en prescrivit l'impression en 1778. Alors s'engagea une grande querelle dont nous rapporterons les incidents. Dans cette lutte, la Société d'agriculture de Paris soutint énergiquement Parmentier, qu'elle

(1) *Archives Nationales*, H. 1501.

devait appeler dans son sein, comme associé, à la fin de l'année 1785.

Nous avons retracé un peu longuement les premiers travaux de la Société, parce qu'ils donnent, à cette époque, une idée assez exacte de l'état de certaines quest'ons, en agriculture pratique et en mécanique agricole, et qu'en tout cas, ils montrent la très réelle action et la compétence des membres de la Société.

Après l'année 1767, la Société suspendit ses séances faute d'argent, et ne se réunit plus que rarement, soit pour combler les vides que la mort faisait dans son sein, soit pour répondre à des demandes du Gouvernement.

La bonne volonté des membres de la Compagnie demeura toujours aussi active ; mais le concours des bureaux du Contrôle général s'affaiblit peu à peu, au point de devenir hostile. D'ailleurs, Trudaine mourut en 1769, Turbilly en 1776 ; Bertin lui-même perdait l'entrain des premières ambitions. La Société s'était proposé de rassembler, dans un même volume, les divers Mémoires qui lui seraient communiqués et qui auraient été propres à répandre, parmi les agriculteurs de la Généralité, des connaissances nouvelles. Ne trouvant pas un secours régulier dans l'Administration du Contrôle général, elle eut recours à son tuteur administratif, l'Intendant de la Généralité, qui ne l'abandonna pas. Ce dernier, en plusieurs occasions, fournit quelques fonds pour publier des instructions et des notes spéciales à la Généralité de Paris. C'est ainsi qu'on ne retrouve, dans les papiers du Contrôle général, que d'assez rares mentions des affaires de la Société, vers la fin du ministère de Bertin.

Maintenant, deux mots sur les travaux des Bureaux de la Généralité autres que le Bureau de Paris.

D'abord, le Bureau de Sens, qui devait comprendre les Élections de Sens, Joigny, Saint-Florentin, Tonnerre et Vézelay, paraît n'avoir jamais été constitué.

Celui de Meaux comprenait les Élections de Meaux, Coulommiers, Rozoy et Provins. Les seuls travaux dont la trace soit restée sont ceux que nous avons fait connaître, en analysant la séance tenue le 27 août 1761 par la Société.

Quant au Bureau de Beauvais, constitué avec les Élections de Beauvais, Senlis et Compiègne, ses principaux travaux se résument ainsi :

Le 31 décembre 1764, envoi au Ministre d'un Mémoire contenant le compte rendu d'expériences faites sur les qualités tinctoriales de la garance française comparée à la garance de Hollande. La française l'emportait sur la hollandaise.

Le 26 février 1768, transmission au Ministre d'une demande tendant à ce que le Gouvernement interdise aux tanneurs l'emploi de l'orge pour la préparation des cuirs, surtout pendant les années où la récolte n'est pas abondante, l'orge ayant été considérée de tout temps comme pouvant suppléer le froment.

Le 13 janvier 1773, le Bureau présente au Ministre un Mémoire, dans lequel il sollicite la création, pour l'agriculture, d'une juridiction spéciale et particulière, comme celle qui existait pour le commerce. Il fait observer, à l'appui de sa demande, que l'exécution des baux, les limites des héritages trop souvent modifiées, par les abus des labourages et les usurpations insensibles, et d'autres litiges encore, occasionnent sans cesse, entre les cultivateurs, des contestations longues et ruineuses, qui seraient, au contraire, terminées promptement et presque sans frais, par un tribunal formé des membres du Bureau d'agriculture (1).

Pas plus que le Bureau de Paris, le Bureau de Beauvais ne vit ses vœux exaucés.

Après avoir régulièrement suivi l'Histoire de la Société dans les premières années de son existence, c'est-à-dire pendant le temps où Bertin fut Contrôleur général, il est intéressant de répéter les causes de l'alanguissement dans lequel tomba notre Compagnie, et de dégager la responsabilité de ses membres. S'il est vrai que Bertin, ministre de l'Agriculture, dispersa son action sur toutes les sociétés du royaume, par des relations directes avec quelques-unes d'entre elles, s'il s'occupa spécialement de certaines institutions agricoles, qui lui font beaucoup d'honneur : par exemple les écoles vétérinaires, le Bureau de la Société de Paris n'en chercha pas moins à faire acte de zèle et de dévouement. Mais il est clair qu'après la mort de Trudaine et de Turbilly, Bertin se désintéressa de la Société de la Généralité de Paris, dont il abandonna le sort à l'Intendant Bertier de Sauvigny, sans chercher à conjurer l'indifférence ou les mauvaises volontés du Contrôle général. Ce dédain, cet abandon se révélèrent à l'égard de la Société de la Généralité de Paris, par le rejet des nombreuses demandes que la Société lui adressa. Elle avait sollicité, par exemple, un domaine pour y faire

(1) Ces détails sur le Bureau de Beauvais sont extraits des débris de la *Correspondance avec les Sociétés d'agriculture* déposée aux Archives Nationales, carton 1311.

des expériences sur les modes de culture, les végétaux, les engrais, les animaux domestiques, les instruments agricoles, et sa demande fut rejetée. D'autre part, elle tenait ses séances rue de Vendôme, dans l'hôtel de l'Intendant de Paris ; l'Intendant la tenait trop à l'étroit et ne pouvait lui donner un local pour ses archives et la bibliothèque qu'elle voulait former ; elle sollicita la faveur, accordée alors à la Société royale de médecine, de se servir de quelques salles du Louvre (1), elle essuya un refus. Elle ne fut pas plus écoutée, lorsqu'elle réclama contre l'ostracisme dont l'édit sur les officiers municipaux avait frappé les agriculteurs, et qui avait atteint le fils Bernier, ainsi qu'on l'a vu plus haut. Alors que la Société royale de Médecine recevait du Trésor une subvention pour couvrir ses dépenses et distribuer des jetons de présence, la Société d'agriculture de Paris n'était dotée d'aucune allocation, et même la souscription ouverte en 1766 pour distribuer le prix de 1,200 livres dans le concours qu'elle avait ouvert sur les maladies des bestiaux, ne fut point couverte. La Société dut renoncer à suivre cette affaire. Le Gouvernement avait payé les frais d'impression du volume de ses Mémoires pour l'année 1761 et l'avait distribué aux Sociétés d'agriculture et aux Intendants. Malgré sa promesse, il cessa de continuer cette publication. Heureusement, l'Intendant de la Généralité de Paris, Bertier de Sauvigny, allait ouvrir une vigoureuse campagne pour défendre et restaurer la Société de sa Généralité, et son nom doit rester dans les *Annales* de notre Compagnie, entouré de reconnaissance.

(1) *Archives Nationales.* — Voir lettre du 27 novembre 1764 de Palerne à l'Intendant de la Généralité de Paris. H. 1501.

Quand, en 1785, la Société reprit la publication de ses Mémoires, interrompus pendant plus de vingt ans, le nouveau Secrétaire perpétuel, Broussonet, plaça en tête du volume de 1785 une courte notice pour exposer la situation du passé et le programme de l'avenir. Voici cette notice :

« La Société royale d'Agriculture, établie par arrêt du Conseil d'État du roi, du 1er mars 1761, devait s'occuper de tout ce qui est relatif à l'économie rurale et domestique. Elle publia, bientôt après son institution, un volume. Cet ouvrage parut sous le titre de « Recueil contenant les délibérations de la Société « royale d'Agriculture de la Généralité de Paris, au Bu- « reau de Paris, depuis le 12 mars jusqu'au 10 septembre « 1761, et les Mémoires publiés par son ordre, dans le « même temps », à Paris, chez la veuve d'Houry, savoir : 1° *Des questions générales sur l'agriculture.* 2° *Des observations sur l'établissement des Sociétés royales d'Agriculture, dans les différentes Généralités du royaume,* par M. le marquis de Turbilly. 3° *Des réflexions sur ces Sociétés,* par le même auteur. 4° *Un essai sur les labours,* par le même. 5° *Un Mémoire sur un moyen de préserver le blé de la carie,* par M. Duplessis. 6° *Un Mémoire sur le ray-grass et le red-clover,* par M. Delisle. 7° *Un Mémoire sur les semoirs,* par M. le baron d'Ogilvy. Chacun de ces Mémoires avait été déjà publié séparément pour en faciliter l'acquisition aux cultivateurs.

« La Société s'était proposé de rassembler ainsi, dans un même volume, les divers Mémoires qui, après avoir été lus dans ses assemblées, auraient été jugés dignes de son approbation, et propres à répandre, parmi les agriculteurs de la Généralité, des connaissances nouvelles et qu'il leur importait d'acquérir. Mais l'effet de son zèle ayant été suspendu par diverses circonstances, elle s'est bornée, depuis 1761 jusqu'à présent, à donner plusieurs prix sur différents sujets d'agriculture, et à composer, sur plusieurs parties de l'économie rurale, des Mémoires en forme d'instructions, rédigées par divers de ses membres, et que M. l'Intendant de la Généralité de Paris a bien voulu se charger de faire imprimer et distribuer aux cultivateurs.

« Lors de son établissement, la Société avait nommé des correspondants dans la Généralité seulement; mais son but principal étant de répandre, dans les environs de la capitale, les nouveaux procédés d'agriculture qui peuvent y être adoptés avec avantage, elle a cru devoir choisir encore des correspondants dans les diverses provinces du royaume et dans l'étranger. Ainsi, en recueillant toutes les découvertes relatives à l'agriculture, elle pourra travailler plus efficacement à ses progrès dans la Généralité, et faire connaître, aux laboureurs des environs de Paris, des procédés qu'ils ignoraient, ou les engager à répéter ceux que des épreuves mal faites auraient pu leur faire abandonner.

« On doit sans doute chercher à répandre d'autant plus promptement les connaissances qu'on a acquises, qu'elles sont dirigées vers des objets plus utiles. Cette vérité, particulièrement applicable à l'agriculture, a été sentie par la Société qui s'est imposé la loi de publier, à la fin de chaque saison, un volume qui renfermera les différents Mémoires lus dans ses séances : elle a délibéré d'y insérer, non seulement ceux qui

auront été faits par ses membres, associés ou correspondants, mais ceux qui lui auront été adressés par
d'autres personnes et qu'elle aura jugés dignes de
l'impression.

« La Société a délibéré aussi de faire paraître, à la fin
de chaque trimestre, un résumé des observations rurales et météorologiques qui, dans le courant de la
saison, auront été faites dans la Généralité de Paris.
Les matériaux relatifs à cet objet seront fournis par les
correspondants et par un certain nombre de cultivateurs
choisis par M. l'Intendant, dans chaque subdélégation,
pour s'assembler, plusieurs fois l'année, chez M. le
subdélégué, et faire part de leurs observations sur
l'état présent de l'agriculture dans leurs cantons res-
pectifs. On jugera aussi, dans ces assemblées, quels
sont, parmi les nouveaux procédés employés dans le
canton, ceux dont les auteurs méritent des encouragements de la part de l'Administration.

« Lors de son institution, la Société était seulement
composée des vingt membres du Bureau : ce nombre a
été successivement augmenté de quarante associés et
de plusieurs correspondants. »

Il ne faut pas croire que, sous la direction de Bertier
de Sauvigny et de Palerne, la Société de la Généralité de
Paris ait pu se désorganiser et se préparer à s'éteindre
volontairement. Le cadre de la Société resta intact. La
Société se réunit assez exactement, comme nous l'avons
dit plus haut, notamment pour donner des successeurs
à ceux de ses membres que la mort lui enlevait.

Nous noterons seulement la disparition de la plupart
des membres du Bureau primitif : le Baron d'Ogilvy, en

1764 ; Dom Busson, dom Rousseau et Navarre, en 1766 ;
le Comte de Guerchy, en 1767 ; Pottier, en 1770 ; Favre
d'Aunoy et le Bailli de Fleury, en 1772 ; le Marquis
de Turbilly et de Garsault, en 1778 ; le Comte d'Hérouville, en 1782 et l'abbé Bertier en 1783 ; de Boisemont
était sorti de la Société, en 1775 ; le Prince de Tingry, ainsi que Turgot, avaient, avant 1783, quitté le
Bureau pour passer parmi les associés. Voilà donc
quinze membres du Bureau, fondateurs, sur vingt, au
remplacement desquels la Société avait dû successivement pourvoir.

Dans l'intervalle de 1764 à 1784, les membres décédés ou disparus furent remplacés par les membres
dont les noms suivent, dans l'ordre de leur élection, en faisant observer que plusieurs de ceux-ci
eurent également des successeurs au cours de la même
période. Ils passèrent et sont presque tous oubliés.

Thiroin d'Espersennes, décédé avant 1767, et remplacé par Pàris de Mézieu, qui, décédé lui-même en
1779, eut pour successeur, Quatremère d'Isjonval.

Lenoir de Laille, décédé en 1776, et remplacé par
Chabert, directeur général des écoles vétérinaires et
directeur de l'École d'Alfort.

Caupeine (baron de), décédé en 1767, remplacé par
Sarcey de Suttières, décédé lui-même en 1777 ; ce dernier eut pour successeur Lavoisier, membre de l'Académie des sciences.

L'abbé Nolin, décédé en 1774, remplacé par le Bailli
de Bar, qui, décédé lui-même en 1781, eut pour successeur, en 1783, le duc de Liancourt.

Denis de La Coudraye, écuyer du roi, décédé en
1766, remplacé par Duperron, administrateur de l'Hôpi_

tal général, qui, décédé lui-même en 1774, eut pour successeur, en 1783, l'abbé Lefebvre, Procureur général de l'abbaye de Sainte-Geneviève.

Bourgelat, Directeur général des écoles vétérinaires, inspecteur des haras du Roi, directeur de l'école vétérinaire d'Alfort, décédé en 1779 et remplacé par l'abbé Mongez le jeune.

Fréon, Conseiller au Conseil supérieur de l'Ile-de-France, décédé en 1781, remplacé par le duc de La Rochefoucauld, membre de l'Académie des sciences.

Lerebours, Contrôleur provincial des postes, décédé en 1780 et remplacé par Perronet, premier ingénieur des ponts et chaussées, membre de l'Académie des sciences.

Dans le cadre des associés, on avait dû également pourvoir à de nombreux changements. D'abord, la mort avait enlevé, en 1768, Delisle; en 1769, Trudaine; en 1771, le maréchal d'Estrées; en 1776, Roux; en 1777, le comte de Saint-Florentin, de Jussieu (Bernard), et Trudaine de Montigny; en 1781, de Montigny, le comte de Marigny et Parent; et, en 1782, Duhamel du Monceau.

Les membres dont les noms suivent étaient sortis de la Société ou étaient passés dans le Bureau à des époques différentes, mais toutes antérieures à 1783 : le marquis de Turgot, le prince de Tingry, l'abbé Malherbe, Charlemagne, le comte de Montclar, de d'Angeuil, de Butré, Parent et Prépau. Enfin, Patullo, Farjonel, De France, Moreau de Beaumont étaient décédés en 1784.

Nous parlerons plus tard des nouveaux associés.

Les notes qui précèdent visent seulement des

membres de la Compagnie qui avaient disparu entre 1761 et 1780 ; elles n'ont d'autre objet que de rappeler leur souvenir, au moment où la Société sera transformée par les promotions de 1783, 1784 et 1785 et l'ordonnance royale de 1788. Sans procès-verbaux imprimés — et la Société n'en possède que depuis 1785 — il est impossible d'être exact pour les noms et pour les dates. Les noms eux-mêmes sont souvent écrits d'une manière différente. Dans les documents imprimés de ce temps, on trouve Monthion ou Monthyon, Dailly ou d'Ailly, Dupont ou du Pont, Broussonet ou Broussonnet, etc. Les listes de 1785 et de 1788 nous donneront des membres qui rempliront la seconde période de l'histoire de la Société.

La période de Bertin est close. La période de Bertier de Sauvigny commence. Elle sera courte, mais brillante.

LOUIS-BÉNIGNE-FRANÇOIS BERTIER DE SAUVIGNY

Adjoint à son père Intendant de Paris en 1768
Lui-même Intendant titulaire de cette Généralité depuis 1776
Massacré sur la place de l'Hôtel-de-Ville
Le 22 juillet 1789.

CHAPITRE II

BERTIER DE SAUVIGNY ET BROUSSONET. ÉTAT DE LA SOCIÉTÉ
EN 1785. — LA SITUATION DE L'AGRICULTURE ET LES
TRAVAUX DE LA SOCIÉTÉ (1781-1788). — LES PREMIÈRES
SÉANCES SOLENNELLES.

De 1781 à 1789, tout change et se renouvelle dans
la direction, dans le personnel, dans les travaux de la
Société de la Généralité de Paris. L'ordre chronologique nous conduirait à la confusion des sujets et des
points de vue. Il nous faut séparer rapidement l'histoire
des travaux touchant l'économie rurale et l'histoire
des luttes administratives. L'une met en mouvement
les membres de la Société dans leur action personnelle et scientifique ; l'autre, la Société elle-même,
dans son existence et sa constitution administrative.

Quand Bertin disparut de la scène politique, son
ministère s'écroula et les débris en tombèrent dans le
Contrôle général. Joly de Fleury, étant devenu Contrôleur général, eut l'heureuse idée de spécialiser certaines
parties du ministère de Bertin et de les confier à des
Intendants. Les affaires de l'agriculture furent attribuées à l'Administration des impositions par les Intendants dans laquelle Bertier de Sauvigny, Intendant de

la Généralité de Paris, tenait sa place. C'est ainsi que le 1er janvier 1781, Bertier reçut, en même temps, la direction des services de l'agriculture, comprenant les écoles vétérinaires, les épizooties, les pépinières, l'administration de l'École d'Alfort et de ses dépendances. Il devait garder, jusqu'au 22 octobre 1787, cette administration qui fut confiée, à cette époque, à Blondel, inspecteur des Finances. Une lutte devait donc s'engager entre un Comité qui allait s'organiser dans le Contrôle général même à l'hôtel des impositions et l'Intendant de Paris pour l'attribution définitive et l'exercice des services de l'agriculture. L'existence de la Société devait être l'enjeu de cette bataille d'administration.

En même temps, des membres considérables de la Société, par leur crédit et leurs dignités, concevaient le projet de transformer la Société d'agriculture en institution royale : et ils obtenaient même, en 1784, de l'agrément du roi, un nouveau règlement qui échoua devant le Parlement. Bertier de Sauvigny, dans ce conflit de projets et d'intrigues se fit un point d'honneur de trouver, dans ses attributions d'Intendant, des ressources pour sauvegarder les intérêts de l'agriculture et de la Société et pour donner, à la Généralité, la vie que le Contrôle général, par rivalité et par économie, lui refusait. Ce n'était pas seulement son devoir qu'il remplissait, c'était une tradition de famille qu'il suivait. Les Bertier, de père en fils, avaient le goût des travaux de la campagne. Amateur de l'arboriculture aussi bien que de l'élevage, ayant conscience des devoirs qu'il avait à remplir à l'égard des populations confiées à ses soins, Bertier de Sauvigny marcha de l'avant dans le cadre de ses attributions et dans l'exercice de ses droits. Nous allons le voir, donnant à ses subdélégués les instructions nécessaires pour susciter, dans les campagnes, des collaborations utiles, faire naître des observations et des Mémoires destinés à nourrir les discussions de « sa Société » et enfin, s'inspirant des exemples et des mœurs de l'Angleterre, il allait introduire, dans les mœurs agricoles, l'organisation de ces comices, qui furent l'origine glorieuse de nos associations contemporaines.

Du moment que Bertier commençait une campagne dans sa Généralité, il était de toute nécessité qu'il remplit les cadres de la Société d'agriculture pour en faire un instrument raisonné de ses desseins. Ce travail d'élections successives s'accomplit en 1783 et 1784 ; il fut poussé jusqu'en 1785, époque à laquelle un nouveau Secrétaire perpétuel, prenant en mains la direction des affaires de la Société, publia la liste suivante, dans le premier volume des *Mémoires* de 1785. Nous insérons cette liste en note et sans commentaires [1], car, trois ans après, la Société se transformera

1. Je transcris les noms des membres de la Société avec les qualités et titres que leur attribue la liste imprimée :

SOCIÉTÉ DE LA GÉNÉRALITÉ DE PARIS

MEMBRES DU BUREAU

suivant l'ordre de leur réception

MESSIEURS :

L'ABBÉ LUCAS, chanoine de l'Église de Paris.
ROLLAND DE CHALLERANGE, conseiller au Parlement.
PÉPIN.
THIROUX, maître des requêtes honoraire.
DAILLY, associé de la Société royale d'agriculture de Rouen.

en Société royale, avec un personnel à peu près semblable, et c'est à ce moment que nous pourrons

L'ABBÉ DE CONTY-HARIGOURT, chanoine de la Sainte-Chapelle.
DE PALERNE, secrétaire de la Chambre et du Cabinet de Sa Majesté.
LEFEBVRE, procureur-général de l'abbaye de Sainte-Geneviève.
DOM VIROT, proviseur des Bernardins.
TROUIN, jardinier en chef du jardin royal des plantes.
CHABERT, directeur-général de l'École royale vétérinaire.
PERRONET, premier ingénieur des Ponts et Chaussées, de l'Académie
royale des sciences.
LAVOISIER, de l'Académie royale des sciences.
LE DUC DE LA ROCHEFOUCAULD, de l'Académie royale des sciences.
LE DUC DE LIANCOURT.
L'ABBÉ MONGEZ le jeune.
DUPONT DE NEMOURS, chevalier de l'ordre de Vasa.
DOM LEFRANC, procureur-général des Bénédictins.
QUATREMÈRE DISJONVAL, de l'Académie royale des sciences.
BROUSSONET, de l'Académie royale des sciences, professeur adjoint
d'économie rurale à l'école royale vétérinaire. Secrétaire perpétuel de
la Société.

ASSOCIÉS

suivant l'ordre de leur réception

MESSIEURS :

LE PRINCE DE TINGRY, capitaine des gardes, lieutenant-général des
armées du Roi.
BERTIN, ministre d'État.
L'ABBÉ BERTIN, conseiller d'État ordinaire.
LE MARQUIS DE TURGOT, brigadier des armées du Roi, de l'Académie
royale des sciences.
LE DUC D'AYEN, capitaine des gardes, de l'Académie royale des
sciences.
LE COMTE DE BUFFON, intendant du jardin royal des plantes, de l'Aca-
démie française et de l'Académie royale des sciences.
TILLET, de l'Académie royale des sciences, hôtel des monnaies.
DE MONTHION, conseiller d'État.
RIGOLEY D'OGNY, grand'croix, prévôt, maître des cérémonies hono-
raire, de l'ordre de Saint-Louis, intendant-général des postes.
DESMARETS, de l'Académie royale des sciences.
TENON, de l'Académie royale des sciences, professeur au collège de
chirurgie.
ABEILLE, secrétaire du Bureau du Commerce.
PETIT, docteur en médecine, de l'Académie royale des sciences.
LE COMTE FRANÇOIS GINNANI, patrice de Ravenne, à Ravenne (associé
étranger).
GUEAU DE REVERSAUX, maître des requêtes, intendant de la Rochelle.
MILLIN DU PERREUX.
BERTIER, maître des requêtes, intendant de la Généralité de Paris.
L'ABBÉ BELLIARDY.

faire la part des promotions de Bertin, 1761, de Bertier de Sauvigny, 1784-1788, des nominations royales de

De Gribeauval, lieutenant général des armées du Roi, premier inspecteur du corps royal de l'artillerie.

Le comte de Montboissier.

Guerrier, ancien inspecteur des haras.

Valmont de Bomare, démonstrateur d'histoire naturelle.

Delpech de Montereau, conseiller honoraire de Grand'Chambre.

Daubenton, de l'Académie royale des sciences, professeur d'économie rurale à l'École royale vétérinaire.

Le duc de Charost.

Le comte de la Billarderie d'Angivillier, directeur des bâtiments du Roi, de l'Académie royale des sciences.

Fougeroux de Bondaroy, de l'Académie royale des sciences.

L'abbé Tessier, docteur-régent de la Faculté de médecine de Paris, de l'Académie royale des sciences.

Le Duc, meunier, à Créteil.

Petit.

Le duc de Croy.

Le marquis de Biencourt.

Vicq d'Azyr, de l'Académie royale des sciences, secrétaire perpétuel de la Société royale de Médecine, professeur d'anatomie comparée à l'école royale vétérinaire.

De Fourcroy, docteur en médecine de l'Académie royale des sciences, professeur de chimie au jardin du Roi et à l'École royale vétérinaire.

Le chevalier Banks, baronnet, président de la Société royale de Londres, à Londres (associé étranger).

More, secrétaire perpétuel de la Société d'agriculture, arts et manufactures de Londres, à Londres (associé étranger).

De Lamoignon de Malesherbes, ministre d'État, de l'Académie française, de celles des belles-lettres et des sciences.

Le marquis de la Billarderie, maréchal des camps et armées du Roi.

Le marquis de Bullion.

CORRESPONDANTS

Cadet de Vaux, à Paris.

Brocq, à Paris.

L'abbé Rozier, à Béziers.

Hell, à Landzer (Alsace).

Baron de Courset, à Boulogne-sur-Mer.

Mouron, à Calais.

D'Ardouin, docteur en médecine, à Salernes-en-Provence.

Thumberg, professeur de botanique à Upsal.

Afzélius, démonstrateur de botanique, à Upsal.

Bierkander, à Skara, près Eneback, en Westrogothie.

Joerlin, professeur d'économie, à Lund en Scanie.

Fabricius, professeur d'économie, à Kiel.

Forster fils, professeur d'économie, à Wilna.

1788. La transformation de la Société se relie à la réorganisation du Secrétariat perpétuel: le nouveau Secrétaire perpétuel, le successeur de Palerne, s'appelle Broussonet: son histoire se confondra avec l'histoire de la Société.

Transportons-nous à l'École d'Alfort dont Bertier de Sauvigny est devenu le tuteur depuis 1781. C'est à Alfort et à l'Académie des sciences qu'il va s'emparer de Broussonet.

Bertier de Sauvigny appartenait au monde de la Cour et de l'Académie des sciences. Il n'était pas du monde de Bourgelat et de Chabert, c'est-à-dire du monde des praticiens vétérinaires. Comme il y avait des fonds inscrits au budget du Contrôle des finances pour les écoles vétérinaires, Bertier en profita pour créer à Alfort des cours scientifiques qui n'avaient pas pour objet direct l'art de guérir les animaux, mais de confondre cet art avec les programmes de l'économie rurale. C'est ainsi qu'en 1783, il donna les honneurs

BECHMANN, professeur d'économie, à Gotingen.
SUCCOW, professeur de physiologie, à Iéna.
FORSTER père, professeur, à Hall en Saxe.
SCHREBER, professeur, à Erlangen.
LESKE, professeur d'histoire naturelle, à Leipsick.
ARTHUR YOUNG, à Bury, Suffolk.
SCOPOLI, professeur de botanique, à Pavie.
ARDUINO, professeur d'agriculture, à Padoue.
PALLAC, démonstrateur de botanique, à Madrid.
VAUDELLI, professeur de botanique, à Coimbre.
COMTE DE RESPANI, à Malines.
BARON DE LA PEYROUSE, à Toulouse.
AMOREUX FILS, docteur en médecine, à Montpellier.
GASTELLIER, docteur en médecine, à Montargis.
OPOIX, à Provins.
CHARLEMAGNE FILS, à Maison, près Charenton.
E. CHEVALIER, à Argenteuil.
VALDRUCHE DE MONT-RÉMY, à Mont-Rémy, près Joinville.
SAINT-JEAN DE CRÈVE-CŒUR, consul de France à New-York.

et les profits de cet enseignement nouveau à Daubenton, par la création d'une chaire d'économie rurale, à Vicq d'Azyr, d'une chaire d'anatomie comparée, à Fourcroy, d'une chaire de chimie.

A ce moment même, Bertier s'était attaché un jeune homme du plus grand mérite, nommé Broussonet.

Né au sein de l'école de Montpellier où son père enseignait la médecine, il était docteur à dix-huit ans, et n'ayant pu recevoir, en raison de son âge, la survivance de la chaire de son père, il se rendit à Paris et bientôt en Angleterre où il devait trouver, dans le cabinet et la bibliothèque du célèbre Banks, les moyens de continuer ses travaux de zoologie et d'anatomie et assez de renommée pour être nommé associé ordinaire de la Société royale de Londres. De retour en France, Bertier et Daubenton s'entendirent pour l'adjoindre, le 1er juillet 1784, dans le nouveau service créé pour Daubenton à l'École d'Alfort. Un an à peine s'était écoulé, que Broussonet était nommé, à l'unanimité, membre de l'Académie des sciences et succédait à Palerne comme Secrétaire perpétuel de la Société d'agriculture (1785). Broussonet ne plia pas sous le poids des honneurs.

L'année 1785 consolida la création nouvelle. Voici que le volume des nouveaux *Mémoires* de la Société d'agriculture est prêt. Les publications vont reprendre régulièrement leur cours. Nous ne sommes plus sous le régime des circulaires et instructions, imprimées suivant les circonstances, à l'imprimerie royale. Le public recevra chaque année un volume contenant les Mémoires des membres de la Société et même des membres étrangers dûment autorisés. La Société possède un Secrétaire perpétuel.

Avant d'aborder l'histoire de la Société d'agriculture que Broussonet nous retracera dans ses *Comptes rendus* annuels, groupons, dans quelques vues générales, les mouvements divers que les circonstances économiques et l'état de la science produisaient dans les milieux agricoles : ce sera résumer l'administration de Bertier de Sauvigny par son action sur la Société de la Généralité de Paris, par son heureuse alliance avec Broussonet.

La statistique était, depuis quelques années, en honneur dans les travaux de l'Intendance de Paris. Bertier, par les exemples et les traditions de sa famille, en était arrivé à reconnaître la nécessité de créer une statistique agricole et industrielle de sa Généralité. Le Contrôleur général Orry, son parent, avait ordonné, au milieu du xviiie siècle, un travail de ce genre. Le Mémoire sur la Généralité de Paris, préparé en 1700, pour l'instruction du duc de Bourgogne, nous en a laissé la trace. Le premier Bertier de Sauvigny (Jean-Louis) avait également ordonné des études au point de vue de la taille et des améliorations de l'impôt. Il mérita des félicitations. Jean-Louis-Bénigne reprit les vues de ses parents et trouva, dans un camarade, qui était l'ami de Broussonet, Olivier, un collaborateur capable et dévoué.

Olivier et Broussonet avaient étudié la médecine à l'école de Montpellier; ils avaient à peu près le même âge et devaient marcher, dans la vie, à côté l'un de l'autre. Ce fut le 1er janvier 1786, que Bertier

P. M. Augustus BROUSSONET.
Prof. p. Botan. in universit.
MONSPEL.
obiit Anno 180-

donna commission au sieur Olivier, docteur en médecine, de rechercher les éléments d'une histoire naturelle de la Généralité de Paris. L'ensemble de ses premières recherches fut soumis à une Commission composée de Thouin, de Parmentier et de Broussonet et ces recherches reçurent leur entière approbation; mais faute de rémunération, en 1788, Olivier fut réduit à cesser ses travaux, auxquels le Mémoire de Gilbert, sur les prairies artificielles, vint faire en partie concurrence. Bertier n'abandonna pas Olivier qui s'en alla travailler avec Broussonet et Daubenton dans la chaire d'histoire naturelle d'Alfort. L'entomologie spécialisa les efforts d'Olivier, et il devint l'homme des insectes nuisibles, membre de l'Académie des sciences et, à un moment donné, secrétaire suppléant de la Société d'agriculture.

Silvestre et Cuvier firent son éloge et se plaignirent que les travaux d'Olivier eussent été détruits lors du pillage de l'Intendance en 1789; mais il n'en était rien et les Mémoires de statistique agricole, dressée par Olivier sur l'ordre de Bertier, ont été découverts, en partie du moins, aux Archives nationales, recueillis et publiés par moi-même dans le Recueil de nos travaux (1).

J'ai insisté sur les projets et les efforts de Bertier de Sauvigny au point de vue de l'économie rurale, parce que lui-même, pendant les quelques années où les Comices agricoles fonctionnèrent sous sa direction, il s'appliqua, dans des entretiens, presque des conférences, à montrer la nécessité d'appuyer les cultures

---

(1) Louis Passy, *Mélanges scientifiques et littéraires*, t. I, p. 195.

sur l'étude des sols auxquels elles étaient confiées. Quant à la pensée de dresser des états statistiques, elle courait le monde et l'administration, puisqu'elle était la base de tous les calculs. Trudaine l'avait mise en œuvre dans l'Administration des ponts et chaussées, et Calonne, dans son rapport à l'Assemblée des notables, en 1788, comme Necker, dans ses écrits, s'étaient promis de baser leurs résolutions sur le groupement des faits et des chiffres.

La question dominante, vers 1783, était d'assurer l'alimentation publique, l'alimentation des hommes comme celle des animaux. L'économie des animaux, et l'agriculture proprement dite appliquée à leur alimentation, dirigeaient alors les travaux de nos savants et de nos principaux cultivateurs. Soigner les animaux et les nourrir, c'est une œuvre méritoire qui date de Bertin et qui remplit toute la seconde moitié du xviiie siècle. L'histoire des écoles vétérinaires de Lyon et d'Alfort en est la preuve. Dans les deux années qui précédèrent la prise de possession du secrétariat de la Société par Broussonet, c'est-à-dire lorsque de Palerne était encore en fonctions et Bertier de Sauvigny en direction, une crise grave avait éclaté. L'hiver de 1783-1784 avait été rigoureux ; la fonte des neiges avait provoqué des inondations dont la Généralité de Paris avait été le théâtre ; les eaux avaient enlevé des villages entiers et fait périr beaucoup d'animaux. Un arrêt du Conseil décida qu'une somme de trois millions serait employée en distributions de secours dans les campagnes, secours appliqués en grande partie à des fournitures de bestiaux et à la reconstruction des habitations. Un certain nombre de vaches fut même distribué aux cultivateurs peu aisés de la Généralité de Paris, mais ces vaches étaient un faible secours en comparaison des besoins et des pertes.

L'exemple de l'Angleterre avait surexcité le zèle de Bertier de Sauvigny et provoqué, en 1784, une campagne en faveur de la culture des turneps qui était la suite de la campagne en faveur de la propagation des animaux de ferme. Une enquête fut ouverte, en décembre 1784, par une instruction qui fut soutenue par les délégués de la Généralité. Quelques mois après, Bertier se procura, en Angleterre, en Limousin, en Alsace, des graines de gros navets qu'il distribua en 1785, et il confia, avec l'approbation de la Société, à son nouveau Secrétaire perpétuel, Broussonet, le soin de préparer une instruction sur la conservation et l'emploi de cette culture, tout au moins négligée dans la Généralité. En 1786, une somme de 12,905 livres fut consacrée à l'achat de graines de turneps en Angleterre. Et quand, en 1787, Arthur Young vint en France, on ne parla que de la culture des turneps, dont il ne cessait de faire l'éloge.

Pourquoi, à cette occasion, ne pas jeter un regard à vingt ans en arrière et rappeler que notre Turbilly avait, lui aussi, fait campagne en l'honneur du gros chou d'Anjou ?

En même temps furent poussées les études sur l'alimentation publique et Parmentier nous apparaît, escorté par Tillet et Broussonet, pour mettre en action la culture du sorgho, du maïs, de la pomme de terre, pour combattre les maladies du blé et les insectes nuisibles, en un mot pour remplir le but final de l'agriculture qui est l'heureux accord de l'économie des animaux et de l'agriculture proprement dite.

La sylviculture et l'arboriculture ne devaient pas être, dans cette seconde moitié du xviii⁰ siècle, surveillées avec moins de zèle par la Société d'agriculture; Buffon et Duhamel du Monceau avaient conduit et enlevé, depuis 1750, l'opinion publique, déjà surexcitée par leurs écrits; mais à partir de 1780, la vogue s'était déclarée et ce n'était plus par des écrits, mais par des actes que les propriétaires avaient appuyé cette idée féconde de combattre l'absence des bois de chauffage et la restauration des arbres fruitiers. Sur ce point, Bertier de Sauvigny devait donner l'exemple. La ferme de Maisonville à Alfort fut le théâtre de son activité. Si Arthur Young devait critiquer les résultats financiers de la ferme agricole de Maisonville, il aurait dû accorder sa bienveillance aux plantations d'arbres exotiques et d'arbres fruitiers qu'avait ordonnées Bertier de Sauvigny.

Partout, dans la Généralité de Paris, s'élevaient des jardins et des massifs, parmi lesquels ceux du duc de Noailles, à Saint-Germain, de Lamoignon de Malesherbes, à Malesherbes, de Cretté de Palluel, à Dugny, sont restés célèbres. Les Mémoires de la Société sont remplis de communications importantes sur l'histoire naturelle des arbres et la recherche de moyens pour repeupler les forêts. Je noterai, en passant, les plaintes adressées aux ministres en assemblée publique par le marquis Turgot sur les dégâts que font, dans les plantations nouvelles, les habitants des campagnes. Ces plaintes solennelles sont l'écho des commentaires que Turgot avait formulés en 1784, 1785 et 1786, et que la Société avait soumis, au ministre des Finances. Une autre manifestation, sur laquelle nous reviendrons, c'est la proposition du corps de la ville de Paris de faire donner, par la Société d'agriculture, un de ses prix touchant l'aménagement des forêts et les moyens de rendre le bois plus abondant.

Il faut s'arrêter un moment. L'action de Parmentier rayonne sur toute cette période. En 1771, l'Académie de Besançon avait proposé, pour sujet de prix, le travail suivant : « Des substances alimentaires qui pourraient atténuer les calamités d'une disette. »

Parmentier répondit à cet appel et il écrivit : « La « pomme de terre doit être, parmi nous, le puissant « auxiliaire du blé. Trop longtemps dédaignée, trop « longtemps exclusivement réservée à la pâture des bes- « tiaux, il faut que la pomme de terre devienne aussi « la nourriture de l'homme, il faut, en un mot, qu'elle « apparaisse sur la table du riche comme sur celle du « pauvre et qu'elle y occupe le rang que sa saveur, « ses qualités nutritives et la sanité de sa nature « devraient lui avoir acquis depuis longtemps. »

Ce Mémoire fit sensation ; l'Académie de Besançon le renvoya au ministre Bertin qui le fit imprimer et répandre en 1778. Le succès engendre toujours la contradiction et une véritable querelle scientifique s'engagea entre champions désignés sous le nom de tuberculiens et d'antituberculiens ; dans cette lutte, la Société d'agriculture de Paris prit parti pour Parmentier. Louis XVI, lui aussi, se déclara pour Parmentier et il ordonna, sur la proposition de Bertin, de mettre à la disposition de son protégé, 54 arpents de terre dans la plaine des Sablons, terrain alors inculte et sur une partie duquel se tenait un marché de vaches laitières.

Bertier de Sauvigny chargea la Société de Paris de

faire un essai de cette culture dans la plaine des Sablons et dans celle de Grenelle. La Société, sur l'avis de Parmentier lui-même, décida que dans les Sablons on planterait des tubercules de différentes espèces, en consacrant à cette culture une étendue de 37 arpents et que sur 17 arpents de la plaine de Grenelle on opérerait avec des semis qui permettraient de multiplier ces meilleures espèces et d'empêcher la dégénérescence du fameux végétal. Cette culture réussit, et le produit de la récolte, mis à la disposition de la Société philanthropique, fut distribué aux pauvres de Paris et des campagnes de la Généralité, non seulement par esprit de charité, mais dans un but de propagande. Puis une distribution de tubercules et de semis fut faite aux membres et aux correspondants.

A la même époque, Parmentier publiait un nouveau mémoire intitulé : *Examen chimique de la pomme de terre* qui fut répandu partout aux frais et par les soins de l'Administration. Il convient d'ajouter que, dans la crise alimentaire de 1785, à la demande de la Société, l'Intendant fit acheter et distribuer à un grand nombre de cultivateurs des tubercules de la variété dite hâtive qui convenait mieux que toutes les autres aux bestiaux. Une instruction de Parmentier accompagnait l'envoi; le succès des pommes de terre grandissait toujours : Cels, Tessier, Silvestre et Thouin furent associés à la rédaction des instructions, et au travail de la propagande.

Louis XVI eut donc sa grande part dans la victoire de la pomme de terre. Les Mémoires du temps racontent que, aux approches de la Saint-Louis, fête anniversaire du roi, les fanes des pommes de terre s'étant couvertes de fleurs nombreuses, Parmentier en cueillit un énorme bouquet, arracha des tubercules mûrs et porta fleurs et tubercules à Versailles. Louis XVI reçut ce présent avec un sincère plaisir, plaça quelques fleurs à sa boutonnière, la reine en fit mettre dans sa coiffure, et les pommes de terre parurent, dans ce jour de fête, sur la table royale. Les villes et les campagnes imitèrent la Cour. La pomme de terre prit le nom de « Parmentière », et la Société de la Généralité de Paris eut désormais sa part de gloire. La victoire de la pomme de terre fut le trait saillant de la période de 1785 à 1789.

A peu près vers le même temps Louis XVI donna à l'agriculture une autre preuve de sollicitude. D'accord avec l'Intendant de Paris, qui était membre des Conseils du roi, la Société prit à cœur les réclamations des villages du bailliage de Saint-Quentin qui, malgré les sentences du juge local, confirmées par arrêt du Parlement, interdisait aux cultivateurs de se servir de la faulx ou de la faucille pour la moisson. Le Conseil du roi avait cassé les arrêts du Parlement, la Société, à cette occasion, décida qu'elle ferait collection de tous les arrêts et jugements rendus en matière rurale, afin de pouvoir éclairer les cultivateurs sur leurs droits et leurs devoirs. Dans ce but, elle fit passer une lettre circulaire aux avocats et autres jurisconsultes, pour les prier de lui adresser les Mémoires et arrêts rendus dans les matières d'agriculture. Cette initiative hardie faisait présager les mouvements de 1789 et n'aurait pu s'exécuter sans le consentement et la direction même de Bertier de Sauvigny. Telle est peut-être l'origine des recherches qui aboutirent au Mémoire envoyé par la Société à l'Assemblée nationale en 1789.

Les considérations générales qui précèdent groupent, sous le même regard, les principaux événements qui se succèdent dans le monde agricole depuis la chute de Bertin (1780) jusqu'au règlement de 1788 ; mais il convient d'appuyer ces considérations par le détail des faits qui concernent la Société d'agriculture depuis la prise de possession du Secrétariat perpétuel par Broussonet. Nous avons vu que l'année 1785 avait consolidé la situation nouvelle de la Société et, par la publication régulière de ses Mémoires, lui avait rendu pour ainsi dire la vie.

Je reviens à la Société elle-même. Bertier de Sauvigny attachait, avec raison, la plus grande importance à la résurrection des publications de la Société : c'était la consécration officielle de l'existence de la Société et de son administration. Comme il était fort bien en cour et déjà Surintendant de la maison de la reine, il se fit accorder, le 26 février 1786, une audience du roi et de la reine pour la présentation du premier volume des *Mémoires*, qui venait d'être publié en décembre 1785. Tous les membres de la Société furent admis à l'audience et le Contrôleur général de Calonne en fit les honneurs avec beaucoup de bonne grâce. Le roi, qui voyait d'ailleurs autour de lui, dans les membres de la Société, plusieurs de ses amis particuliers et qui devait marquer, d'année en année, ses sympathies à la cause des savants et de l'agriculture, se montra des plus bienveillants et accepta le jeton d'or de la Société. Voici quelle était l'origine de ce jeton d'or.

En 1783 et 1784, nous venons de le dire plus haut, le roi avait alloué une somme très considérable pour réparer les désastres des inondations. Sur la propo-

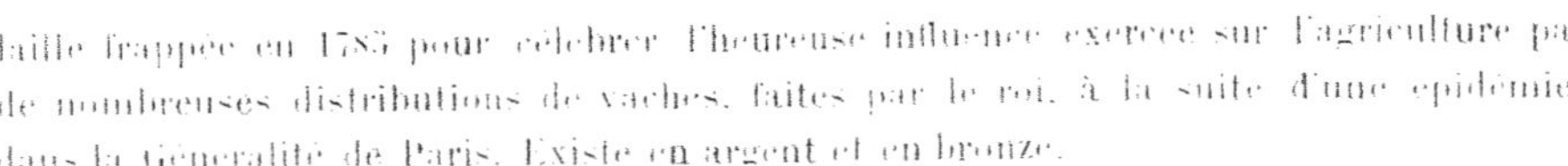

Médaille frappée en 1785 pour célébrer l'heureuse influence exercée sur l'agriculture par de nombreuses distributions de vaches, faites par le roi, à la suite d'une épidémie, dans la Généralité de Paris. Existe en argent et en bronze.

Collection Boucher, n° 2588.

sition de la Société, appuyée par Bertier de Sauvigny, Louis XVI avait décidé que sur ce crédit un certain nombre de vaches seraient données, pendant quelques années, aux cultivateurs peu aisés de la Généralité de Paris. Pour conserver le souvenir de cette royale libéralité, la Société avait fait représenter, sur un des côtés du jeton, qu'elle distribuait à ses membres, le roi, debout en costume de cérémonie, une figure s'inclinant devant lui pour le remercier. Au revers, on voyait une charrue, emblème de la Société et la devise qu'elle avait choisie : *ex utilitate decus*. C'est ce jeton en or, dont le roi accepta l'hommage et qui lui appartenait à tous les titres.

La reconstitution de la Société rendait nécessaire le spectacle d'une séance publique. Cette première séance publique se tint, le 30 mars 1786, à l'Hôtel de l'Intendance, quatre jours après l'audience que le roi et la reine avaient accordée à la Société d'Agriculture à l'occasion de la publication du nouveau volume des *Mémoires*. Le Contrôleur général de Calonne avait assisté à l'audience. Il assista à la séance ; les membres les plus importants de la Société s'étaient partagé l'honneur de la représenter. Cette journée du 30 mars fut un jour de fête. Le duc de Charost, qui devenait le membre le plus actif et le plus dévoué de la Société, lut un discours sur l'utilité des sociétés d'agriculture. Il eut le bon goût de rappeler le règne de Louis XV, de louer Tillet, directeur présent et Bertin, fondateur absent. C'était bien de dire : « Sous le dernier règne, un ministre, dont toutes les opérations avaient pour but l'utilité publique »; Bertin n'était plus au pouvoir et Necker lui conservait rancune. Il est vrai que Charost ajoutait « le souverain étudie lui-même tous les détails de la culture », faisant allusion aux expériences que Louis XVI faisait faire à Rambouillet par l'entremise de l'abbé Tessier et du comte d'Angivillier, membres de la Société. Puis, très heureusement, il mettait en honneur les confrères « engagés, sous les ordres de Vergennes, Intendant du département des Impositions et de l'Agriculture, et dans l'administration de Bertier, Intendant de la Généralité de Paris et des écoles vétérinaires, qui encourageait, par une activité précieuse, les progrès de l'agriculture, en excitant l'émulation des cultivateurs. » Ce discours était parfait et le duc de Charost dut voir qu'il n'avait négligé aucune occasion de plaire, en faisant valoir la vérité. Pour finir, il dit un mot juste : « Entre les routines et les systèmes l'agronome trouvera le secret de la nature. »

Daubenton, sur l'amélioration des troupeaux, plaida, au nom de dix-sept ans d'expériences, l'utilité de tenir en plein air, jour et nuit, les troupeaux sans aucun abri, dans toutes les saisons de l'année, de laver les laines avec autant de soin que le font les Espagnols et il ajoutait que M. l'Intendant de Paris s'apprêtait à faire, pour les moutons, ce qu'il avait fait pour les vaches, c'est-à-dire de faire venir du Roussillon et de Flandre de bons béliers pour les placer gratuitement dans les petits troupeaux de sa Généralité. Turgot parla des arbres résineux, Parmentier des pommes de terre; Broussonet présenta le résumé des travaux de la Société pendant le cours de l'année 1785; il rappela heureusement l'alliance intime des sciences et de la pratique dans le domaine de l'agriculture; il cita les exemples que s'efforcent de donner, tous les jours, les membres de la Société, rendant aux correspondants un témoignage public de reconnaissance pour leur empressement à seconder les vues de la Société. Enfin, de tous les compliments, les plus prompts et les plus sûrs furent donnés à l'Intendant de la Généralité.

La Société semblait en pleine faveur. Dans la séance du 4 janvier 1787, elle avait, pour favoriser sa correspondance, nommé vingt-trois correspondants parmi lesquels se trouvaient : Cretté de Palluel et Olivier; Broussonet se réjouissait d'avoir fait inscrire, au nombre de ses membres, un infant d'Espagne. Ferdinand, duc de Parme, mais il se réjouissait encore bien davantage des succès obtenus, depuis si peu de temps, par le zèle des cultivateurs français et les communications des savants étrangers.

Le parcage, l'emploi de la herse, la suppression des jachères, la culture des gros navets, des pommes de terre, du maïs suffisaient pour répondre à ceux qui pouvaient encore douter de l'utilité des sociétés d'agriculture, n'en déplaise au Contrôle général.

Il ne fut pas question de l'emploi que certains cultivateurs faisaient de l'arsenic et de quelques autres substances vénéneuses pour la préparation de leurs semences. Cet incident a de l'importance. A la suite des observations présentées par la Compagnie, le Gouvernement publia un arrêt du Conseil le 26 mai 1786 : « Apprenant que pour écarter les insectes de la se-« mence mise en terre, on employait l'arsenic, le « cobalt, le vert-de-gris, tandis que le simple chau-« lage composé de chaux vive et d'eau, surtout avec

« la précaution d'y laisser tremper les grains est beau-
« coup plus efficace et n'a pas les mêmes inconvénients :
« ouï le rapport du sieur de Calonne, défend d'em-
« ployer aucune recette où il entre de l'orpiment, de
« l'arsenic, du cobalt et du vert-de-gris à peine de
« 300 livres d'amende ; enjoint aux sieurs Intendants de
« tenir la main à l'exécution du présent arrêt et de faire
« connaître les moyens indiqués par la Société royale
« d'agriculture pour préserver les graines des insectes
« et des vices dont elles peuvent être attaquées. »

De nouvelles instructions dues à la collaboration de
l'abbé Lucas, de Daubenton, de Fougeroux de Bondaroy, d'André Thouin, de Parmentier et de Cadet de
Vaux, furent répandues, par ordre du Gouvernement,
dans toutes les provinces.

A cette époque, Bertier de Sauvigny signalait à la
Société un moyen de purger le blé de la poussière de
carie. Les agronomes de la Société : Tillet, Parmentier, Cadet de Vaux, quoique ce procédé fût trouvé
avantageux au commerce des farines, continuèrent à
préférer le lavage des grains. Enfin le correspondant
Dussieux communiquait une série d'observations intéressantes sur la culture du sorgho, du maïs et de la
pomme de terre faites par lui en 1786 en Brie, sous le
contrôle d'André Thouin et de Parmentier.

La séance de la Société du 19 juin 1787 fut très importante. Elle s'ouvrit par un discours du duc de Charost,
sur l'état actuel de l'agriculture et les encouragements
qu'elle reçoit du Gouvernement. Le duc de Charost
était plein de zèle. Il parlait bien et il aimait à parler.
« Pourrait-on craindre, disait-il, de voir la culture
« délaissée, au moment où le souverain, où le Gouver-

« nement et les Assemblées provinciales tirent, pour
« l'administration, des lumières précieuses de la Société
« d'agriculture. Toutes les provinces ne pourraient-
« elles pas recueillir les mêmes avantages si, à
« l'exemple de la Généralité de Paris, elles formaient
« des comices agricoles, dont l'établissement est dû
« au zèle actif du magistrat qui ne cesse pas d'encou-
« rager l'agriculture? Je ne crains pas de le dire, les
« Assemblées provinciales et les comices agricoles
« seront deux monuments du règne de Louis XVI. »

Parmentier triompha par le succès des cultures de
pommes de terre. C'est l'Intendant de la Généralité de
Paris (toujours lui) qui a désiré qu'on essayât en grand
cette culture dans la plaine des Sablons et c'est Aubert,
son subdélégué, qui fut le collaborateur de Parmentier.
« Il n'y aura bientôt plus, dit-il, un coin de ce royaume,
« où la Société n'ait mis ses correspondants à portée
« de profiter des bonnes espèces de pommes de terre
« que promet de s'assurer l'Intendant de Paris. Enfin,
« le roi vient d'ordonner qu'on mette au rang des
« plantes utiles rassemblées à Rambouillet, sous les
« yeux de Sa Majesté, les pommes de terre réduites
« maintenant à onze espèces particulières. » La culture
de la plaine des Sablons est donc une des époques les
plus mémorables dans l'histoire de la Société.

Le marquis de Guerchy, à son tour, célèbre les trois
années que la Société a passées depuis la reprise de
ses travaux. Il fait l'éloge de Bertier de Sauvigny et de
ses comices agricoles, de Daubenton et de ses troupeaux. Puis vient Broussonet : il n'hésite pas à faire
honneur à l'Intendant de Paris de ses comices agricoles, de ses assemblées de laboureurs qui, remplis de

zèle, avaient adressé, dès 1784 et 1785, des Mémoires où éclatait leur envie de bien faire.

Tous les ans Broussonet reviendra sur ces institutions nouvelles. « C'est un moment solennel, dit Broussonet dans l'histoire de la Société et dans les annales de l'agriculture. »

La Généralité de Paris était divisée en 22 élections et l'élection de Paris renfermait 10 départements. Dans chacun de ces districts s'était formée une assemblée de laboureurs. Réunis en 1784 et 1785, ces laboureurs, disons le mot, ces praticiens, avaient adressé, à diverses époques, plusieurs Mémoires qui avaient été communiqués à la Société ; mais il fallait, à ces associations, des règlements et ces règlements leur furent donnés par Bertier de Sauvigny, assisté de Broussonet et de Cadet de Vaux. Bertier parut dans les assemblées générales de ces comices tenus à l'hôtel de ville de chaque canton ou dans l'un des châteaux voisins. « Une révolution paisible se prépare : reprenez courage », disait Broussonet et après avoir fait l'éloge des chefs du Gouvernement, il rappelait, avec émotion, que le plan tracé dans ces assemblées générales de laboureurs avait été exécuté avec le plus grand zèle, une fois tous les mois, dans chaque canton et que les membres présents du comice recevaient un jeton d'argent sur lequel était gravée la figure du roi avec cette légende inspirée par la reconnaissance et dictée par les cultivateurs : « Louis XVI vivifie l'agriculture. »

L'Intendant Bertier de Sauvigny ne fut pas le seul à être loué. L'archevêque de Toulouse, chef du Conseil royal des Finances, Loménie de Brienne, le Contrôleur général, Laurent de Villedeuil, Malesherbes, présents à la séance, présidèrent à la distribution de différents prix. Il paraît que des dames de qualité assistèrent aussi à cette réunion et se disputèrent le plaisir de remettre aux cultivateurs les prix qu'ils avaient mérités.

Parmi les questions proposées et résolues victorieusement figurait le célèbre Mémoire de Gilbert, professeur à l'École d'Alfort, Mémoire qui répondait aux préoccupations des savants et de l'opinion publique, c'est-à-dire à la question de l'alimentation des animaux. La Société avait proposé un prix exceptionnel de mille livres pour répondre à cette question : « Quelles sont les espèces de prairies artificielles qu'on peut cultiver avec le plus d'avantages dans la Généralité de Paris et quelle en est la meilleure culture ? »

Pour affirmer l'importance du sujet de l'alimentation des animaux, Cretté de Palluel reçut une médaille d'or pour un Mémoire traitant la manière de gouverner les vaches et d'en tirer le profit le plus avantageux.

Avant de se séparer, le marquis Turgot prend la parole, il interpelle Loménie de Brienne et de Calonne, il « profite du moment où plusieurs ministres, vertueux, éclairés et amis du bien public, honoraient la Société royale d'agriculture de leur présence, pour renouveler la protestation qu'il avait faite dans les séances particulières de 1784, 1785 et de 1786, contre de malfaisants cultivateurs, acharnés à détruire les plantations d'arbres. »

Quelques jours après, le 5 juillet 1787, la Société nomma, pour remplir quatre places d'associés devenues vacantes : l'archevêque de Toulouse, chef du Conseil royal des finances qui avait présidé la

séance solennelle du 19 juin, Laurent de Villedeuil,
d'Ormesson et le duc du Châtelet.

Cette même année, parut la *Feuille du cultivateur*
rédigée par Broussonet, Parmentier, l'abbé Lefebvre et
Dubois.

Entre la séance de 1786 et la séance du 19 juin 1787,
un événement, destiné à réagir sur la situation des
contribuables et des cultivateurs de la Généralité de
Paris, s'était accompli.

Le roi Louis XVI avait convoqué, le 22 février 1787,
une Assemblée des notables. « D'une part, dit le roi,
améliorer les revenus de l'État et assurer leur libéra-
tion entière par une répartition plus égale des impositions; d'une autre, libérer le commerce des entraves
qui encombrent la circulation, telles sont les vues auxquelles je me suis fixé. » Pour accompagner ces vues,
le Contrôleur général, M. de Calonne, avait préparé
un projet d'édit pour la création d'une Assemblée provinciale dans toutes les Généralités du royaume qui
n'avaient pas d'États. C'était l'application des projets
de Necker et des édits de 1778 et 1779.

L'Assemblée provinciale de l'Ile-de-France fut convoquée à Melun, en novembre 1787, sous la présidence
du duc du Châtelet. Les deux procureurs syndics élus
furent le comte de Crillon, pour la noblesse et le clergé,
et Dailly, ancien directeur général des Vingtièmes, au
ministère des Finances, pour le Tiers-État. L'Intendant de Paris, Commissaire du Roi, Bertier de Sauvigny
est introduit. Il s'assoit dans un fauteuil, en face du
Président et prononce l'allocution suivante :

« Mon seul désir est que vous ne me regardiez pas

« comme étranger à la province que vous allez admi-
« nistrer. Chargé, depuis vingt ans, de ses intérêts,
« ayant été près de vingt ans auparavant occupé — sous
« un père pour lequel je me flatte que l'on conserve de
« l'estime — à me rendre digne d'administrer cette
« Généralité, il me serait pénible de renoncer à lui être
« de quelque utilité. Je ne me suis pas occupé à faire
« faire des progrès à l'agriculture, tant que l'arbitraire
« de l'impôt en était le principal ennemi ; mais aus-
« sitôt qu'il a été détruit, mes soins les plus ardents
« se sont portés sur les moyens de la ranimer et de
« la faire fleurir La Société qui devait la diriger réta-
« blie ; les comices agricoles institués ; des semences
« nouvelles distribuées ; des bestiaux donnés en
« secours aux pauvres, des encouragements et des
« distinctions honorables accordées aux plus riches
« cultivateurs ont porté une vive émulation et des
« lumières dans l'agriculture. Je me flatte qu'en en
« suivant les effets vous ouvrirez une source féconde
« de richesses et de prospérités pour vos concitoyens.
« Je ne puis me dispenser de recommander à votre
« humanité, à votre zèle, à votre justice, trois objets
« pour lesquels je conserverai toujours un vif attache-
« ment : les pauvres taillables, l'agriculture, et tous
« ceux qui m'ont aidé dans les travaux que j'ai entre-
« pris. »

Le Président répondit : « Les Sociétés patriotiques
« qui se sont formées, Monsieur, sous vos auspices,
« pour perfectionner l'agriculture, ne seront point
« négligées par une Assemblée qui se fera toujours
« gloire d'honorer le premier et le plus utile des arts
« et de recevoir, dans son sein, ies citoyens estimables

« dont le fruit des travaux constitue la vraie richesse
« de l'État. »

La Société d'agriculture, qui se trouvait représentée
par Dailly et de Guerchy, s'était empressée d'écrire à
l'Assemblée pour lui offrir ses services et lui demander
son concours. L'Assemblée accueillit ses démarches et
vota, sur le rapport du Bureau du bien public, présenté
par Dailly, plusieurs vœux dans l'intérêt de l'agriculture : réduction des capitaineries pour diminuer les
dégâts commis par le gibier, suppression de la dime sur
les prairies artificielles, extension, à l'Ile-de-France,
de la récente déclaration du roi qui limitait le droit de
parcours à la Bourgogne et à la Champagne, extension
au desséchement des étangs de la loi qui exemptait de
la taille, pendant vingt ans, les terres nouvellement
défrichées. M. de Guerchy, qui venait d'être nommé
membre de la Société à la place du prince de Tingry,
et qui était, nous dit Arthur Young, « plein de feu pour
l'agriculture », rendit compte de l'organisation toute
récente des comices agricoles que la Généralité devait
à l'Intendant de Paris.

C'est ainsi que les actes et les propos de Bertier de
Sauvigny recevaient, à la veille de sa disgrâce, c'est-à-
dire des réformes de 1788, la plus flatteuse approbation.

CHAPITRE III

Tandis que Bertier de Sauvigny remplissait, avec
passion, tous les devoirs de sa charge pour maintenir
la Société d'Agriculture dans le cadre des services de
l'Intendance, une grave conspiration s'organisait pour
s'emparer de la Société d'Agriculture, lui enlever son
indépendance et en faire un instrument de l'Administration du Contrôle général. Il n'est peut-être pas, dans
son histoire, un incident qui soit plus curieux.

Pendant le ministère de Joly de Fleury, 1781 à 1783,
la situation de Bertier avait singulièrement grandi.
Il avait refait le moral et en partie le personnel de la
Société. Le présent et l'avenir dépendaient, comme on
l'a vu, d'une question d'argent et quand on apprit que
l'Intendant de Paris était en passe de retirer quelques
fonds de la Commission provinciale et qu'il obtenait
même le généreux concours de quelques donateurs, un
effort fut tenté pour gagner les faveurs du Gouvernement grâce à une organisation nouvelle.

En 1784, plusieurs membres de la Société, le duc

de Liancourt, le duc de Béthune-Charost, pensant que les allocations accordées à leur Compagnie par la Commission provinciale n'avaient qu'un caractère provisoire, qu'en outre l'action de la Société serait beaucoup plus efficace, si elle devenait un centre commun et un lien de correspondance entre les Sociétés d'agriculture du royaume, proposèrent au Ministre de la réorganiser sur un plan plus vaste.

Dans une lettre adressée au Contrôleur général de Calonne, le 9 juin 1784, le duc de Béthune-Charost, disait :

« Lorsque, il y a quelques jours, nous eûmes l'honneur de vous parler de la création d'une Société royale d'agriculture de France, vous conçûtes aisément l'utilité de ce que nous vous exposions, M. le duc de Liancourt et moi, et vous crûtes cependant, comme un Ministre sage fait toujours, devoir faire quelques objections à ce projet... Sans doute, les Sociétés particulières ont été peu utiles, parce qu'elles étaient des membres sans tête, sans centre; mais il reste, j'en ai la preuve écrite dans les réponses faites à M. Quatremère-Disjonval, des germes de vie et de santé ; les Sociétés vivront et vivifieront quand les esprits vitaux d'une tête (et cette tête sera la Société d'agriculture de France) les animeront par leur circulation de la tête aux membres et des membres entre eux (1)... »

A l'appui de leur proposition, Béthune-Charost et Liancourt remirent au Ministre un Mémoire où nous relevons les passages suivants :

(1) *Archives Nationales*, H. 1511.

« Il existe des Sociétés d'agriculture dans les princi-
« pales villes du royaume depuis vingt ans; il en existe
« aussi une dans la capitale depuis la même époque;
« mais cette dernière ne paraît se distinguer, jusqu'à
« présent, des autres, que par une nullité et un engour-
« dissement qui la mettent encore au-dessous d'elles et
« qui feraient croire que, depuis les chefs de l'État
« jusqu'aux particuliers domiciliés dans la Capitale, il
« n'existe personne à qui l'agriculture paraisse digne
« d'intérêt. On ne cherchera pas à dissiper ce préjugé
« ou ce mépris, parce qu'heureusement ils ne sont rien
« moins que réels. La naissance des Sociétés d'agri-
« culture, toutes faibles et incapables qu'elles sont de
« rien opérer pour le présent, est une preuve de la
« fermentation qui a commencé à se faire sentir depuis
« quelques années sur cette partie des connaissances,
« et la fondation d'une Société d'agriculture de Paris,
« sur un simple Arrêt du Conseil, doit être regardée
« comme l'aurore d'une autre Société fondée avec tout
« l'éclat de la protection royale, tout l'appui de son
« autorité, et tous les moyens que l'une et l'autre réu-
« nies ont valus aux autres corps savants pour faire tant
« de choses... »

Le Mémoire proposait ensuite la création d'une
Société royale d'agriculture, correspondant avec toutes
les autres Sociétés de France et même de l'étranger.
Placée à la tête des Sociétés du royaume, elle tien-
drait ses séances au Louvre et aurait un budget de
vingt-quatre mille livres pour les frais du secrétariat, de la correspondance, des prix à proposer, des
jetons de présence et autres frais.

Suivait alors un projet d'édit nommant le duc de

Liancourt, président de la Société projetée; Tillet. vice-président; Lavoisier, directeur; le duc de Béthune-Charost, vice-directeur; Quatremère-Disjonval, secrétaire perpétuel; Cadet de Vaux, secrétaire adjoint; associés ordinaires : de Palerne, Daubenton, Dupont (1), Desmarets, d'Ailly, Tenon, Fougeroux, Parmentier, l'abbé Tessier, Thouin (André), l'abbé Mongez et de Rancy; cet édit aurait nommé associés libres : le prince de Croy, le duc d'Ayen, le comte de Montboissier, le duc de La Rochefoucauld, le comte de Vaudreuil et le prince de Tingry; enfin, associés nés : le Contrôleur général des Finances, l'Intendant du département des Impositions, les Ministres de la Guerre, de la Marine et des Affaires étrangères, le Lieutenant général de police, le Prévôt des marchands, les cinq Intendants du Commerce, le Surintendant des Haras, l'Intendant des écoles vétérinaires, celui des Mines, celui des Eaux et Forêts, celui des Ponts et Chaussées, celui du Jardin du Roi, et les Présidents annuels de l'Académie des Sciences et de la Société royale de médecine (2).

Le Gouvernement goûta ce projet qui lui permettait de mieux circonscrire les travaux des Sociétés d'agriculture et de leur interdire le domaine des réformes politiques, financières et sociales qu'elles étaient toujours portées à envahir, puisque l'amélioration et le progrès de l'agriculture y étaient attachés et que tel

(1) On trouve le nom de *Dupont* écrit *du Pont* dans certains actes et *Dupont*, dans d'autres. on ne faisait pas attention à l'orthographe des noms.

(2) *Archives Nationales*, H. 1511. Ce projet fut probablement rédigé. ou inspiré par Du Pont (de Nemours), car on y trouve le même esprit de dénigrement contre les Sociétés, déjà constituées et surtout contre la Société de Paris qui se manifeste dans tous les actes de Du Pont. On peut remarquer, en outre, que Broussonet est remplacé par Quatremère-Disjonval et que Bertier est accepté comme Intendant des écoles vétérinaires mais non plus comme Intendant de la Généralité de Paris.

était le but de leur institution, suivant le préambule même de l'ordonnance du 1er mars 1761.

Le rapport suivant fut donc présenté au roi à l'appui de lettres patentes qui furent signées le 3 septembre 1784 :

Les Sociétés d'agriculture établies sous le dernier règne n'ont pas conservé longtemps de l'activité. Formées dans quelques provinces seulement et n'ayant entre elles aucune relation, leurs travaux ont dû dépendre du plus ou moins de faveur que leur accordaient messieurs les Intendants. Souvent, tel administrateur n'a point apporté à leur existence le même intérêt que l'administrateur qui l'avait précédé. D'ailleurs, on n'avait point donné à l'institution de ces Sociétés assez d'aliments pour ainsi dire. Leurs travaux restreints à l'agriculture auraient dû embrasser tout ce qui tient à l'économie rurale. Il n'y a donc plus à s'étonner, si ces Sociétés, dont on avait espéré et dû attendre, en effet, des avantages réels, sont tombées insensiblement dans un état de langueur et d'inaction.

Pour ranimer sur ces objets intéressants le zèle des bons citoyens, il est un moyen sûr et facile que M. le Contrôleur général des Finances a l'honneur de soumettre à Sa Majesté : c'est l'établissement d'une Société générale d'agriculture et d'économie rurale dont les travaux s'étendront sur tout le royaume, avec laquelle correspondront les différentes Sociétés particulières, et qui, devenant ainsi le centre commun de toutes les découvertes utiles et nouvelles méthodes proposées, pourra les discuter, les approfondir, les constater, et enfin les répandre partout où il sera nécessaire de les faire connaître. Cette Société tiendra ses séances au Louvre, sera composée de vingt associés-nés, qui seront les Ministres de Votre Majesté et autres personnes chargées de départements ayant des rapports avec l'économie rurale, et de trente associés ordinaires choisis parmi les grands seigneurs, les riches propriétaires, les chefs d'ordres religieux, les savants et les agriculteurs.

Une somme de vingt-quatre mille livres sera suffisante pour les frais du secrétariat, les prix à proposer, les droits de présence, etc.

Le Contrôleur général des Finances supplie Votre Majesté d'approuver que cette Société soit assignée sur le Trésor royal (1).

____

(1) *Archives Nationales.* H. 1501.

Les Lettres patentes du 3 septembre 1784 étaient ainsi conçues :

Article premier. — **Nous** avons créé et érigé, créons et érigeons une Société générale d'agriculture et d'économie rurale destinée à s'occuper de tous les objets y relatifs dans l'étendue de notre royaume, tels que la perfection des méthodes de culture, l'étude et la connaissance des sols, la forme des instruments agraires, l'engrais des bestiaux, les plantations, et enfin tout ce qui tient aux productions, soit de l'intérieur, soit de la superficie de la terre; à comparer les divers procédés suivis dans les différentes provinces du Royaume, soit entre eux, soit avec ceux pratiqués dans les pays étrangers, et à entretenir une correspondance suivie, tant avec les Sociétés d'agriculture établies ou à établir dans les différentes généralités du Royaume, qu'avec les savants régnicoles ou étrangers dont la correspondance aura été jugée et reconnue utile.

Art. 2. — La dite Société d'économie rurale, que nous prenons sous notre protection spéciale, jouira des mêmes droits, honneurs et privilèges que les autres Académies et Sociétés royales établies par nous ou les Rois nos prédécesseurs, et tiendra, comme elles, ses séances dans une des salles de notre palais du Louvre.

Art. 3. — Cette Société sera composée de vingt associés-nés, de trente associés ordinaires, et du nombre de correspondants qui pourra être jugé nécessaire.

Art. 4. — Les vingt associés-nés seront : le Contrôleur général des Finances, nos quatre secrétaires d'État, l'Intendant au département des Impositions, le directeur général des Haras, le Lieutenant général de Police de la Ville de Paris, les cinq Intendants du Commerce, les Intendants aux départements des Eaux et Forêts, des Mines, des Écoles vétérinaires, des Ponts et Chaussées, l'Intendant du Jardin du Roi, le président d'année de l'Académie des Sciences et celui de la Société royale de médecine.

Art. 5. — Les associés ordinaires, au nombre de trente, seront pris parmi les grands propriétaires distingués par leur zèle et leurs connaissances en agriculture, les savants, les chefs d'ordres religieux et les agriculteurs et fermiers de profession connus par leurs talents et leurs lumières sur les divers objets relatifs à l'économie rurale.

Art. 6. — Lesdits associés ordinaires éliront parmi eux,

chaque année, au scrutin, un directeur et un vice-directeur,
lesquels, en cas d'absence ou maladie, seront suppléés, dans les
Assemblées, par le plus ancien des associés suivant leur rang de
réception, et, pour remplir la place de directeur jusqu'à l'expi-
ration de la présente année et pendant l'année prochaine, 1785,
nous avons agréé le sieur duc de Liancourt, et pour celle de vice-
directeur, le sieur Tillet.

Art. 7. — La place de secrétaire perpétuel de la Société générale d'agriculture et économie rurale sera également occupée
par un des associés ordinaires, et nous avons pareillement agréé,
pour en remplir les fonctions, le sieur Quatremère-Disjonval (1).

Art. 8. — Les fonds par nous accordés à ladite Société pour
être spécialement employés à des prix et encouragements pécu-
niaires dans les diverses provinces du Royaume seront remis
entre les mains d'un trésorier perpétuel choisi parmi les associés
ordinaires et qui rendra son compte tous les ans à la Société
réunie, et, pour remplir les fonctions de ladite place de trésorier,
nous avons agréé le sieur Cadet de Vaux.

Art. 9. — La Société procédera à l'avenir par scrutin à l'élection du directeur, du vice-directeur, du secrétaire perpétuel et du
trésorier, ainsi qu'à la nomination des associés ordinaires, et
elle nous proposera les sujets qui lui paraîtront les plus propres
à remplir les places vacantes, et seront, dans le moment actuel,
toutes les places dont ladite Société doit être composée, remplies
par les sujets désignés dans l'état annexé sous le contrescel de
ces présentes, et dont les lumières, le zèle et l'expérience nous
sont connus.

Art. 10. — La Société générale d'agriculture et économie rurale pourra choisir, dans l'étendue de notre Royaume et même
dans les pays étrangers telles personnes avec lesquelles il sera
jugé utile d'entretenir une correspondance habituelle, et seront
correspondants-nés de ladite société : nos Ambassadeurs, Ministres et Consuls dans les royaumes étrangers, nos Intendants

(1) Quatremère-Disjonval ayant réclamé contre l'exclusion d'un grand
nombre d'associés de la Société de Paris dans la nouvelle Société, et
notamment contre celle des anciens membres du Bureau de 1761 survivants, fut révoqué des fonctions de Secrétaire perpétuel, et remplacé
par Du Pont (de Nemours), et, comme la charge d'Intendant du Commerce, qu'exerçait ce dernier, l'obligeait à s'absenter de Paris pendant
plusieurs mois chaque année, on lui donnait un Secrétaire adjoint pour
le suppléer en cas d'absence. Ce secrétaire adjoint fut l'abbé Mongez,
rédacteur du *Journal de physique*.

des provinces, des Colonies et de la Marine, et les secrétaires de chaque Société d'agriculture établie dans le Royaume.

Art. 11. — Ladite Société tiendra ses séances particulières et publiques aux jours et heures qui seront indiqués par le règlement que nous nous proposons de lui donner incessamment.

Si donnons en mandement, etc.

Liste des membres associés ordinaires de la Société générale d'agriculture et économie rurale :

Le duc de Liancourt, directeur ; Tillet, vice-directeur ; associés ordinaires : le prince de Tingry, le duc d'Ayen, De Palerne, D'Ailly, Desmarets, Tenon, le comte de Montboissier, le prince de Croÿ, le duc de La Rochefoucauld, le comte de Vaudreuil, d'Aubenton, du Pont, le duc de Béthune-Charost, Lavoisier, Fougeroux, Parmentier, Quatremère-Disjonval, l'abbé Tessier, Thouin (André), l'abbé Mongez et de Rancy. Reste à nommer dix associés au choix desquels la Société procédera avec l'agrément de Sa Majesté, et dans le nombre desquels il y aura trois ou quatre bons agriculteurs (1).

Tel fut l'acte par lequel ses promoteurs croyaient donner à l'agriculture un organe officiel mieux écouté du Gouvernement que les Sociétés provinciales et même celle de Paris, tandis que, dans la pensée du Contrôleur général et de ses agents, cet acte devait, au contraire, annihiler l'influence de l'Intendant et de la Société de Paris et étouffer les réclamations importunes des différentes Sociétés d'agriculture.

En effet, le règlement, préparé pour la Société nouvelle et que l'on tenait secret au Contrôle général, réservait aux associés-nés, seuls, les places du Bureau, et, aux membres du Bureau, seuls, la discussion des questions touchant aux impositions et autres matières administratives. On n'aurait plus eu ainsi à redouter

(1) *Archives nationales*, H. 1501. Almanach royal, année 1785. Le rapport et les lettres patentes furent rédigés par Lubert, premier commis des finances chargé du service de l'agriculture au Contrôle général.

les vœux indiscrets, on étouffait la voix des sociétés
d'agriculture auxquelles on opposait, sous le couvert
de la Société nouvelle, des délibérations, qui, prises
par les seuls agents supérieurs du Gouvernement, seraient présentées comme l'expression des représentants
les plus autorisés de la classe agricole, comme les véritables *desiderata* des cultivateurs. En outre, le Contrôleur général projetait une réorganisation de la
Société de Paris, à laquelle il voulait « donner une forme
nouvelle » ainsi qu'il le dit dans une lettre à Valmont
de Bomare, datée du 24 novembre 1784.

Cette manœuvre était perfide, mais elle échoua.
En effet, le 6 septembre, les lettres patentes du 3 du
même mois furent transmises au Parlement pour y
être enregistrées, suivant l'usage. A cette date, le Parlement était entré en vacances; l'enregistrement fut
donc ajourné à la rentrée de la Cour.

La création de la Société nouvelle n'était plus un
secret, et le projet de réorganisation de la Société de
Paris avait transpiré; aussi, plusieurs des membres
de cette dernière, qui n'étaient pas compris sur la liste
de la Société nouvelle, notamment les anciens fondateurs survivants, en avaient conçu un grand mécon-
tentement, craignant, avec raison, de se voir exclus de
la future Société de Paris. Ces sentiments sont tra-
duits dans une lettre que Valmont de Bomare adressa
au Contrôleur général, le 21 novembre 1784, par laquelle il exprimait ses regrets de n'avoir pas été compris parmi les membres de la Société nouvelle, et,
rappelant ses titres (1), se plaignait d'avoir été rayé

(1) Valmont de Bomare était démonstrateur d'histoire naturelle,
auteur de deux ouvrages : *Dictionnaire raisonné d'histoire naturelle*

du nombre des associés de la Société de la Généralité de Paris par le Contrôleur général.

Celui-ci lui répondit, le 24 du même mois de novembre : « L'utilité dont vos travaux et vos lumières « ont été à la Société royale d'agriculture de Paris « m'est connue, et je suis très éloigné de songer à « vous retrancher du nombre de ses associés, *lorsqu'elle* « *prendra une forme nouvelle*. La liste des personnes « qui doivent composer la nouvelle Société n'est pas « encore arrêtée, et vous devez être bien sûr que vous « y serez compris comme vous le désirez (1). »

Nous avons dit que l'enregistrement des lettres patentes du 3 septembre avait été ajourné à la rentrée du Parlement. La Cour refusa l'enregistrement le 5 décembre 1784, en appuyant sa décision sur les motifs suivants :

« 1° C'est un établissement qui nécessitera des fonds « que le roi sera obligé de fournir : ce qui surchargera « encore les finances qui ne sont que trop chargées.

« 2° Dans ces sortes d'établissements, le Trésorier « profite, ayant un maniement de deniers, avec le Secré- « taire qui a des appointements.

« 3° Plusieurs ont pensé, à la première réflexion « sur le projet dont on avait entendu parler, que les « moyens de faire fructifier l'agriculture et vivifier « l'industrie des fermiers et cultivateurs, était de « s'occuper, avant tout, du soulagement des campagnes « qui sont écrasées de toutes les manières par les im- « positions énormes dont elles sont surchargées et par

et *Traité de minéralogie*. Il était, en outre, censeur royal, directeur du cabinet du Prince de Condé et instituteur des enfants de ce Prince pour la physique et l'histoire naturelle.

(1) *Archives nationales*, II. 1501.

« les corvées qui exigent un règlement pour empê-
« cher les abus affreux qui se commettent dans cette
« partie d'administration (1). »

Le Gouvernement négocia, pendant plusieurs mois,
avec le Parlement pour obtenir de cette Cour qu'elle
revînt sur sa première décision ; mais tous ses efforts
furent inutiles.

Le duc de Béthune-Charost aurait voulu que la
Société nouvelle remplaçât celle de Paris mais en y
incorporant tous ses membres ; il insista, d'ailleurs,
pour que tous les membres fussent admis dans la première au moyen d'une augmentation du nombre fixé
par les lettres patentes du 3 septembre. Il comptait si
bien sur le succès de sa demande, qu'il proposa, le
17 février 1785, de retirer les lettres patentes, exécutoires seulement après l'enregistrement du Parlement,
et de les remplacer par un Arrêt du Conseil, qui, dispensé de l'enregistrement, reproduirait les mêmes
dispositions, avec une augmentation du nombre des
associés ordinaires. « On attendrait ainsi, ajoutait-il,
« comme le désirait au fond le Parlement, que la nou-
« velle Société ait fait ses « preuves avant d'être insti-
« tuée par lettres patentes. » Il rappelait, enfin, que
la création de l'Académie des Sciences et celle de la
Société royale de médecine avaient éprouvé, d'abord,
les mêmes refus de la part du Parlement (2).

L'intervention du duc de Béthune-Charost échoua,
parce qu'alors le Contrôleur général avait abandonné
la pensée de former une Société et voulait s'en tenir à
la création d'un Comité placé près de lui dans les ser-

(1) *Archives nationales.* II. 1561.
(2) *Archives nationales*, II. 1501.

vices du Contrôle général. De Calonne avait été amené à cette nouvelle résolution par Gravier de Vergennes, Du Pont (de Nemours) et Lavoisier.

En effet, Gravier de Vergennes, fils du marquis Gravier de Vergennes, ambassadeur de France à Lisbonne, Intendant des finances, chargé, de 1783 à 1787, de la direction du département des Impositions et de l'Agriculture, rêvait une sorte de ministère indépendant analogue à celui de Berlin. Il était soutenu, dans ces idées, par Lavoisier et surtout par Du Pont (de Nemours), qu'il avait fait rappeler au Contrôle général dont ce dernier avait été exclu après la chute de Turgot, son protecteur et son ami (1).

Tous trois firent observer au Contrôleur général que l'amélioration de l'agriculture ne pouvait être réalisée que par une réforme des abus signalés depuis longtemps, entraînant une modification de la législation rurale; que la Société nouvelle, ou une partie d'entre elle au moins, ne manquerait pas de réclamer, ainsi que le faisaient les sociétés d'agriculture existantes ; que ces réclamations, émanant d'une Société aussi importante, ne manqueraient pas de causer des embarras au Gouvernement, s'il les trouvait inopportunes; que, dans tous les cas, des travaux de cette nature, si le Gouvernement voulait les aborder, devaient être élaborés dans le secret, et ne pouvaient, dès lors, être confiés à une Société, c'est-à-dire à une assemblée nombreuse dont tous les membres pourraient ne pas avoir la discrétion nécessaire; qu'en préparant la création d'une Société nouvelle, le précédent Contrôleur général,

____

(1) Un ordre verbal de Maurepas l'avait exilé de la Cour. Il s'était alors retiré dans une propriété qu'il possédait dans le Gâtinais.

Lefebvre d'Ormesson, avait commis une imprudence ; qu'enfin, il ne suffisait pas, pour une œuvre de cette nature, que les personnes auxquelles elle serait confiée, possédassent des connaissances en agriculture et en économie rurale ; qu'il fallait surtout qu'elles fussent formées aux travaux d'administration, et que ces conditions ne seraient réalisées qu'en formant un Comité composé de cinq ou six membres choisis parmi les fonctionnaires du Contrôle général et les savants adonnés particulièrement aux sciences agricoles.

M. de Calonne, alors tout dévoué aux intrigues de certains groupes de la Cour qui repoussaient toute idée de réforme et entendaient conserver les abus dont ils jouissaient, M. de Calonne ne pouvait manquer de goûter ces raisons. Il pensait, en outre, que le Comité, dont la création était proposée, ne serait qu'un instrument dont il pourrait toujours diriger, ou au moins arrêter l'action. Il souscrivit donc à la création d'un Comité, qui fut organisé vers la fin du mois de mai ou dans les premiers jours de juin 1785, sous le titre d'*Administration de l'Agriculture* (1).

La bataille changeait d'aspect : la Société de la Généralité de Paris, débarrassée des menaces que lui avaient fait subir un moment le plan et la combinaison Liancourt, Lavoisier et Dupont, allait se trouver, par ce Comité, en face d'un petit bataillon d'adversaires plus hostiles et plus résolus.

Le Comité fut composé, sous la présidence de M. de Vergennes, de MM. Tillet, Darcet, Lavoisier, Du Pont (de Nemours), et Poissonnier. Lubert, premier com-

____

(1) *Almanach royal*, années 1786 et 1787.

mis au Contrôle général, où il était chargé du service de l'agriculture, fut désigné, pour remplir les fonctions de secrétaire. Le rapport qui l'instituait déterminait ses fonctions, mais en les restreignant dans des limites que le Comité ne tarda pas à élargir si considérablement que le Ministre finit par s'en inquiéter (1).

Ainsi que devait le dire Cadet de Vaux, dans son rapport au Contrôleur général Lambert : « Le Comité devient un autel élevé contre un autre autel (la Société d'agriculture de Paris). Cette Société a vu avec douleur ce Comité formé de membres qui lui sont en partie étrangers ; elle ne pardonne pas à ceux qu'elle comptait depuis longtemps parmi les siens, d'avoir concouru à former cette Association. »

La lutte s'engagea donc entre la Société et le Comité, lutte qui eût pu être mortelle pour la Société, si elle n'avait compté, dans son sein, des amis particuliers du roi, tels que les ducs de La Rochefoucauld, de Liancourt, de Béthune-Charost, le prince de Tingry, Lamoignon de Malesherbes, le comte de la Billarderie d'Angi-

____

(1) Voici le texte de ce rapport : « On adresse journellement à « M. le Contrôleur général des Mémoires qui indiquent des moyens de « suppléer à la disette des fourrages. On adresse aussi à ce ministre « des Mémoires sur l'agriculture en général et sur quelques-unes de ses « branches. Tous les projets qu'ils contiennent, ou les procédés qu'ils « indiquent, méritent un examen qui ne peut être fait que par des « personnes éclairées et versées dans la science de l'économie rurale. « Pour remplir un objet aussi important, on propose d'assembler à « des jours indiqués, chez le magistrat chargé du département de « l'agriculture, MM. Tillet, Darcet, Lavoisier, Du Pont et Poissonnier. « Tous les mémoires adressés au ministre, et qui annonceront des « vues utiles ou des découvertes importantes, pourront leur être renvoyés. Ils décideront des avantages que présenteront les projets ou « les nouvelles méthodes annoncées dans les mémoires et quels seront « ceux qui mériteront la publicité, « Si M. le Contrôleur général approuve cet établissement et le choix « des personnes qui doivent le composer, il est supplié de le faire « connaitre. » (*Archives nationales*, H. 1446.)

villier, ainsi que des hommes qui avaient la confiance et l'oreille du roi : Bertier de Sauvigny, l'abbé Tessier, Parmentier et Vicq d'Azyr.

Il faut bien remarquer qu'après avoir fait tous leurs efforts pour transformer la Société de la Généralité de Paris en une Société générale d'agriculture, ces membres allaient la soutenir contre le Comité d'agriculture du Contrôle général.

Ce fut en 1786 qu'éclatèrent les hostilités entre la Société et le Comité, dit : *Administration de l'agriculture*. Bertier, l'Intendant de Paris, avait proposé à la Société de fonder un journal d'agriculture qui serait rédigé par le secrétaire de la Société, le Comité ayant connaissance de cette proposition, et de l'accueil favorable que lui avait fait la Société, émit l'avis que ce journal fût rédigé, sous les ordres de M. de Vergennes, c'est-à-dire par Du Pont, et qu'il devînt, pour les cultivateurs, un dépôt d'instructions qui serait distribué gratis dans les provinces. La Société riposta et arrêta alors qu'elle publierait, tous les trois mois, le compte rendu de ses séances et les Mémoires qu'elle aurait approuvés : le Comité, déçu, ajourna sa décision sur le parti à prendre.

Les membres du Comité étaient des savants, des agronomes, des économistes ; mais, parmi eux, on ne trouvait point d'agriculteurs praticiens. Or, le Contrôleur général recevait, et renvoyait à l'examen du Comité beaucoup de Mémoires, concernant des faits de pratique agricole, l'emploi des graines, des semences dont on proposait, soit l'acclimatation, soit la propagation, des communications relatives à des instruments agricoles et à leur emploi. Pour sortir de l'embarras que lui causait parfois l'appréciation de ces questions techniques, le Comité en proposait le renvoi à l'Académie des sciences; mais les membres comprirent sans doute que ces renvois finiraient par jeter une certaine défaveur sur le Comité, et demandèrent qu'on leur adjoignît Parmentier qui jouissait alors, avec raison, de la réputation d'un agriculteur savant. Le Contrôleur général accueillit cette demande et, le 24 septembre 1785, donna à Parmentier l'avis qu'il était admis à prendre part aux délibérations du Comité qui se réunissait au Contrôle général. Parmentier refusa poliment, alléguant son éloignement du lieu où se réunissait le Comité, les fréquents voyages auxquels il était assujetti, et enfin l'engagement solennel qu'il avait pris, avec la Société d'agriculture de Paris, d'assister régulièrement à ses séances, qui se tenaient le même jour que celles du Comité (1).

Le 9 décembre de la même année, Thouin (André) avait été appelé, au sein du Comité, pour y donner des renseignements sur des graines d'arbres, d'arbustes et de plantes diverses reçues de Bertin, l'ancien ministre, à qui elles avaient été envoyées de Chine.

Après le départ de Thouin, un membre fit observer qu'il serait très intéressant, pour le Comité, qu'un homme comme Thouin lui fût attaché, à un titre quelconque, et, à cet effet, Poissonnier proposa de lui faire donner le titre de « botaniste du roi, attaché au Bureau de l'administration d'agriculture ». Lubert, secrétaire du Comité, fut chargé d'écrire à Thouin pour l'informer de la décision prise et le pressentir sur son

____

(1) *Archives nationales*, II. 1516.

acceptation. Une lettre de Thouin, en date du 11 janvier 1786, à Lubert, déclina, comme l'avait fait Parmentier, l'honneur qui lui était offert, tout en promettant, néanmoins, de renseigner le Comité, lorsque ses occupations le lui permettraient (1). Ce fut probablement ce second refus qui détermina les membres du Comité à demander au Contrôleur général qu'aucun collègue ne leur fût adjoint, si ce n'était d'accord avec eux et sur leur proposition. Ce trait marque bien la rivalité du Comité et de la Société.

Le 16 décembre 1785, Darcet avait fait approuver, par le Comité, une instruction sur la destruction des hannetons et des vers blancs, dont la rédaction lui avait été confiée. Il avait été décidé que cette instruction serait imprimée et envoyée aux Intendants pour la répandre. Dans la séance du 3 mars 1786, il fut donné lecture d'une lettre de Bertier, Intendant de Paris, qui, s'appuyant sur l'autorité de la Société d'agriculture de Paris, dont il était membre, déclarait que le moyen proposé par l'instruction sur la destruction des hannetons n'était ni pratique, ni économique (2). Le Comité fut froissé, non seulement de la critique contenue dans cette lettre, mais encore du ton quelque peu sarcastique employé par Bertier. Sur l'avis du Comité, M. de Vergennes adressa à ce dernier la réponse suivante :

Lorsque j'ai eu l'honneur, Monsieur et cher Confrère, de vous adresser un Mémoire sur la destruction du hanneton dans ses

1) *Archives nationales*, F¹⁰ 201.

(2) Ce moyen, qui avait fait l'objet d'un Mémoire adressé au Contrôleur général par un sieur Adam, professeur à Caen, consistait à labourer profondément la terre et à faire suivre la charrue par des enfants qui ramasseraient les vers à mesure qu'ils paraîtraient à la surface du sol. (*Archives nationales*. H. 1516.

deux états de ver et de scarabée, je n'ai pas pensé qu'il fût susceptible d'observations assez fondées, pour vous empêcher de lui donner la publicité qu'il paraissait mériter. Je le pensais d'autant moins qu'il avait reçu la sanction du Gouvernement et que l'intention du ministre était de le faire généralement répandre. MM. les Intendants n'ont pas porté sur ce Mémoire le même jugement que vous : ils se sont, au contraire, empressés de le répandre dans les campagnes, par la voie de l'impression. Mais, puisque vous êtes le seul contradicteur des moyens que l'on y a indiqués pour détruire un insecte qui, sous sa première forme, ravage les racines des grains, et dévore, sous sa seconde, les tiges et les feuilles des plantes, il est présumable que vous connaissez des procédés plus sûrs pour préserver du fléau nos récoltes. Si vous voulez les rendre publics, je partagerai, avec les cultivateurs, la reconnaissance qu'ils vous devront d'un pareil bienfait. Il me semble, au surplus, que chacun sera libre d'employer le procédé s'il lui convient (1).

Le ton de persiflage qui règne dans cette réponse n'était que le prélude d'une autre communication, qui amena une rupture complète entre la Société et le Comité. Cette communication fut un Mémoire dont Dupont donna lecture, dans la séance du 24 mars 1786, qui devait être mis sous les yeux du ministre, et auquel le Comité donna son approbation. Voici ce document :

Mémoire sur la différence qui existe et qui doit exister entre l'Assemblée d'administration de l'agriculture et la Société d'agriculture de Paris.

La différence des deux établissements utiles qui font l'objet de ce Mémoire est indiquée par leur dénomination. La Société d'agriculture de Paris est, ainsi que celles des provinces, une Académie dans laquelle l'agriculture doit être considérée comme une science dont il s'agit de perfectionner les principes et l'usage.

L'Assemblée qui se tient chez M. de Vergennes est une assem-

1) *Archives nationales*, II. 1516.

blée d'administration, de même que l'est, pour un objet moins important, celle de MM. les Intendants du Commerce. L'agriculture y est considérée comme le moyen général de subsistance, comme la plus riche et la plus intéressante des manufactures, comme la principale source des revenus de l'État. Cette Assemblée d'administration, présidée par un magistrat du Conseil et par celui dont le département s'étend sur toutes les provinces, afin d'y connaître tous les revenus et d'y répartir toutes les impositions, est un moyen que le ministère s'est préparé, pour répandre et diriger, dans la totalité du royaume, les encouragements et les soulagements dont l'agriculture a besoin. Ce n'est pas comme savant que le Gouvernement agit par cette assemblée, c'est comme maître, comme bienfaiteur et comme père.

La Société d'agriculture de la Généralité de Paris, non seulement ne peut traiter que de la science, mais encore elle ne peut en traiter que dans l'étendue de cette Généralité. Elle n'a aucun compte à demander de leurs travaux aux sociétés des autres Généralités. Ce serait tout au plus, si elle pourrait être, vis-à-vis d'elles, *prima inter pares*. La Société de Bretagne est la plus ancienne, et, jusqu'à présent, celle dont les travaux ont été le mieux conçus ; celles de Rouen, d'Orléans, de Tours, de Limoges, avaient fait et publié des Mémoires utiles, avant que les agriculteurs et les gens instruits sussent qu'il existât, à la même date, d'institution, et sous le même régime, une Société d'agriculture pour la Généralité de Paris.

Le zèle de M. Bertier, les fonds considérables qu'il a trouvés dans sa province et ceux qu'il a obtenus du Gouvernement, ont donné, depuis deux ans, plus d'activité à la Société d'agriculture dans laquelle il est Commissaire du roi, mais il n'en a changé, ni pu changer, la constitution. Elle existe encore en vertu de l'arrêt du Conseil qui l'a établie, comme celles des autres provinces, il y a quinze ans, et cet arrêt ne lui a pas permis d'étendre ses soins au delà de ce qui concerne la Généralité de Paris.

Il faut louer le zèle de M. Bertier ; mais, plus on doit applaudir au bien qui peut en devenir la suite, plus il faut se garder d'imposer à ce magistrat le projet qu'il n'a certainement point eu de soumettre à son administration, et à celle de la Société d'agriculture de sa province, le régime et les travaux des autres sociétés d'agriculture, auprès desquelles il n'est pas Commissaire du roi.

C'est à l'Assemblée d'administration de l'agriculture, que M. le Contrôleur général a confié le devoir de demander, au nom du

Gouvernement, compte de leur travail à toutes les sociétés d'agriculture, et à celle de Paris comme aux autres, d'exciter leur émulation, de diriger leurs recherches dans un même esprit, de les faire aider l'une par l'autre et profiter mutuellement de leurs lumières.

Peu d'entre elles avaient travaillé jusqu'à ce jour, parce qu'elles étaient isolées; mais, à présent qu'elles seront animées et guidées par une administration maternelle, toutes deviendront utiles, autant du moins que peuvent l'être des Académies, dont la prudence du ministère a borné l'objet à la partie scientifique et pratique de l'agriculture.

Mais, pour assurer le succès de ce premier des arts, il faut s'occuper d'autres points encore plus importants : l'administration des bienfaits, la réforme des abus, l'amélioration des lois. Le ministère se les est réservés avec raison, car ce ne sont pas là des travaux d'Académie : *il y faut trop sonder les plaies de l'État.*

M. le Contrôleur général n'a pu confier un soin si délicat qu'à un très petit nombre de gens qui lui fussent dévoués, et qui, instruits dans les sciences, fussent la plupart formés à divers travaux d'administration.

Il les a rassemblés chez le magistrat chargé de lui proposer les décisions; *et c'est là que, dans le secret du Gouvernement, il a bien voulu leur donner le droit de tout observer et de tout lui dire,* de porter son attention sur les objets qui en sont les plus dignes et sa main protectrice sur les parties qui en ont le plus grand besoin.

C'est une vue vraiment noble et ministérielle.

L'Assemblée d'administration de l'agriculture tâchera de ne point tromper l'attente de M. le Contrôleur général. Elle ose répondre que, s'il ne lui refuse pas les moyens de répandre l'encouragement dans les provinces, aucune branche d'administration ne pourra être aussi utile au service du roi, à la gloire du ministre, aux progrès de la population et des richesses. Aucune cependant ne sera moins coûteuse, les membres de l'Assemblée d'administration se trouvant suffisamment payés par la satisfaction qu'ils envisagent dans l'utilité et dans l'importance des services qu'ils peuvent rendre (1).

On peut remarquer le ton d'aigreur qui règne dans ce Mémoire où Du Pont s'attachait à amoindrir le rôle

(1) *Archives nationales,* H. 1446.

et les services de la Société de Paris, et cet esprit de
dénigrement n'est pas une boutade irréfléchie, nous
le verrons s'exercer encore plus tard, et avec plus
d'âpreté. Malgré ses réserves et ses compliments, il
détestait Bertier de Sauvigny dont il était jaloux. Ceci
s'explique par ce qui se passait au sein de la Société
et Du Pont ne pouvait l'ignorer. Il était sans doute
instruit par l'abbé Lefebvre, qui vint, à cette époque,
se mettre à la disposition du Comité pour l'aider
dans ses travaux. Il fut admis avec l'empressement
que l'on accorde à un transfuge dont on peut attendre
des services sérieux.

Le duc de Béthune-Charost et ceux de ses collègues
qui, avec Lavoisier et Du Pont, avaient tenté, en 1784, de
donner à la Société de Paris une organisation plus large
et des moyens d'action plus efficaces, s'étaient vus joués
par Du Pont et Lavoisier. Ces derniers avaient accaparé,
au profit de leur ambition, la situation prépondérante
rêvée par leurs confrères. La Société se voyait reléguée
dans le domaine de la théorie et des discussions académiques, alors que quelques-uns de ses membres, plus
habiles, s'étaient réservé le mérite de la pratique ainsi
que les bénéfices de l'action directe sur le Gouvernement. Les jalousies s'étaient donc éveillées, et les dis-
sidents de la Société avaient été atteints d'une sorte
d'ostracisme. Deux documents, dont on ne saurait nier
la valeur, nous révèlent l'état dans lequel se trouvait
l'esprit des membres de la Société vis-à-vis de Lavoisier, de Du Pont et même de Tillet.

Dans le mémoire adressé à Lambert, et daté du
4 octobre 1787, que nous avons déjà cité, Cadet de
Vaux s'exprime ainsi :

« On avait proposé au Contrôleur général d'Ormes-
« son la création d'une Société générale d'agriculture
« qui n'a pas été réalisée. Alors, on a formé le Comité
« d'administration d'agriculture. Ce Comité devint un
« autel contre un autre autel (la Société de Paris).
« Cette Société a vu avec douleur ce Comité formé de
« membres qui lui sont en partie étrangers; *elle ne*
« *pardonne pas à ceux qu'elle comptait depuis long-*
« *temps parmi les siens d'avoir concouru à former cette*
« *association.* Plusieurs ont refusé d'y entrer par
« respect et par attachement pour leur Compagnie
« (Parmentier et Thouin). *Les membres du Comité*
« *sont mal vus à la Société; ils craindraient même*
« *d'y prononcer le mot de Comité; leur présence gêne.*
« *aussi la plupart d'entre eux ne fréquentent plus les*
« *séances...*

« L'intrigue, de petits intérêts particuliers ont mul-
« tiplié, sous l'administration de M. de Calonne, les
« établissements d'économie rurale (1). »

Dans un Mémoire que Turgot lira à la Société le
24 juillet 1788, et sur lequel nous reviendrons, on
trouve les passages suivants. Il s'agissait de l'article 16
de l'Ordonnance du 30 mai 1788 :

« Les membres du Comité qu'il (l'article 16) institue
« ne manqueront pas, pour le justifier, d'alléguer que,
« depuis peu d'années, il se tenait chez M. de Ver-
« gennes, neveu du ministre, un Comité où quelques
« membres de la Société royale étaient admis. Cet
« établissement était étranger à la Société, il n'en fai-
« sait pas partie. *On peut assurer que le petit nombre*

(1) *Archives nationales*, II. 1501.

« *des membres de la Société qui y prenaient séance,*
« *s'y étaient glissés sans son aveu.*

« L'état précaire dans lequel était alors la Société
« d'agriculture a empêché plusieurs de ses membres de
« réclamer contre (1)... »

On comprend pourquoi le Comité ne pouvait attendre
aucune aide de la Société de Paris, ainsi, du reste, que
des Sociétés de province qui se sentaient annihilées
par le Comité. En effet, saisi par M. de Vergennes de
Mémoires relatifs aux dîmes, au droit de parcours, à
la durée des baux, le Comité n'hésita pas à aborder ces
questions. Il cessait ainsi d'être une réunion de savants
et d'agronomes destinée à éclairer le Gouvernement
sur des questions techniques, comme l'avait entendu
le Contrôleur général de Calonne ; il devenait un Conseil
d'administration et de législation. Cette évolution
hardie, qui probablement ne déplaisait pas à M. de Vergennes, ne fut pas du goût de M. de Calonne, qui,
inquiet de cette attitude indépendante, se montra de
plus en plus avare de renseignements et surtout d'argent. En effet, lors de son début, le Comité avait obtenu
du Contrôleur général une allocation de trois mille livres
pour des essais d'agriculture à tenter auprès de Paris.
Malgré ses demandes réitérées, le Comité ne put obtenir ni une nouvelle allocation, ni la concession d'un
domaine pour les expériences qu'il se proposait d'exécuter. En outre, il lui était difficile de compter, pour
se mettre en relations avec les provinces et y répandre
les instructions qu'il rédigeait, soit sur les Sociétés
d'agriculture mal disposées, nous venons de le dire, à

____

(1) *Archives nationales*, H. 1501.

son égard, soit sur les Intendants et leurs subdélégués dont l'indifférence, pour ne pas dire le mauvais vouloir, finissait par se régler sur celle du Contrôleur général.

Pour sortir de ces embarras, le Comité, qui voulait réussir à tout prix, résolut de s'adresser au clergé, corps qui exerçait une certaine action sur les campagnes, et surtout aux Génovéfains, congrégation très intelligente et très répandue, et dont le Procureur général, l'abbé Lefebvre, était très lié avec Du Pont. L'abbé Lefebvre était un personnage remuant, ambitieux, mais d'un esprit vif et pratique. Or, à cette époque, Lefebvre avait conçu l'idée d'organiser une correspondance agricole, en s'adressant aux 110 maisons de son ordre et aux 610 prieurés-cures qui en dépendaient. Il avait préparé cette organisation en vue de seconder l'action de la Société d'agriculture de la Généralité de Paris dont il était membre ; mais voyant « l'état précaire de la Compagnie », comme l'a dit Turgot, il crut plus utile de mettre cette organisation à la disposition du Comité. Cette proposition fut acceptée avec empressement, et Lefebvre, admis, le 24 avril 1786, au nombre des membres du Comité, se mit à l'œuvre, rédigea un modèle de questionnaire ainsi qu'une circulaire qu'il adressa à tous les ecclésiastiques relevant de son ordre ou qui y étaient affiliés.

À cette recrue, qui apportait une si utile collaboration au Comité, Du Pont et Lavoisier parvinrent à en joindre une seconde. Le duc de Liancourt, cédant à leurs conseils et à leurs sollicitations, assista à dix séances, du 24 avril 1786 au 9 mars 1787. Toutefois, le concours du duc de Liancourt n'eut qu'une importance très secondaire, et sa retraite, à partir du 9 mars 1787, est probablement due à l'influence de ses amis et parents, le duc de La Rochefoucauld et le duc de Béthune-Charost, qui le ramenèrent au sein de la Société.

Avec une activité qu'aucun obstacle ne semblait devoir arrêter, le Comité avait touché à presque tous les problèmes qui préoccupaient alors les savants et les hommes d'État. Le Ministre pensa-t-il que le Comité avait outrepassé ses pouvoirs? Le Comité lui-même s'effraya-t-il de sa hardiesse? On ne sait; mais la remise d'un Mémoire sur les réformes, approuvé dans la séance du 24 février 1787, ne fut suivi d'aucune démarche nouvelle jusqu'à la chute du Contrôleur général de Calonne, qui eut lieu le 8 avril suivant. Lavoisier avait été trop audacieux.

Bouvard de Fourqueux, qui remplaçait de Calonne, ne fit qu'apparaître au Contrôle général, puisque, nommé le 23 avril, il était remplacé, dès le 8 mai, par Laurent de Villedeuil; puis, le 17 juin, M. de Vergennes était lui-même congédié, et le département de l'Agriculture, qui passa de Lubert à de Vaudran, premier commis aux Finances, était classé parmi les attributions dont le Ministre se réservait la direction. Le nouveau Contrôleur général avait convoqué le Comité pour le 31 juillet. A cette séance, Lavoisier lut un Mémoire dont l'importance est capitale et dont nous devons faire connaître les principaux objets.

Après avoir exposé l'origine du Comité d'administration de l'Agriculture, le plan de ses travaux, les obstacles qui avaient, jusqu'alors, paralysé ses efforts, c'est-à-dire les demandes de fonds qui, n'ayant obtenu aucune réponse, avaient entravé l'application de vues ingénieuses et des travaux pratiques d'une grande importance pour l'agriculture. Lavoisier exposait ainsi les causes politiques et sociales de notre infériorité agricole :

« Le défaut de lumières et d'instruction ne sont pas « les seules causes qui s'opposent en France aux pro-« grès de l'agriculture ; c'est dans nos institutions et « dans nos lois qu'elle trouve des obstacles plus réels « et le Comité a cru pouvoir s'en occuper *dans le secret* « *et la confiance de l'Administration.* »

Puis, précisant, il ajoutait que ces obstacles consistaient dans l'arbitraire de la taille, la mauvaise assiette et la perception tracassière des impôts de consommation, les champarts, les dîmes féodales et ecclésiastiques qui enlèvent au cultivateur le plus net de son bénéfice, la banalité des moulins, le droit de parcours, les retenues d'eau qui empoisonnent l'air et transforment en marécages des terres productives, enfin les entraves de toutes sortes qui paralysent l'exportation, et, par conséquent, la production des grains. Les impôts et les droits féodaux étant la principale cause des souffrances, non seulement des cultivateurs, mais encore des citoyens autres que les privilégiés, c'était au Contrôle général, et spécialement au département de l'Agriculture, qu'il appartenait de préparer les réformes devenues nécessaires et urgentes. Aussi, l'organisation définitive de ce département était une dépense que l'on ne devait point hésiter à faire. Le Comité déjà existant resterait un Comité consultatif ; il conserverait le privilège de désigner lui-même les nouveaux membres au choix du Ministre ; mais il serait institué par un arrêt du Cons..., et autorisé à correspondre avec les Assemblées provinciales et les Assemblées d'arrondissement.

On remettrait en activité les différentes sociétés d'agriculture du royaume: on en créerait même de nouvelles qui serviraient d'auxiliaires aux Assemblées provinciales, sous la direction du Comité d'administration. C'était le ministère de l'Agriculture constitué dans le Contrôle général.

En terminant, Lavoisier disait : « On ne s'est pro-
« posé d'autre objet que de rappeler à l'Administration
« qu'il existe un « département » de l'Agriculture, que
« ce département est à peine naissant, mais qu'il attend
« qu'une main habile lui donne une constitution,
« comme M. Trudaine le père en a donné une à celui
« du Commerce. C'est au génie seul qu'il appartient de
« former de ces établissements durables qui survivent
« à la révolution des temps, des ministères et des
« règnes, qui conservent une unité de principes et d'in-
« tentions au milieu de la diversité d'opinion des indi-
« vidus qui se succèdent, et qui préparent la prospé-
« rité des générations à venir, malgré les fautes mêmes
« que l'Administration pourrait commettre (1). »

Loménie de Brienne, le véritable chef du Gouvernement, n'aimait pas l'opposition, si discrète qu'elle pût être. Il entrevit sans doute que la réorganisation d'un Comité qui n'avait pas hésité à outrepasser ses pouvoirs, alors qu'il n'était qu'une simple Commission tenant son investiture d'un arrêté ministériel, n'hésiterait pas à s'arroger la direction des affaires, si

____

(1) *Archives nationales*, II. 1446.

ce Comité tenait ses pouvoirs, déjà fort étendus, de la sanction royale. Aussi, aucune réponse ne fut faite au Mémoire de Lavoisier. Après cinq séances où les questions politiques furent soigneusement écartées, le Comité se sépara le 18 septembre pour ne plus se réunir.

Le 31 août 1787, un Conseiller au Parlement, membre du Comité, Lambert, avait succédé à Laurent de Villedeuil, Contrôleur général démissionnaire. Il n'était, à proprement parler, que le premier commis de Loménie de Brienne. Ce fut lui qui prononça la déchéance du Comité, en en suspendant les séances.

Toutefois, il y eut un moment d'hésitation, et Lambert crut devoir faire étudier les conclusions du rapport de Lavoisier. Par son ordre, Tarbé, qui venait de remplacer de Vaudran, à la tête du département de l'Agriculture, réduit alors à un seul Bureau, fut chargé de rédiger un projet d'arrêt qui avait pour objet de créer un Comité de quatorze membres, dont quatre membres du Conseil royal, quatre de l'Académie des sciences, quatre propriétaires agriculteurs, un secrétaire et un secrétaire adjoint. Un exposé des motifs, devait précéder ce projet d'arrêté. C'était une dernière manœuvre de Du Pont, un effort désespéré de Lavoisier. Berryer (1), fils de l'ancien ministre de la Marine, à qui tous les documents avaient été communiqués pour avis, présenta à Lambert la note suivante sur la constitution projetée d'un Comité d'administration de l'agriculture :

« Peut-être faudrait-il changer, dans le préambule,

____

(1) Berryer père avait exercé comme Ministre de la Marine, du 1ᵉʳ novembre 1758 au 14 octobre 1761.

« ce qui regarde la Société d'agriculture de Paris et le
« commencement de la formation du Comité. L'expo-
« sition des faits n'y est pas entièrement exacte et la
« ligne de séparation entre la partie scientifique qui est
« du ressort des Académies, et l'administration que
« le Gouvernement veut et doit se réserver, n'y parait
« pas assez nettement établie.

« La Société d'agriculture a été loin, dans son ori-
« gine, d'avoir acquis autant de célébrité et d'avoir
« fait des travaux aussi utiles que celles de Bretagne,
« de Rouen, d'Orléans, de Tours et de Limoges. Elle
« a langui trois ans, de 1760 à 1763, et elle a ensuite
« totalement interrompu ses séances depuis 1763 jus-
« qu'en 1784. Il n'y a pas à cela de quoi la vanter.

« Ce n'est qu'en 1784 que M. l'Intendant de Paris,
« s'étant procuré des fonds, lui a rendu son activité.
« Les fonds ayant été abondants, l'activité a été grande
« et les succès distingués, et la Société d'agriculture
« de Paris est actuellement une des premières de
« l'Europe.

« Quant à son désintéressement, il n'y a rien à en
« dire. Elle n'a certainement pas montré d'activité ;
« mais on lui a donné de fort beaux jetons, on a fait
« un traitement à son secrétaire, on lui a donné
« l'administration d'une grande ferme achetée pour
« elle, on a fait toutes les dépenses qu'elle a jugées
« utiles. En cela on a très bien fait et l'on croit
« qu'il faut continuer, mais c'est le mot qu'on
« juge inutile. Si ce mot pouvait être employé (et l'on
« croit qu'il y a plus de dignité à ne pas louer le
« désintéressement dans les hommes publics, non
« plus que le courage chez les hommes de guerre et

« à regarder ces qualités comme des vertus ordinaires
« et communes), si l'on croyait devoir l'employer, il
« serait plus applicable aux membres du Comité qui,
« presque tous, étaient surchargés d'autres affaires et
« d'autres travaux, qui n'ont reçu ni jetons, ni trai-
« tement d'aucune espèce, qui même ont fait, à
« leurs frais, un fonds pour l'encouragement des
« filatures et du blanchiment des toiles relatif au
« projet que le Comité avait formé en faveur de la
« culture du lin.

« On pense encore qu'il ne faut pas donner la
« Société d'agriculture de Paris comme un motif de
« l'établissement du Comité d'Administration et qu'il
« faut nettement déterminer la différence essentielle
« de leurs fonctions (1). »

Dans ce factum, où l'inexactitude des faits l'emportait sur l'exposé des motifs rédigé par Tarbé, on voit
percer, au milieu des éloges qu'il accorde à la Société,
le sentiment de rancune et de jalousie que Du Pont
éprouvait contre Bertier de Sauvigny et contre toute la
Compagnie dont il faisait partie. Toutefois, le succès
qu'il croyait avoir atteint lui échappa. Il est probable
que les membres de la Société, qui jouissaient d'une
influence sérieuse auprès du Roi, firent des démarches,
sinon auprès de Louis XVI, au moins auprès de Loménie
de Brienne qui était membre de la Société de Paris, me-
naçant même de cesser leurs réunions s'il était donné
suite au projet de réorganisation du Comité. Cette dernière résolution était de nature à créer de graves
embarras au Ministère, à cause de l'influence exercée

_____

1. *Archives nationales*, H. 1501.

par certains membres sur le roi qui s'intéressait, du reste, beaucoup plus aux travaux de la Société qu'aux travaux du Comité. Loménie de Brienne céda donc et avec lui Lambert. Aussi, dès les premiers jours d'octobre, ce dernier renonçait aux projets de Lavoisier et de Du Pont, touchant la réorganisation du Comité et s'adressait à Cadet de Vaux, avec lequel il était lié, pour mettre fin aux embarras que ces tiraillements créaient au Gouvernement, en réunissant, si possible, la Société d'agriculture avec le Comité, sans tomber dans les inconvénients signalés par Du Pont à Calonne.

En effet, dans une lettre adressée, le 3 octobre 1787, à Lambert par Cadet de Vaux, nous lisons : « J'aurai « l'honneur de me présenter demain à votre audience « pour vous entretenir d'un objet qui intéresse la « Société d'agriculture. Je vous demande la permis- « sion de me présenter un quart d'heure avant l'ou- « verture de l'audience, ayant à suivre, à Dugny, une « expérience du plus grand intérêt. C'est un semoir « fort simple, adopté par 500 fermiers anglais et qui « économise les trois quarts de la semence (1). »

Deux jours après, Cadet de Vaux remettait à Lambert la lettre suivante, à laquelle était jointe une note dont nous donnons également le texte :

Monsieur, j'ai l'honneur de vous adresser les observations que vous avez bien voulu me charger de rédiger.

Aucune de vos objections ne m'a échappé; mais, en me les faisant, vous avez eu la bonté de me fournir les moyens de les résoudre, et ce sont vos propres idées que je vous présente sur la réunion de la Société d'agriculture et du Comité d'agriculture.

Ce plan, qui remédie à tout, était digne de l'esprit de justice

1, *Archives nationales*, II. 1501.

et de conciliation qui vous caractérisent, et votre expérience dans le maniement des hommes et des affaires en assure le succès.

Je ne doute pas, Monsieur, que si cette réunion n'avait pas lieu, que la Société ne reprît plus ses séances à la rentrée prochaine, tant les esprits sont aliénés.

Je me rappelle, Monsieur, votre mot d'hier : *Intérêt ou Considération*. La Société ne veut et ne peut prétendre qu'à de la considération et la consistance que prendrait le Comité serait pour elle le comble de l'humiliation.

Veuillez bien, Monsieur, ne pas oublier que vous en êtes membre ; mais, tout motif qui ne vous est que personnel, cesse d'en être un auprès de vous ; je n'en ferai donc pas valoir d'autre que celui du bien public. Je suis, etc. (1).

Dans la note, dont nous ne donnons ici qu'un extrait nécessaire pour connaître exactement l'état des esprits et la situation des choses. Cadet de Vaux s'exprimait ainsi :

Formées à l'époque où les économistes cherchaient à établir leur système, toutes se sont occupées de l'impôt, du produit net et d'un grand nombre d'objets non moins étrangers à l'agriculture proprement dite.

On avait proposé au Contrôleur général d'Ormesson la création d'une Société générale d'agriculture qui n'a pas été réalisée. Alors, on a formé le Comité d'administration d'agriculture. Ce Comité devint un autel contre un autre autel (la Société d'agriculture de Paris). Cette Société a vu, avec douleur, ce Comité formé de membres qui lui sont en partie étrangers ; elle ne pardonne pas à ceux qu'elle comptait depuis longtemps parmi les siens, d'avoir concouru à former cette association. Plusieurs ont refusé d'y entrer par respect et par attachement pour leur Compagnie. Les membres du Comité sont mal vus à la Société ; ils craindraient même d'y prononcer le mot de Comité ; leur présence gêne ; aussi la plupart d'entre eux ne fréquentent plus les séances.

Si cet état de choses subsistait, le zèle de la Société s'attiédirait ; le corps savant offensé, sans considération, tomberait dans l'inertie, et on serait privé des effets de son heureuse activité.

(1) *Archives nationales*, H. 1501.

L'intrigue, de petits intérêts particuliers ont multiplié, sous l'Administration de M. de Calonne, les établissements d'économie rurale. On a vu créer alors une classe d'agriculture à l'Académie des Sciences qui s'est emparée, sous ce prétexte, de quatorze mille livres destinés comme fonds annuel à la Société générale d'agriculture. Un Comité s'est formé à la même époque et sollicite aujourd'hui une consistance aux dépens de celle de la Société qui, plus ancienne, ne demande, pour elle et les Comices agricoles qu'elle a créés, qu'une existence honorable.

En terminant. Cadet de Vaux déclarait que la Société de la Généralité de Paris, dans laquelle on fondrait le Comité, devait être réorganisée sur des bases plus larges. On pourrait, disait-il, la transformer en une Société générale qui correspondrait avec les autres sociétés d'agriculture. sauf à prendre certaines précautions pour assurer le secret des délibérations, touchant les affaires du Gouvernement (

Lambert ne s'en tint pas à ce seul avis. Pressé par Du Pont, à qui sa nomination comme membre de l'Assemblée des Notables donnait une certaine prépondérance, le Contrôleur général consulta une seconde fois Berryer, qui, dans un long Mémoire, exposa que les lois agraires demandaient à être réformées, que les travaux d'administration par lesquels serait faite la revision de ces lois, ne pouvaient être exécutés que par un petit nombre de personnes et rester secrets ; mais que la Société d'agriculture de Paris viendrait très utilement en aide au Gouvernement par l'expérience incontestable de ses membres et par ses instructions techniques ; que, dès lors, il y avait lieu de rattacher cette Société à la réforme projetée (2).

(1) *Archives nationales*, II. 1501.
(2) *Archives nationales*, II. 1501.

L'affaire fut portée au Conseil royal ; mais la réunion de l'Assemblée des Notables occupa trop les Ministres pour qu'ils pussent arrêter promptement une décision ; celle-ci, en effet, ne fut délibérée et prise qu'en mai 1788, par un règlement qui transforma la Société créée par Bertin en 1761.

Cadet de Vaux avait dit la vérité : Maintenir la lutte ouverte entre les membres du Comité et de la Société d'agriculture c'était perpétuer les animosités qui avaient éclaté entre des personnalités les unes et les autres dévouées à l'agriculture. Les événements politiques exigeaient qu'on réglât définitivement ces différends. Du moment que le Gouvernement s'occupait de ce règlement, il est clair qu'il devait être amené à s'inspirer des idées qui fermentaient dans les bureaux du Contrôle général. Le baron de Breteuil, ministre d'État qui avait pris la succession de ' ·e de la Vrillière dans la Généralité de Paris, d'Ormesson qui était revenu au Conseil d'État et Tarbé qui avait reçu la direction du service de l'Agriculture au Contrôle général, après avoir consulté Lavoisier et Dupont préparèrent un rapport et le règlement du 30 mai 1788 que le baron de Breteuil fit signer par Louis XVI. La Société d'agriculture paraissait l'emporter puisqu'elle devenait institution royale subventionnée par le Trésor ; mais au fond elle perdait une partie de son indépendance par la création d'un directeur qui conservait, dans son sein, la prétention et l'action de l'ancien Comité, son rival détesté. Dès lors, la maîtrise de l'Intendant de Paris s'affaiblit. L'autorité de Bertier de Sauvigny fut minée et contreminée par les influences du Contrôle général. Le signe de cette évolution administrative fut la décision qui

enleva à l'Intendant de Paris la direction de l'école
d'Alfort et de la ferme de Maisonville pour l'attribuer
à un Intendant des Finances; mais il suffisait qu'il
restât Intendant de Paris pour qu'il lui fût réservé le
moyen de continuer l'administration agricole de sa
Généralité. Peu lui importait : il restait, comme par le
passé, un des premiers de la Cour et le favori de la
reine. L'associé de la Société d'agriculture n'en était
pas moins, en 1788, le conseiller du roi en ses conseils, maître des requêtes ordinaires de son hôtel,
surintendant des maisons, finances, domaines et affaires
de la reine, et Intendant de police, justice et finances
de la Généralité de Paris.

CHAPITRE IV

Le Règlement du 30 mai 1788 était précédé du rapport suivant que présenta au roi le baron de Breteuil ministre d'État.

Les quatre Bureaux de la Société royale d'agriculture de la Généralité de Paris, Paris, Meaux, Beauvais et Sens, étaient tombés dans l'inaction, et même celui de Paris, qui s'était soutenu plus longtemps, ne se réunissait plus, lorsque M. l'Intendant de Paris chercha, il y a trois ou quatre ans, à lui rendre son activité.

La sécheresse générale de 1785 a prouvé que l'existence et l'activité de la Société pouvaient être utiles. Elle a rédigé, par ordre du Gouvernement, des instructions sur les moyens de remplacer les fourrages ordinaires par d'autres végétaux, sur la culture des turneps, sur celle de la betterave champêtre ou racine de disette, sur les moyens de multiplier les engrais et sur le parcage des moutons.

Grâce aux libéralités de l'Assemblée provinciale, elle a pu ouvrir des concours, décerner des prix et couvrir les dépenses de ses assemblées.

Ces circonstances et le bien même de la chose semblent devoir déterminer Votre Majesté à soumettre la Société d'agriculture de Paris à l'inspection immédiate du Gouvernement. Ses séances se tiendraient dans l'une des salles de l'hôtel de ville, elle deviendrait Société royale d'agriculture et le centre commun des connaissances relatives à la science de l'économie rurale et le lien de correspondance des différentes Sociétés d'agriculture du royaume.

On se propose, enfin, de lui accorder annuellement une subvention de douze mille livres imputable sur les produits du droit de sortie des grains.

Voici le texte même du règlement :

« Le roi s'étant fait représenter l'arrêt de son
« Conseil du premier mars 1761, portant établissement
« d'une Société d'agriculture dans la Généralité de
« Paris, s'est fait rendre compte des nouvelles dispo-
« sitions qui ont perfectionné, depuis quelques années,
« le régime intérieur de cette Société, des travaux
« utiles auxquels elle s'est livrée, de la correspon-
« dance qu'elle a établie avec des propriétaires et cul-
« tivateurs distingués des différentes provinces du
« royaume, et avec des savants étrangers ; enfin, des
« différents prix qu'elle a proposés et décernés pour
« l'encouragement de l'agriculture. Sa Majesté a vu,
« avec satisfaction, tout le bien que cette réunion in-
« téressante de cultivateurs éclairés, de savants utiles
« et de riches propriétaires avait déjà opéré et devait
« produire encore pour améliorer les divers genres
« de culture, en perfectionner les procédés, répandre
« partout l'instruction et l'exemple, et enfin, de plus
« en plus, mettre en honneur l'agriculture, le premier
« des arts et la source de la félicité et de la prospérité
« publiques ; en conséquence, Sa Majesté, pour donner
« à la Société d'agriculture de la Généralité de Paris
« de nouvelles preuves de sa protection et de sa bien-
« veillance, a jugé à propos d'en former le centre
« commun et le lien de correspondance des différentes

« sociétés d'agriculture du royaume, et de procurer
« à cet établissement le développement, la stabilité,
« et enfin les moyens nécessaires pour en accroître
« l'utilité et en assurer les succès. A quoi, voulant
« pourvoir, Sa Majesté a ordonné ce qui suit :

« Art. 1er. — La Société d'agriculture, établie par
« l'arrêt du Conseil du 1er mars 1761, sera désormais
« connue sous le titre de *Société Royale d'agriculture*,
« et elle tiendra ses séances dans les salles de l'Hôtel
« de Ville de Paris, qui seront à ce destinées.

« Art. 2. — La Société sera composée de quarante
« associés ordinaires, étant à portée, par leur rési-
« dence, de se rendre régulièrement aux Assemblées,
« et de quarante associés étrangers, choisis hors du
« royaume. Entend, néanmoins, Sa Majesté que tous
« les associés ordinaires actuels conservent leur rang
« et séance dans les assemblées de ladite Société, sauf
« à ne faire aucun remplacement jusqu'à ce que le
« nombre desdits associés ordinaires soit réduit à
« quarante. La Société pourra, en outre, se choisir,
« indépendamment de ses relations avec les diverses
« sociétés d'agriculture des provinces, cent vingt cor-
« respondants régnicoles, et des correspondants étran-
« gers, en tel nombre qu'elle jugera convenable.

« Art. 3. — Le Prévôt des marchands, le premier et
« le second Échevins et le Procureur du roi de la
« ville de Paris, l'Intendant de la Généralité de Paris,
« le Président de l'Assemblée provinciale de l'Ile-de-
« France, deux des membres de la Commission inter-
« médiaire de ladite Assemblée, et les deux Procu-
« reurs-syndics provinciaux seront associés ordinaires-
« nés de la Société, qui ne pourra au surplus être

« présidée que par son Directeur ou Vice-Directeur.

« Art. 4. — La Société royale d'agriculture aura
« pour officiers un Directeur, un Vice-Directeur, un
« Agent général et un Secrétaire perpétuel, qui seront
« toujours choisis parmi les quarante associés ordi-
« naires, désignés par l'article 2 ; le Directeur sera en
« exercice pendant un an ; il sera remplacé, l'année
« suivante, par le Vice-Directeur, et, pour remplacer
« ce dernier, il sera procédé, tous les ans, par la voie
« du scrutin, à une nouvelle élection d'un Vice-Direc-
« teur, dans les quinze derniers jours du mois de
« décembre.

« La place d'Agent général sera remplie par le sieur
« abbé Lefebvre, procureur général de la Congrégation
« de France, et celle de Secrétaire perpétuel par le
« sieur Broussonet, membre de l'Académie des sciences.
« En cas de vacance par mort, démission, ou autre-
« ment, la Société pourvoira au remplacement de ces
« officiers par la voie du scrutin, et présentera trois
« sujets à Sa Majesté.

« Art. 5. — Les fonctions du Directeur seront de
« proposer les matières à traiter dans chaque séance,
« de veiller au maintien du bon ordre, de nommer des
« Commissaires pour l'examen des observations, mé-
« moires et ouvrages présentés à la Société, de mettre
« les affaires en délibération, de recueillir les avis, et
« de prononcer, à la pluralité des voix, les délibéra-
« tions, dans lesquelles néanmoins pourront être énon-
« cés les avis qui n'auront point obtenu la majorité, et
« même les motifs de ces avis, sur la demande de ceux
« dont l'opinion n'aura point prévalu. Dans le cas
« d'absence du Directeur, il sera remplacé par le Vice-

« Directeur, et si tous les deux se trouvaient absents,
« le plus ancien des membres présidera la séance et
« recueillera les voix.

« Art. 6. — L'Agent général de la Société sera chargé
« de la manutention et emploi des fonds étant à la
« disposition de la Société royale d'agriculture, et de
« ceux provenant d'offres et contributions volontaires;
« il aura aussi en sa garde les livres, les machines, et
« généralement tous les effets appartenant à la So-
« ciété, lesquels seront déposés dans une salle parti-
« culière. L'Agent général présentera, tous les trois
« mois, le bordereau, signé de lui, des fonds qui lui
« auront été remis et de ceux qu'il aura employés, à
« un Comité particulier, composé des officiers et de
« deux associés ordinaires qui seront élus au scrutin
« au commencement de chaque année.

« Art. 7. — Le Secrétaire perpétuel tiendra les re-
« gistres des séances, y inscrira les délibérations de la
« Compagnie, conservera en dépôt les différentes
« pièces qui lui seront remises, recueillera les obser-
« vations et faits intéressants qui seront communiqués
« verbalement dans les Assemblées, signera tous les
« actes émanés de la Société, présentera tous les ans
« à la séance publique l'histoire des travaux de la Com-
« pagnie, et entretiendra la correspondance avec les
« autres Sociétés d'agriculture. Dans le cas où il serait
« forcé de s'absenter, il sera remplacé par l'Agent
« général de la Société, ou tel autre membre de
« l'Assemblée nommé à cet effet par le Directeur.

« Art. 8. — La Société tiendra ses séances les jeudis
« de chaque semaine, excepté pendant le temps des
« vacances, qui commenceront au premier septembre

« et finiront au jeudi après la Saint-Martin inclusive-
« ment, et, en outre, pendant la quinzaine de Pàques,
« la semaine de la Pentecôte, et depuis Noël jusqu'aux
« Rois.

« Art. 9. — Les membres de l'Assemblée se réuni-
« ront, savoir : depuis la Saint-Martin jusqu'à Pàques,
« depuis cinq heures du soir jusqu'à sept heures ; et.
« pendant le reste de l'année, depuis cinq heures et
« demie jusqu'à sept heures et demie.

« Lorsque le jeudi sera un jour de fête, la séance se
tiendra le lendemain.

« Art. 10. — Chaque associé ordinaire, en entrant
« dans la salle d'Assemblée, écrira son nom sur un
« registre composé d'autant de feuillets qu'il y aura
« de jours de séances dans l'année : à cinq heures et
« demie précises en hiver, et à six heures en été,
« l'Agent général présentera 'e registre au Président
« de l'Assemblée qui tirera une barre au-dessous des
« signatures, et il ne sera distribué de jetons, à la fin
« de la séance, qu'aux seuls membres dont les noms
« se trouveront inscrits au-dessus de la barre. Les
« associés étrangers qui, pendant leur séjour à Paris,
« assisteront aux séances de la Société, seront, sous
« tous les rapports, assimilés aux associés ordinaires.

« Art. 11. — Les correspondants pourront assister
« aux séances de la Société ; mais ils n'y auront point
« voix délibérative, et ne participeront point à la
« distribution des jetons, à moins qu'ils ne soient
« correspondants étrangers.

« Art. 12. — Les Intendants des différentes pro-
« vinces, et les présidents des Assemblées provin-
« ciales qui se trouveront à Paris, seront invités à

« assister aux séances de la Société, lorsqu'il devra y
« être discuté quelques objets intéressant leur pro-
« vince.

« Art. 13. — Chaque séance commencera par la
« lecture qui sera faite, par le Secrétaire perpétuel, du
« plumitif de l'Assemblée précédente, lequel plumitif
« sera signé par l'officier président, et contresigné
« par ledit Secrétaire perpétuel. Il rapportera les
« lettres qui auront été adressées à la Société, et
« rendra compte des différents envois. Il sera ensuite
« fait lecture des rapports, mémoires et observations
« dont la Société jugera à propos de s'occuper. Nul
« membre ne pourra lire un mémoire, un rapport, ou
« des observations, sans en avoir prévenu, avant la
« séance, l'officier présidant l'Assemblée, et lui en
« avoir donné communication.

« Art. 14. — Les seuls écrits des associés ordi-
« naires seront discutés dans les séances : à l'égard des
« Mémoires des associés étrangers, des correspondants
« et des savants étrangers, il sera nommé par le Direc-
« teur deux commissaires, au moins, pour en faire
« l'examen dans un des comités mentionnés en l'ar-
« ticle 15 ci-après, et ensuite le rapport, ou la lecture,
« à l'Assemblée. Les ouvrages des associés ordinaires
« seront, immédiatement après la lecture, et ceux des
« associés étrangers, correspondants et autres, aus-
« sitôt leur présentation, remis au Secrétaire per-
« pétuel, pour être par lui paraphés et inscrits sur le
« plumitif.

« Les auteurs compteront de cette époque, la date
« leurs découvertes.

« Art. 15. — Les objets qui exigeront une attention

« particulière, seront préalablement traités dans des
« comités qui se tiendront extraordinairement aux
« jours et heures qui auront été convenus. Il en sera
« formé deux, chaque année, l'un pour examiner et
« arrêter tout ce qui devra être lu dans les séances
« publiques, et l'autre pour l'examen des pièces des-
« tinées à concourir pour les divers prix proposés, et
« dont le rapport sera ensuite soumis à toute la Société
« réunie, avant que les prix soient décernés.

« Les membres qui devront composer ces deux
« comités, auxquels les officiers de la Société pour-
« ront toujours assister, seront proposés par le Direc-
« teur à la Société, dans la première séance de chaque
« année.

« ART. 16. — Il sera aussi formé, dans la Société, un
« comité composé de huit membres, pour l'examen
« des objets d'agriculture ou d'économie rurale intéres-
« sant l'Administration, sur lesquels le Gouvernement
« jugera à propos de consulter ce comité. Le choix des
« membres dont il sera composé sera à la nomination
« du sieur Contrôleur général des finances (1).

« ART. 17. — La Société tiendra, chaque année,
« avant le 1er juin, une séance publique, où les prix
« seront distribués et les programmes annoncés, et
« dans laquelle le Secrétaire perpétuel lira l'exposé
« des travaux de la Société pendant le courant de
« l'année précédente. Ces objets, ainsi que les
« Mémoires que quelques membres voudraient y

(1) Par une lettre lue le 10 juillet 1788 à la première séance tenue par
la Société à l'Hôtel de Ville, le Contrôleur général informa la Compagnie qu'il avait désigné pour composer le Comité prévu par l'article 16
du règlement, les sieurs Tillet, Desmarests, Dailly, Lefebvre,
Thouin (André), Lavoisier, Du Pont et Broussonet.

« porter, seront lus auparavant dans une séance par-
« ticulière du Comité désigné en l'article 15.

« ART. 18. — Les associés ordinaires qui seront
« obligés de s'absenter pendant plus d'un an, en pré-
« viendront la Société; et, s'ils sont deux ans sans
« assister aux séances ou entretenir quelque relation
« avec la Société, leurs places seront déclarées
« vacantes et leurs noms inscrits sur la liste des
« associés vétérans.

« ART. 19. — Toutes les élections aux places
« vacantes des officiers seront faites au scrutin, à la
« pluralité des voix. L'on procédera, pour remplir les
« places d'associés ordinaires et étrangers, de la
« manière suivante : Pour chaque place vacante, les
« officiers présenteront à l'Assemblée une liste des
« sujets éligibles, d'après les dispositions de l'article
« 20 ci-après : il sera ensuite nommé deux vérifica-
« teurs du scrutin, et il sera procédé à la nomination
« du membre à élire entre les sujets indiqués à l'As-
« semblée. Les concurrents ne feront pas de visites
« aux membres pour demander leurs suffrages; mais
« il sera nécessaire qu'ils aient témoigné leur désir à
« un des officiers de la Société qui le certifiera à l'As-
« semblée, et que, d'ailleurs, ils aient composé quel
« ques ouvrages ou Mémoires d'agriculture, ou aient,
« soit de grandes possessions, soit une exploitation
« considérable, dans lesquelles ils justifient avoir fait,
« avec succès, des essais et expériences reconnus
« utiles.

« ART. 20. — Aucune personne ne pourra aspirer
« à être correspondant de la Société, qu'elle ne se soit
« d'abord fait connaître par deux Mémoires au moins

« relatifs à l'agriculture ou l'économie rurale. Les
« sujets pour les places de correspondance, seront
« proposés par les différents membres de la Société ;
« mais il ne sera procédé à aucune nomination qu'un
« mois au moins après que les propositions auront
« été admises ; et, huit jours avant la séance indiquée
« pour l'élection, le Secrétaire perpétuel lira la liste
« des personnes proposées, entre lesquelles le choix
« se fera au scrutin.

« Art. 21. — Aucun membre ne pourra prendre en
« tête des ouvrages qu'il publiera, le titre d'associé ou
« correspondant de la Société, à moins que ses écrits
« n'aient été auparavant approuvés par elle, d'après le
« rapport des Commissaires nommés pour en faire
« l'examen.

« Art. 22. — Pour encourager les cultivateurs
« qui auront rempli les vues de la Société, et donner
« une marque de distinction aux propriétaires qui auront
« favorisé, d'une manière spéciale, l'Agriculture, il
« leur sera décerné une médaille d'or aux séances
« publiques. Le nom de la personne à qui la médaille
« aura été décernée, sera inscrit autour de cette
« médaille.

« Art. 23. — Il sera publié, tous les trois mois, un
« volume renfermant l'histoire de la Société, les obser-
« vations et les faits isolés recueillis dans les séances,
« les Mémoires des associés et correspondants, ainsi
« que ceux des étrangers, en ajoutant, après le nom
« de l'auteur, celui du membre de la Société qui
« l'aura communiqué. L'histoire et les extraits des
« séances seront mis en ordre par le Secrétaire per-
« pétuel.

« Fait et arrêté au Conseil du roi, Sa Majesté y
« étant, tenu à Saint-Cloud, le 30 mai 1788 : le Baron
« de Breteuil. »

Arrêtons-nous un instant pour examiner ce règlement.

C'était une reproduction, corrigée, des Lettres
patentes du 3 septembre 1784, une sorte de transaction
entre ceux qui cherchaient à constituer une association chargée d'éclairer le Gouvernement sur toutes les
questions, même les questions politiques et sociales
intéressant l'agriculture, et ceux qui voulaient réserver à un Comité spécial l'étude de ces dernières questions. Ainsi, l'ordonnance donnait une satisfaction
plus apparente que réelle, aux membres qui avaient
poursuivi naguère l'organisation d'une Société générale, et l'on verra plus loin les motifs qui avaient fait
écarter les ministres et les hauts fonctionnaires que
les Lettres-patentes de 1784 introduisaient dans la Société générale; mais, la Société royale d'agriculture
demeurait réduite aux discussions académiques, ne
gagnant d'autre avantage que celui de voir consacrer,
par la sanction royale, le droit de correspondance avec
les autres sociétés. En fait, sinon en droit, le Gouvernement lui avait déjà concédé cet avantage, quoi qu'en
ait dit Du Pont dans le rapport lu au Comité d'administration le 26 mars 1786. Elle était considérée officiellement comme le centre commun des associations
provinciales, avec la mission de leur demander compte
de leur travail, d'exciter leur émulation, de diriger
leurs recherches dans un même esprit, attributions
que lui avait refusées Du Pont dans le même rapport,

pour les réserver au Comité d'administration d'agriculture.

Mais, si la Société avait obtenu ce léger avantage, si elle avait vu disparaître officiellement le Comité d'administration d'agriculture, elle n'était point, en réalité, délivrée de ce rival détesté qui avait pénétré dans son sein.

En effet, 1° l'article 5 exigeait que, dans les délibérations, l'avis, ainsi que les motifs de l'avis de la minorité, fussent énoncés dans le procès-verbal de ces délibérations, et cette minorité, qui devait parfois se composer des anciens membres du Comité, obtenait ainsi de faire placer, sous les yeux du Ministre, le texte officiel de leur opinion, pour agir ensuite auprès de l'administration, afin d'obtenir que cette opinion fût prépondérante.

2° L'article 16 souleva un vif sentiment de réprobation parmi les membres de la Société. Il n'était, en définitive, que la reconstitution du Comité d'administration d'agriculture, et celui-ci restait toujours indépendant de la Société et maître absolu du terrain, puisque la nomination de ses membres était dévolue au Contrôleur général seul, et qu'ainsi on étouffait la voix de la Société dans les questions les plus intéressantes, celles des réformes financières, politiques et sociales que réclamait, non seulement l'agriculture, mais encore la grande majorité des citoyens.

3° Enfin, l'introduction de dix associés-nés, dont la plupart étaient des fonctionnaires, tendait à altérer ou modifier l'opinion de la Société dans les questions que le Gouvernement pouvait lui soumettre. Bien que, par le nombre et la qualité de ces membres, cette

immixtion du pouvoir présentât moins d'inconvénients
que l'organisation donnée à la Société générale par
les Lettres-patentes de 1784, elle n'en était pas moins
regrettable, puisqu'elle tendait à fausser dans une certaine mesure, si restreinte fût-elle, l'avis de la Société

La Société comptait cinquante-neuf associés ordinaires, soit dix-neuf de plus que le chiffre réglemen-
taire, mais ils furent maintenus par application de
l'article 2 du Règlement du 30 mai 1788; vingt-trois
associés étrangers, ce qui laissait dix-sept places
vacantes; cinquante-huit correspondants étrangers,
en tout cent soixante-trois membres aux divers titres

On a vu que l'article 1er du règlement fixait à
l'Hôtel de Ville de Paris le siège de la Société. En effet
il s'était produit quelques dissentiments entre la Société
et Bertier de Sauvigny, l'intendant de Paris, dans
l'hôtel duquel les réunions de la Compagnie avaient
eu lieu depuis 1761. La Compagnie voyait son action
gênée par Bertier qui faisait trop sentir l'influence que
lui donnait, non seulement sa haute situation dans la
Généralité, mais encore l'hospitalité qu'il lui avait
offerte dans l'Hôtel de l'Intendance. Bertier, en outre,
avait, à plusieurs reprises, fait en son nom des distributions de semences et de plants, d'arbres et d'arbustes, sans consulter la Société qui n'en avait pas
toujours approuvé le choix. Enfin, à l'hôtel de la rue
de Vendôme, elle n'avait pas de locaux suffisants pour
loger sa bibliothèque et ses archives qui grossissaient
d'année en année. On se rappelle qu'elle avait demandé
à être installée dans le Louvre, comme la Société
royale de médecine; or, comme il n'existait pas dans
le Louvre un local suffisant, on allait adopter l'Hôtel de

Ville, d'un commun accord entre le gouvernement, le Bureau de la ville et la Société.

La première séance, que tint la Société à l'Hôtel de Ville, eut lieu le 10 juillet 1788. Après la lecture du règlement qui réorganisait la Compagnie, et de la lettre du Contrôleur général notifiant la désignation des huit membres devant composer le Comité créé par l'article 16 (1), le Prévôt des marchands, M. de Morfontaine, lut un discours dans lequel il souhaitait la bienvenue à la Société : « Au premier désir que vous « avez témoigné de vous réunir dans cette enceinte, « disait-il, le Bureau s'est empressé de vous réclamer « lui-même, et de vous en ouvrir les portes.

« Chargé des approvisionnement de cette Capitale « immense, rien ne pouvait mieux convenir à ses vues « que d'établir des rapports constants et immédiats « avec la Société, dont les recherches et les travaux « ont pour objet de perfectionner le premier des arts, « d'opposer des ressources aux besoins, et de multiplier « les productions de première nécessité. C'est mettre « la cause à côté des effets, et ce rapprochement est « du plus heureux présage... » Morfontaine terminait en engageant la Société à s'occuper spécialement de la régénération des forêts, « sans laquelle, ajoutait-il,

(1) Une lettre du Contrôleur général, en date du 7 juillet 1788, portait à chacun des membres du comité l'avis de sa nomination. Elle se terminait ainsi : « Monseigneur a pensé que ce Comité ne pouvait point admettre dans sa composition des magistrats du Conseil dont la présence paraîtrait déjà donner une espèce de sanction à des travaux qui ne peuvent jamais être que des propositions (*Archives nationales*, H. 1501).

Cette phrase répondait aux instances de Du Pont et Lavoisier pour faire introduire dans le Comité, des fonctionnaires, tels que d'Ormesson, Laurent de Villedeuil et Cheyssac, qui avaient fait partie de l'Administration de l'agriculture. On voit que, sur le terrain des réformes, le Gouvernement ne voulait s'engager en rien.

nos soins et notre prévoyance resteraient sans effet pour l'avenir ».

Il fut ensuite donné lecture du Règlement Royal de 1788, et communication de la nomination du Comité de huit membres nommés en vertu de l'art. 16 du Règlement. Ces huit membres étaient : Tillet, Desmarests, Dailly, Lefebvre, Thouin, Lavoisier, Du Pont et Broussonet. Avec une liberté qui étonna, le marquis Turgot critiqua vivement plusieurs articles du Règlement et fut invité à présenter sur ce sujet un Mémoire. Ce document fut présenté et lu dans la séance du 24 du même mois, et nous le reproduisons en entier ici, parce qu'il fait exactement connaître l'état de division qui existait au sein de la Compagnie, ainsi que l'ensemble de la discussion qui eut lieu à ce sujet.

En lisant le nouveau règlement, dit le marquis Turgot, qui vient d'être donné à la Société royale d'agriculture de Paris, j'ai trouvé qu'il était susceptible d'observations, et que l'article 16 surtout en méritait de particulières. Je les ai faites verbalement à la séance du 10 juillet, qui a été tenue pour la première fois à l'Hôtel de Ville.

M. le Directeur ayant désiré qu'elles fussent rédigées par écrit, j'ai l'honneur de les présenter à la Société comme une preuve de mon respect et de mon attachement pour elle. Je suis un de ses plus anciens membres, ayant l'honneur d'y siéger depuis son établissement.

Article 16 du Règlement. — Cet article établit, dans la Société générale, une Société particulière qui doit avoir exclusivement la confiance de l'administration pour l'examen des objets d'agriculture ou d'économie rurale qui peuvent l'intéresser.

Est-il donc dans les travaux de la Société royale d'agriculture rien qui n'intéresse l'administration? Et les objets qui mériteraient de sa part une attention plus immédiate exigent-ils qu'elle concentre sa confiance sur huit membres qu'elle aurait choisis dans la Société entière? A quoi bon l'avoir instituée, quel serait son but, si, sur quarante membres dont elle est composée, huit seulement possédaient la confiance exclusive de l'administration.

formaient réellement la véritable Société, et réduisaient la plus grande partie des membres à une simple représentation?

Quelques membres du Comité, MM. Lavoisier et Du Pont, ont prétendu justifier l'article 16 dont il est question, en avançant que la confiance du Ministre ne devait être accordée qu'à un petit nombre de membres de la Société (ceux qui composent le Comité), parce que ce qui intéresse l'administration doit être tenu secret, et que le secret serait nécessairement divulgué, si la Société entière en avait connaissance. Ils n'ont pas réfléchi combien une pareille assertion est désobligeante pour tout le corps. Quoi! des personnes titrées, des gentilshommes grands propriétaires, des magistrats et des ecclésiastiques estimables, des cultivateurs d'une probité reconnue seront censés ne pouvoir garder un secret? Ils n'auraient pas autant de droit à la confiance du Ministre que quelques-uns de leurs confrères qui se sont offerts pour la posséder exclusivement? Quels que soient leurs talents, quelque étendues que soient leurs connaissances, ils ne peuvent raisonnablement prétendre à une distinction qui blesse les droits du corps dont ils sont membres.

Tous les travaux de l'agriculture, ses progrès, les malheurs qu'elle peut éprouver, les obstacles qui s'opposent à sa prospérité, tout cela intéresse également l'administration; il n'y a rien qui exige le secret ou qui en soit susceptible. Il est du devoir de la Société entière d'instruire le Ministre des objets relatifs à l'agriculture qui méritent une attention particulière. Personne n'est plus à portée de le faire que ceux de ses membres qui habitent le plus souvent la campagne, qui ont de grandes possessions ou qui dirigent des cultures considérables.

Quoi! ils s'occuperaient d'expériences utiles, ils rassembleraient des connaissances éparses, ils s'informeraient chacun dans leur canton de tout ce qui peut intéresser l'agriculture, avancer ses progrès ou les retarder, et huit d'entre eux, concentrés dans la capitale par leur état et leurs occupations, auraient seuls, sans l'aveu de leurs confrères, et par un choix qui n'est pas celui du corps, la prérogative de conférer avec le Ministre sur ces objets, de prétendre à sa confiance, et de jouir de la considération grande ou petite qui en est la suite?

On ne trouvera dans les registres d'aucune Académie de règlement pareil à celui qui est l'objet de ces observations. Lorsque le Gouvernement juge à propos de consulter l'Académie royale des sciences sur des objets qu'il croit relatifs à l'Administration, sa demande est adressée à l'Académie ; elle nomme quelques-uns de ses membres pour former un Comité qui n'a de durée que celle qui lui est nécessaire pour examiner la demande et donner la réponse. Il n'y existe point de Comité perpétuel dont les membres soient nommés par le Ministre. Il est toujours le maître de consulter, en particulier, un ou plusieurs membres de l'Académie, ce Comité particulier, quoique composé d'académiciens, n'est pas censé être de l'Académie. Il n'en est pas de même de celui qui est établi par l'article 16 du nouveau règlement de la Société royale d'agriculture.

Les membres du Comité qu'il institue ne manqueront pas, pour le justifier, d'alléguer que, depuis peu d'années, il se tenait chez M. de Vergennes, neveu du Ministre, un Comité où quelques membres de la Société royale étaient admis. Cet établissement était étranger à la Société d'agriculture, il n'en faisait pas partie. On peut assurer que le petit nombre des membres de la Société qui y prenaient séance s'y étaient glissés sans son aveu. L'état précaire dans lequel était alors la Société d'agriculture a empêché plusieurs de ses membres de réclamer contre ; mais, aujourd'hui, que ce Comité fait partie essentielle et publique du régime de la Société, elle se doit à elle-même de demander la suppression d'un établissement qui blesse l'égalité de ses membres, égalité indispensable à toutes les Sociétés littéraires, qui ne doit pas même être troublée par l'inégalité des statuts et des connaissances des membres qui les composent.

Il est à désirer que M. le Prévôt des marchands veuille bien se charger de faire, avec quelques membres choisis dans la Société, les démarches qui seront nécessaires pour obtenir la suppression de l'article 16 du règlement.

La seule observation que mérite l'article 16 du règlement relatif à l'Agent général est que l'Académie royale des sciences et toutes les autres Académies ont le droit d'élire et de nommer leurs officiers. Il eût été à désirer que ceux qui ont négocié le Règlement eussent bien voulu, avant qu'il eût été arrêté, en faire part à leurs confrères : c'est un égard auquel le corps entier avait droit de prétendre (1).

Cette vigoureuse philippique fut suivie d'une discussion. Au fond, la majorité des membres de la

(1) *Archives nationales*, H. 1501.

Société partageaient l'avis du marquis Turgot sur le caractère insolite de l'article 16 ; on voyait clairement la manœuvre de Du Pont et de Lavoisier qui n'abandonnaient pas leur plan d'attirer à eux la direction des affaires agricoles, mais on réfléchit sans doute qu'on ne pouvait demander au Gouvernement de se déjuger à deux mois d'intervalle. On adopta une résolution qui paraissait de nature à ne point froisser le Ministre et à concilier les opinions, en respectant au fond les dispositions du Règlement; c'était de demander un remaniement de l'article 16: la Société aurait été autorisée, lorsqu'il s'agirait de remplacer un membre de la Commission des huit, à présenter une liste de trois membres, parmi lesquels le Contrôleur général lui choisirait un successeur (1).

La demande de la Société fut présentée, mais aucun document n'a révélé l'accueil qu'elle reçut: Lavoisier et Du Pont veillaient pour maintenir une décision qui était l'image de leur comité directeur, d'ailleurs, les événements qui se précipitèrent ne laissèrent au Gouvernement aucune occasion de consulter le Comité des huit, dont tous les membres, sauf Tillet qui mourut vers la fin de l'année 1791, existaient à l'époque où la Société fut supprimée.

Un autre incident réveilla les rivalités. Les amis de Bertier de Sauvigny, dans le même temps, firent un retour offensif, pour réparer l'échec que le Contrôle général avait contribué à leur faire subir l'année précédente dans l'enseignement de l'École d'Alfort. Seulement Yvart, fermier de la ferme, dite de la Société

---

(1) *Archives nationales*, H. 1501.

LOUIS-JEAN-MARIE.
DAUBENTON,
Né à Montbard le 29 Mai 1716
Mort à Paris le 31 Décembre 1799

d'agriculture à Maisonville fut nommé correspondant le 31 juillet en même temps que vingt nouveaux associés étrangers.

On se rappelle que l'École vétérinaire d'Alfort avait été dotée, en 1783, par Bertier de Sauvigny, de plusieurs chaires qui complétaient heureusement l'enseignement scientifique donné dans cet établissement : chaire d'anatomie comparée, chaire d'histoire naturelle et d'agriculture, chaire de physiologie, de chimie et de physique. Vicq d'Azyr, Daubenton et Fourcroy en avaient été nommés les titulaires (1).

La chaire d'économie rurale, tenue par Daubenton, avec Broussonet pour adjoint, était le seul établissement d'enseignement agricole qui existât en France, depuis que l'École d'agriculture, fondée en 1771, sur le domaine d'Anel, près Compiègne, par Sarcey de Sutières, avait été fermée, en 1781, après la chute de Bertin. Notons qu'en Italie, en Allemagne, en Danemark et en Suède, l'enseignement de l'agriculture était donné, depuis longtemps, dans des établissements spéciaux.

Le parti de Chabert et des vétérinaires, soutenu par le Contrôle général, avait, en 1787, enlevé à l'Intendant de Paris la direction d'Alfort et supprimé, sous prétexte ou par raison d'économie, les chaires de Daubenton, de Vicq d'Azyr et de Fourcroy. Au cours de sa session d'été de 1788, la Société, préoccupée de cette situation, demanda au Ministre que la chaire de Daubenton fût rétablie et proposa de l'installer dans le lieu de ses séances. Cette réclamation ne fut point écoutée.

(1) RAILLIET. *Histoire d'Alfort.*

La restauration de l'enseignement d'économie rurale eût été un succès pour Bertier de Sauvigny qui l'avait constitué, mais il s'agissait, avant tout, de détruire l'influence de l'Intendant de Paris. Il faut avouer aussi que le Trésor n'avait pas d'argent.

CHAPITRE V

LE PERSONNEL DE LA SOCIÉTÉ APRÈS LE RÈGLEMENT DE 1788. — NOTES BIOGRAPHIQUES. — ARTHUR YOUNGS ET LA SOCIÉTÉ.

I

Les destins sont accomplis, le règlement de 1788 a fonctionné. Une séance solennelle l'a consacré à l'Hôtel de Ville, et au commencement d'août, sur la proposition de Broussonet, une fournée de correspondants est venue rejoindre les titulaires. Arrêtons-nous. L'histoire de la Société reprendra, après la chute du ministère Loménie de Brienne, par le retour au pouvoir de Necker.

Il faut enregistrer le nouveau personnel de la Société royale d'Agriculture. Le mieux sera, d'abord, de reproduire, d'après le texte publié dans le volume des *Mémoires* de 1788, la liste du personnel de la Société quitte à le reprendre pour saluer, les uns après les autres, tous ses membres dans les titres divers qu'ils doivent à la bienveillance du roi.

La Société, réorganisée par le règlement de 1788, était ainsi composée :

Le Roi, protecteur.

M. Desmarests, directeur pour l'année 1788.

M. le marquis de Bullion, vice-directeur pour l'année 1788 et directeur pour l'année 1789.

Associés-nés :

M. Pelletier de Morfontaine, prévôt des marchands.

M. Buffaut, premier échevin.

M. Sageret, second échevin.

M. Ethis de Corny, procureur du roi de la ville de Paris.

Bertier de Sauvigny, Intendant de la Généralité de Paris.

M. le duc du Châtelet, président de l'assemblée provinciale de l'Ile-de-France.

M. l'abbé de La Bintinaye } membres de la Commission provinciale intermédiaire.
M. Delanoue

M. le comte de Crillon } procureurs-syndics provinciaux.
M. Dailly

Associés ordinaires suivant la date de leur promotion :

1761.

1. L'abbé Lucas, chanoine de l'église Notre-Dame.

2. Le marquis Turgot, brigadier des armées du roi, membre de l'Académie des Sciences.

3. Pépin, cultivateur, à Montreuil, près Vincennes.

4. Le maréchal, duc de Noailles.

5. Tillet, chevalier des ordres du roi, membre de l'Académie des Sciences.

6. Bertin, ministre d'État.

7. Desmarets, membre de l'Académie des Sciences.

8. De Monthion, conseiller d'État.

9. Abeille, inspecteur général du Commerce.

10. Rigoley, baron d'Ogny, grand-croix, prévôt, maître des cérémonies honoraire, chevalier de l'ordre de Saint-Louis, Intendant général des Postes.

11. Thiroux, maître des requêtes honoraire.

12. Dailly, conseiller d'État, associé de la Société royale d'Agriculture de Rouen.

13. L'abbé de Conti-Hargicourt, chanoine de la Sainte-Chapelle.

14. Tenon, membre de l'Académie des Sciences, professeur royal au collège de chirurgie.

1766.

15. Le comte de Montboissier, chevalier des ordres du roi.

1767.

16. Valmont de Bomare, démonstrateur d'histoire naturelle.

17. Delpech de Montereau, conseiller honoraire de Grand Chambre du Parlement de Paris.

1783.

18. L'abbé Lefebvre, procureur général de l'abbaye de Sainte-Geneviève, Agent général de la Société.

19. Daubenton, membre de l'Académie des Sciences, garde et démonstrateur du Cabinet du roi.

20. Thouin (André), jardinier en chef du jardin du roi, membre de l'Académie des Sciences.

21. Chabert, directeur général de l'École vétérinaire d'Alfort, au château d'Alfort près Charenton.

22. Perronet, premier ingénieur des Ponts et Chaussées, membre de l'Académie des Sciences.

23. Lavoisier, membre de l'Académie des Sciences, fermier général du roi, et régisseur des poudres et salpêtres.

24. Le duc de La Rochefoucauld, membre de l'Académie des Sciences.

25. Le duc de La Rochefoucauld-Liancourt, chevalier des ordres du roi.

26. Le duc de Béthune-Charost.

27. Le comte de la Billarderie d'Angivillier, directeur des bâtiments du roi, membre de l'Académie des Sciences.

28. Fougeroux de Bondaroy, membre de l'Académie des Sciences.

29. L'abbé Tessier, docteur-régent de la Faculté de Médecine, membre de l'Académie des Sciences.

1784.

30. Le Duc.

31. Petit, maître de poste à Saint-Germain-en-Laye.

32. L'abbé Mongez, le jeune.

33. Du Pont, conseiller d'État, chevalier de l'ordre de Vasa.

34. Dom Franc, procureur général des Bénédictins.

35. Le duc de Croï, chevalier des ordres du roi.

36. Le marquis de Biencourt.

37. Vicq d'Azyr, médecin de la reine, membre de l'Académie française, et de l'Académie des Sciences, secrétaire perpétuel de la Société de médecine.

38. De Fourcroy, docteur en médecine, membre de l'Académie des Sciences, professeur de chimie au Jardin du roi.

1785.

39. De Lamoignon de Malesherbes, ministre d'État, membre de l'Académie française, de l'Académie des Belles-Lettres et de l'Académie des Sciences.

40. Broussonet, docteur en médecine, membre de l'Académie des Sciences, secrétaire perpétuel de la Société.

41. Parmentier, censeur royal.

42. Le marquis de la Billarderie, maréchal des camps et armées du roi, intendant du Jardin royal des Plantes.

1786.

43. Fougeroux de Blaveau, capitaine au Corps royal d'artillerie.

44. Le vicomte de La Rochefoucauld, chevalier des ordres du roi.

1787.

45. Dumont, censeur royal.

46. Cadet de Vaux, censeur royal.

47. Le marquis de Guerchy.

48. Loménie de Brienne, archevêque de Sens.

49. Laurent de Villedeuil, secrétaire d'État.

50. D'Ormesson, conseiller d'État ordinaire et au Conseil royal des finances et du commerce.

51. Le duc du Châtelet, chevalier des ordres du roi (1).

52. De Cheyssac, grand-maître des Eaux et Forêts.

53. Poissonnier, conseiller d'État, membre de l'Académie des Sciences.

(1) On a vu plus haut qu'il figurait parmi les associés-nés, comme président de l'assemblée provinciale de l'Ile-de-France.

54. D'Arcet, docteur régent de la Faculté de Médecine de Paris, membre de l'Académie des Sciences.

1788.

55. Cretté de Palluel, maître de poste de Saint-Denis et de Franconville, à Dugny.

56. De la Bergerie de Bleneau.

57. De Boncerf, inspecteur général des apanages de Monseigneur le comte d'Artois.

58. Le marquis de Gouffier.

Associés étrangers :

1785.

Le chevalier Banks, baronet, président de la Société royale, à Londres.

More, secrétaire de la Société des arts, à Londres.

1787.

Don Ferdinand, Infant d'Espagne, duc de Parme.

1788.

Thumberg, chevalier de l'ordre de Vasa, professeur de botanique, à Upsal.

Fabricius, professeur d'économie, à Kiel.

L'abbé de Commerell, à Louisbourg, dans le duché de Wurtemberg.

Bechmann, professeur d'économie, à Gottingue.

Succow, conseiller aulique, à Iéna.

Forster, professeur, à Halle.

Schreber, professeur, à Erlang.

NICOLAS DESMAREST

Arthur Young, à Bury en Suffolk.

Saint-Jean de Crèvecœur, consul de France, à New-York.

Murray, chevalier de l'ordre de Vasa, à Gottingue.

Fabroni, secrétaire de l'Académie des Géorgeophiles, à Florence.

Le Baron de Burgsdorf, à Berlin.

Le docteur Hutton, à Edimbourg.

L'abbé Amoretti, secrétaire de la Société patriotique, à Milan.

De Lazowsky, inspecteur ambulant des manufactures, à Issy, près Paris.

Le baron de Poéderlé, à Bruxelles.

Forster, le fils, à Wilna.

Succow, professeur d'économie, à Heidelberg.

Pallas, à Saint-Pétersbourg.

Le baron d'Alstroemer, à Gottembourg.

Correspondants régnicoles :

1784.

Brocq, à Paris.

1785.

L'abbé Rozier, à Lyon :
Hell, grand-bailli de Landzer, en Alsace, procureur-syndic de l'administration provinciale, à Strasbourg ;
Le baron de Courcel, à Boulogne-sur-Mer ;
Mouron, à Calais ;
D'Ardoin, docteur en médecine, à Salernes, par Aups ;
Le baron de la Peyrouse, de l'Académie des Sciences, à Toulouse ;
Amoreux, docteur en médecine, à Montpellier ;
Gastelier, docteur en médecine, à Montargis ;
Opoix, à Provins :

Charlemagne, à Maisons, près Charenton ;

E. Chevallier, à Argenteuil.

1786.

Valdruche de Montremy, à Montremy, par Joinville ;

L'abbé Dicquemare, au Havre ;

De Ladebat, membre de l'Académie des Sciences, à Bordeaux ;

Lendormy-Laucourt, docteur en médecine, à Montdidier :

Chancey fils, à Saint-Didier du Mont-d'Or, à Lyon ;

Dom Florebert-Tamboise, à l'abbaye de Saint-Amand, en Flandre ;

Le Blond, à Cayenne ;

Le Breton, à Saint-Germain-en-Laye ;

Le président de la Tour-d'Aigues, à Aix, en Provence ;

Le marquis d'Hargicourt, à Montdidier :

De Borda, seigneur d'Oro, **à Dax** ;

Quesnay de Beauvoir, au château de Beauvoir, près Decize :

Villars, docteur en médecine, à Grenoble ;

Hermann, professeur de botanique, à Strasbourg ;

Villemet, démonstrateur de botanique, à Strasbourg ;

De Thosse, à Arnouville, par Joinville ;

Le marquis de Langeron, à Paris ;

Vattier, maître de poste, à la Croix de Berny, par Anthony.

1787.

D'Ussieux, à Paris ;

Huvier Dumée, à Coulommiers ;

Duchesne, à Versailles ;

Olivier, docteur en médecine, à Paris :

Bernard, directeur de l'Observatoire, à Marseille ;

Duffours du Pons, avocat, à Montpellier ;

Durande, professeur de botanique, à Dijon ;

Lescallier, commissaire ordonnateur, à Cayenne ;

Gallot, docteur en médecine, à la Châtaigneraie, en Poitou ;

Céré, major d'infanterie, directeur des jardins du roi.
à l'Isle-de-France ;

Gilbert, professeur à l'École vétérinaire d'Alfort ;

J.-A. Le Brun, négociant, à Roozendaël, par Dunkerque ;

Brialles, ingénieur hydraulique de la Généralité de Paris.
à Paris ;

Dorthez. docteur en médecine, à Montpellier ;

De la Bretonnerie ;

Moreau de Saint-Méry, avocat au Conseil supérieur, au
Cap français ;

Le marquis des Roches, à Boisbaudran, par Nangis ;

Chaptal, professeur de chimie, à Montpellier ;

L'abbé Saulnier, principal du collège, à Joigny ;

De Lormerie, gentilhomme du comte d'Artois, à Rouen ;

De Lormoy à Châteauneuf, par Rue, en Picardie ;

G. Rigaud, docteur en médecine, à Paris ;

Varenne de Fenille, à Bourg-en-Bresse ;

Delporte, à Boulogne-sur-Mer ;

L'abbé Roberjot, curé de Saint-Véran, à Mâcon ;

De Puymorin fils, à Toulouse ;

Cliquot de Blervache, chevalier des ordres du roi, à Reims ;

De Cascastels, à Cascastels. près Narbonne.

Correspondants étrangers :

Afzelius, démonstrateur de botanique, à Upsal ;

Bierkander, à Skara, près d'Eneback, en Westrogothie ;

Gœrlin, professeur-adjoint d'économie, à Lund, en
Scanie ;

Scopoli, professeur de botanique, à Pavie ;

Arduino, professeur d'agriculture, à Padoue ;

Pallau, démonstrateur de botanique, à Madrid ;

Nandelli, professeur de botanique, à Coïmbre ;

Le comte de Respani, à Malines ;

Fereira da Camara, à San-Salvador, au Brésil ;

L'abbé Cavanilles, à Valence, en Espagne ;

Le marquis Hippolyte Durazzo, à Gênes ;

Modeer, secrétaire de la Société patriotique de Stockholm, Stockolm ;

Gruber, professeur de botanique, à Ienez ;

Franzius, professeur de médecine, à Leipsick ;

Le chevalier Sinclair, baronet, membre du Parlement britannique, à Londres ;

Smith, docteur en médecine, de la Société royale de Londres, à Londres ;

Hebenstreit, docteur en médecine, à Leipsick ;

Le comte de Rezzonico, à Parme ;

De Carli, de la Société patriotique de Milan, à Milan ;

L'abbé Pieropan, secrétaire de la Société d'Agriculture et professeur d'agriculture théorique et pratique, à Vicence ;

Le docteur Zucagny, directeur du Jardin de botanique et secrétaire de l'Académie des Géorgeophiles, à Florence ;

Bloch, docteur en médecine, à Berlin ;

Zuccigny, directeur du Jardin économique, à Florence.

II

L'histoire d'une Société savante ne contient pas seulement le récit des faits qui la concernent expressément et qui s'enchevêtrent dans la trame de sa vie quotidienne, mais elle vit aussi dans la personnalité des membres qui la composent, qui la dirigent et l'animent et qui lui donnent, à la fois, et l'âme et l'honneur. Nous voici arrivés à la veille de 1789, en présence d'une nouvelle organisation et d'un nouveau personnel, que des promotions répétées ont groupé dans un esprit différent. Il importe d'abord de fixer les traits essentiels, puis l'esprit du cadre dans lequel le Gouvernement se prépare à faire évoluer tous ses membres ; ceci dit, il sera plus naturel de classer les éléments de la Société nouvelle et, au lieu de suivre, par ordre chronologique, la liste des élus, telle qu'elle se présente par le tableau publié ci-dessus et dans les *Mémoires* de la Société, de les ranger dans l'ordre sur lequel reposent les raisons et les hasards de leur nomination.

On ne saurait assez remarquer le caractère particulier du règlement de 1788 et la situation, au moins honorifique, que ce règlement donne à la nouvelle Société royale d'Agriculture. Le roi se dit « Protecteur », et vraiment Louis XVI, par les sympathies qu'il a pour les savants, par le goût personnel qu'il a pour les entreprises agricoles et horticoles, est digne d'être proclamé, par ses contemporains « l'ami, le restaurateur et le bienfaiteur de l'agriculture ».

La présidence, c'est-à-dire la direction des séances de la Société, continuait à être confiée à l'élection de ses membres. Cette année-là (1788), Desmarets, de l'Académie des Sciences, était président et le marquis de Bullion, vice-président : le vice-président ou vice-directeur devait passer, suivant l'usage, président l'année suivante. L'important était la confirmation de tous les pouvoirs du Secrétaire perpétuel dans la personne de Broussonet et la création d'un poste d'Agent général de la Société. Ce poste fut dévolu heureusement à l'abbé Lefebvre qui, par son passé, était un trait d'union entre la Société et le Comité d'administration. Grâce à des qualités supérieures, l'abbé Lefebvre devait traverser glorieusement tous les périls qu'allait courir la nouvelle institution dans le cours de la Révolution.

Le règlement de la nouvelle Société royale s'ouvrit par la constitution d'un compartiment nouveau : ce compartiment était destiné à de grands personnages d'administration qui n'étaient pas de véritables fonctionnaires.

La translation de la Société à l'Hôtel de Ville de Paris avait suggéré la pensée d'adjoindre, à la Société, les principaux représentants du Bureau de la ville. Au premier rang, figurait le Prévôt des marchands qui, pris à cette époque en dehors de la Marchandise, était le représentant de la ville vis-à-vis du roi.

A ce moment, le Prévôt s'appelait Pelletier, seigneur de Morfontaine : non seulement il pouvait se trouver, par ses fonctions, en relations, pour l'alimentation de la ville de Paris, avec les membres de la Société d'Agriculture, mais, de plus, il avait, à Morfontaine, dans les environs de Paris, une résidence célèbre par ses jardins et ses travaux d'architecture.

A la suite du Prévôt des marchands, s'avançaient les deux premiers échevins qui, eux, étaient les élus des « quarteniers » de la ville de Paris;

A côté, le Procureur du roi et de la ville, dont les fonctions avaient pour principal objet de requérir, du Bureau de la ville, l'établissement des délibérations dont le greffier prenait acte. Cette charge importante se trouvait confiée à un homme de grand mérite, à Ethis de Corny, dont le caractère et le dévouement à l'ordre public, en même temps qu'aux idées libérales, devaient être, dans la crise de juillet 1789, un élément de salut public.

Après le Corps de ville, prenait place l'Intendant de la Généralité de Paris, Bertier de Sauvigny, dont nous n'avons pas besoin de parler à nouveau. Son classement dans la liste entraînait, en fait, pour lui, une espèce de diminution, n'étant plus le meneur et le directeur des affaires de la Société d'Agriculture, confiées exclusivement au secrétaire perpétuel et à l'agent administratif de la Société.

Dans le même ordre des associés-nés, le Gouvernement avait placé le Président de l'Assemblée provinciale (à ce moment le duc du Châtelet), que nous nommerons tout à l'heure, à son rang, parmi les membres de la Société; mais il convient d'ajouter qu'il était accompagné de deux membres de la Commission provinciale intermédiaire nommés par elle, M. de la Bintinaye et M. Delanoue et des deux procureurs syndics provinciaux : Dailly et le comte de Crillon.

À la suite des associés-nés s'offre, à nos regards, la liste des membres de la Société qui, suivant le même règlement de 1761, comprend les associés ordinaires, les associés étrangers, les correspondants régnicoles et les correspondants étrangers.

Les associés ordinaires composent le fond de la Société; ils sont nommés par le règlement lui-même; ils viennent, suivant l'esprit et les mœurs du temps, par la voie du clergé, de la noblesse, de l'administration, de la science, de la pratique agricole. En saluant les principaux, les puissants ou les illustrations du jour, nous pourrons tenter de distinguer les services qu'ils ont pu rendre à la Société ou à l'agriculture.

Le clergé comptait, en 1761, des membres plus importants qu'en 1788. L'abbé Lucas, chanoine de l'Église de Paris, s'occupe toujours d'horticulture ainsi que l'abbé de Conti-Hargicourt, chanoine de la Sainte-

Chapelle. Dom Favre, procureur général des Bénédictins, qui a remplacé Dom Virot, date seulement de 1784. Il paraît capable, parle et publie.

La seule figure originale et puissante est celle de l'abbé Lefebvre qui remplira de ses écrits, de ses actes, jusqu'à sa mort, toute l'histoire de la Société d'Agriculture.

L'abbé Lefebvre prend position dans notre histoire en 1783, comme procureur général de l'abbaye de Sainte-Geneviève. Comme il sera un des hommes les plus considérables, et les plus utiles qu'ait rencontrés la Société royale d'Agriculture, nous ne cesserons de suivre son action, et nous la prendrons dans son passé. Jaloux d'apporter à la cause agricole les relations de son ordre et son influence personnelle sur ses collaborateurs de Sainte-Geneviève, capable autant qu'ambitieux, il n'avait pas hésité à créer, en 1786, sous les regards et presque sous l'autorité du Ministre, une correspondance agricole dont il devait faire profiter l'administration du Contrôle général.

Quoique membre de la Société, il était entré en relations suivies avec le Comité d'agriculture que conduisaient Lavoisier et Du Pont de Nemours ; si bien qu'au moment de la fusion du Comité d'administration avec la Société royale d'Agriculture, par le règlement de 1788, il se trouva en faveur et bien placé pour recueillir la fonction nouvelle et importante d'agent général de la Compagnie. Au point de vue des affaires, il devint presque le collaborateur de Broussonet, secrétaire perpétuel et, en partie, le successeur de l'Intendant de Paris. Lefebvre accompagna Broussonet dans les années si difficiles de 1788, 1789,

1791 et 1792. Électeur ecclésiastique de Paris, il montra son courage le 14 juillet 1789 et faillit périr le 5 octobre dans l'incendie de l'Hôtel de Ville. C'est une tragique histoire. Quand Broussonet, fuyant les périls de la politique, se déroba, pendant la Terreur, l'abbé Lefebvre prit hardiment le poste de secrétaire, qui le mena au jour fatal où la Convention supprima les Sociétés savantes et menaça la Société royale d'Agriculture. Si l'abbé Grégoire parvint, comme nous le verrons, à la sauver, l'abbé Lefebvre en partage avec lui l'honneur, car il l'a mise hors de péril par un admirable compte rendu de ses travaux de 1788 à 1793. C'est un premier hommage qu'il faut lui rendre, dès cette heure de 1788. D'ailleurs, la fortune le protégea ; il devait mener ses affaires personnelles comme les affaires de la Société, à travers tous les périls de la Révolution, traverser le conseil des Cinq-Cents et arriver, sain et sauf, associé libre, au port de 1803, où il recueillera de nouveau l'expression de notre reconnaissance.

Le seul membre du clergé qui figure à nouveau sur la liste de 1788, c'est l'archevêque de Toulouse, devenu archevêque de Sens, **Loménie de Brienne**, mais ce dernier est premier ministre, c'est un homme politique ; il est, avec Laurent de Villedeuil et d'Ormesson, membre du gouvernement, et sa nomination, en 1787, n'a aucun caractère scientifique.

Allons donc à la cour de Louis XVI. L'ordre de la noblesse nous attend ; les plus grands seigneurs aiment ou consentent à mêler leurs titres à celui de membre de la Société d'Agriculture. En cela, il y avait, à ce moment, un peu de vogue et de camaraderie. Cependant, dès l'année 1761, plusieurs avaient pris parti et se soutinrent avec zèle jusqu'en 1788; tel fut le prince **de Tingry** qui appartenait à la maison de Montmorency-Luxembourg et qui mourut en 1787.

Tous les honneurs sont dus à la maison **de Noailles**. En 1761, le comte d'Ayen est capitaine des gardes du roi; il sera duc d'Ayen en 1784, et, en 1788, maréchal, duc de Noailles, chevalier de la Toison d'Or et gouverneur de Saint-Germain et de Versailles. Son fils, le comte d'Ayen, sera dès 1766, membre de l'Académie des Sciences, où il jouera, avec Lavoisier, un rôle important dans un projet de nouvelle organisation de son Académie.

Le maréchal de Noailles s'occupait avec passion de l'horticulture, de ses fleurs, de sa collection d'arbres exotiques; il était le protecteur des horticulteurs et fit donner à Richard la direction des jardins du roi; il était de ceux qui recherchaient les savants dont les études confinaient à ses goûts; il demeura associé ordinaire de la Société d'Agriculture jusqu'en 1792, où il prit le titre de vétéran. Avant de mourir, à Saint-Germain, le 20 août 1793, il donna 26,000 livres aux pauvres. Ses connaissances et son esprit paraissent dignes de son cœur.

De l'année 1761, date également le comte de **Montboissier**, qui fit grande figure sous Louis XV et sous Louis XVI; il se rattachait à l'Auvergne, qu'il représenta, au nom de la noblesse, à l'Assemblée nationale. De 1789 à l'Assemblée des Notables, il est qualifié de lieutenant général des armées du roi, commandant en chef dans la Haute et Basse Auvergne. Louis XVI put le nommer chevalier de

LA ROCHEFOUCAULD-LIANCOURT

Saint-Esprit, mais il n'en fit jamais un patron de l'agriculture.

La famille de la Rochefoucauld domine en 1788 l'histoire de la Société d'Agriculture. Le duc de la Rochefoucauld, le vicomte de la Rochefoucauld, le duc de Liancourt, figurent tous les trois sur la liste de la Société. Le **duc de la Rochefoucauld**, qui est en même temps duc de la Roche-Guyon, est une belle figure.

Quand Arthur Young vint pour la première fois en France, il y fut reçu dans la maison de la Rochefoucauld et s'y installa. Dans un certain monde, on faisait la cour aux Anglais de distinction; il alla même passer une saison aux eaux de Bagnères-de-Luchon avec le duc et la duchesse et fit un agréable tableau de la vie qu'il menait aux eaux en si belle compagnie, sauf qu'il ne pouvait s'habituer à s'habiller, tous les jours, pour dîner à midi et passer le reste de la journée en toilette, au salon avec les dames. Le duc de la Rochefoucauld avait le goût des sciences et s'appliquait à conserver son rang avec esprit; il était membre de l'Académie des Sciences, de la Société royale de Médecine, de la Société d'Agriculture, de la Société de Philadelphie et c'est avec surprise qu'on le trouve, avec ses titres, sur la liste des membres de l'Assemblée des Notables. Quelques jours encore, il sera envoyé le premier par la noblesse de l'élection de Paris à l'Assemblée nationale où il fera éclater, dans des occasions solennelles, dans la crise de juin 1789, par exemple, les tendances libérales de sa famille, ce qui ne l'empêcha pas d'être assassiné à Gisors en 1792.

Le duc de Liancourt est le premier des grands seigneurs de la cour de Louis XVI, il est l'ami du roi.

Il est chevalier de l'ordre du Saint-Esprit depuis 1786, grand maître de la Garde-Robe : ceci veut dire qu'il a son appartement au Palais, qu'il tient table ouverte, qu'il donne l'hospitalité aux savants qu'il protège à son heure. Par la tournure de son esprit libéral il attire, et par la cordialité de son accueil il retient. Il était impossible qu'il ne fût pas associé ordinaire de la Société et Bertier de Sauvigny l'avait fait comprendre dans la promotion de 1783; mais Liancourt ne tenait pas, dans sa familiarité et ses sympathies, l'Intendant de la Généralité de Paris. Quand éclata la querelle de la Société et du Contrôle général, il avait soutenu les prétentions du Comité administratif de Lavoisier dont il accepta même de faire partie au milieu de la bataille. Il fallut que le duc de Charost le ramenât du côté de la Société d'Agriculture, dans laquelle le roi comptait des amis personnels. S'il était du parti du roi, il n'était pas du parti de la reine, du parti de la Cour et voilà pourquoi on ne le retrouve pas parmi les amis de Bertier de Sauvigny. A ce moment de 1780 où Arthur Young était tout-puissant sur son esprit, on peut dire que Liancourt s'adonnait à l'agriculture quand il en avait le temps. L'agriculture de l'Angleterre, dont il vantait la supériorité, était l'objet de ses études personnelles. Young et Lazowski dominaient ses sympathies; au fond, il n'était pas agriculteur ni philosophe, mais libéral et philanthrope comme sa vie en fut l'exemple. Dès le commencement de l'Assemblée des États généraux, il se montra résolu à soutenir les intérêts de Louis XVI dans la conduite du Tiers-État. « En épousant la cause du peuple, dit Arthur Young, son commensal

DUC DE CHAROST

et son ami, il agit conformément aux principes de tous ses ancêtres. On doit certainement le regarder comme un de ceux qui ont pris le plus de part à la Révolution, mais il était invariablement guidé par des motifs constitutionnels. » Arthur Young, dans ses voyages de 1787 et de 1789, en fait un tel éloge que je renvoie nos lecteurs au récit des réceptions que Liancourt donne au palais comme grand-maître de la Garde-Robe et au récit de son séjour à la campagne du duc, où l'on regrette de n'avoir pas eu le plaisir de jouir de sa cordiale hospitalité. Après la prise de la Bastille, il se jettera aux pieds de Louis XVI, pour obtenir le retrait des troupes réunies à Versailles contre l'Assemblée nationale; il réussit et, le 18 juillet, l'Assemblée, par reconnaissance, le nomma président de l'Assemblée nationale. Il ne périt pas sur l'échafaud et revint prendre sa place à la Société d'Agriculture, sous l'Empire, en 1804.

Le vicomte de la Rochefoucauld est associé le 7 décembre 1786, probablement parce qu'il était La Rochefoucauld et chevalier des ordres du roi. Il disparaît avant 1793.

Le duc de Béthune-Charost, fut l'honneur de son temps. A l'Assemblée des notables, il est qualifié de « lieutenant général, pour Sa Majesté, dans les provinces de Picardie et du Boulenois, gouverneur de la ville et citadelle de Calais, et pourtant membre de la noblesse à l'Administration provinciale du Berry. » Vingt ans avant 1789, il avait aboli, dans ses vastes domaines, les corvées seigneuriales; possesseur d'une immense fortune, il accabla son pays de ses bienfaits. « Vous voyez cet homme, disait un jour Louis XV, en le montrant à un groupe de courtisans, il vivifie trois de mes provinces »; il vivifia aussi la Société d'Agriculture; non seulement il essaya de faire de sa chère Compagnie de Paris une institution royale en 1785, mais il travailla toujours à en faire une institution de pratique agricole: il écrit, il agit comme un membre de l'Académie des Sciences, quoiqu'il ne le fût pas. Ses paroles soutiennent ses actes; nous citerons ses discours et nous parlerons de sa conduite à l'Assemblée nationale.

Et cependant, au milieu de toutes les louanges, ne convient-il pas de signaler sa présence, son action à la Société d'Agriculture, comme orateur et comme donateur de prix? Ne convient-il pas de le montrer organisant une société d'Agriculture, chez lui à Meillant où il répétera, lui-même, les expériences sur la quantité et la qualité des semences, sur l'emploi du chaulage pour détruire la carie, sur la substitution de la faux à la faucille, où il étudiera les moyens de combiner les diverses terres de son pays avec les meilleures cultures?

Et le voici à l'Assemblée nationale où il tiendra, avec son ami Liancourt, le grand rôle du courage, de la fidélité à son roi et de son dévouement à la paix publique.

Comment faire son éloge, si ce n'est de dire qu'en tous points Charost est un grand homme de bien.

Le marquis de Bullion n'est pas moins ardent, Bullion est un ami de l'Intendant et de la Société de la Généralité de Paris. En 1785, il a pris position par un Mémoire sur la qualité et la culture du trèfle et du sainfoin; il entre résolument dans la campagne pour le développement des prairies artificielles; de plus, il est chimiste, il fait des expériences qu'il soumet à ses confrères. Il sera récompensé, car il était vice-président de la Société en 1788 au moment du règlement royal, et par cela même, il deviendra président en 1789 et il aura l'honneur de présenter, à l'Assemblée nationale, comme président, le Mémoire de la Société.

Il ne semble pas que **le duc de Croï** mérite, au point de vue scientifique et agricole, de faire partie de la Société, mais à la Cour, c'est un très puissant seigneur, grand d'Espagne; il vient d'être nommé chevalier de l'ordre du Saint-Esprit, et il se prépare à entrer à l'Assemblée nationale où il se montrera monarchiste résolu dans la question de la vérification des pouvoirs de la noblesse.

Le duc du Châtelet. Il faut l'appeler duc du Châtelet d'Haraucourt, grand d'Espagne, chevalier des ordres du roi. La liste des membres de l'Assemblée des notables non seulement le désigne comme ci-devant ambassadeur de Sa Majesté auprès des cours de Vienne et de Londres, mais comme gouverneur du Toulois, lieutenant général et colonel inspecteur du régiment d'infanterie du roi. En 1787, il a présidé l'Assemblée de la province de l'Ile-de-France, où il a fait le meilleur accueil à Bertier de Sauvigny, commissaire du roi, et même des protestations de dévouement à la Société d'Agriculture de la Généralité de Paris. C'est probablement sous le bénéfice de cette rencontre administrative, qu'il est entré à la Société d'Agriculture. Il a mieux à faire que de s'occuper d'agriculture. Le roi vient de lui proposer, en 1788, la succession de Loménie de Brienne. Il commandera, en 1789, le régiment

des Gardes-Françaises, qui, malgré ses efforts, et peut-
être à cause de ses relations avec la Cour et le parti
de la reine, s'effondrera dans sa main loyale mais
impuissante.

Le marquis de Guerchy était le fils de Guerchy,
premier président de la Société en 1761. Il occupait une
première place dans la noblesse de Bourgogne. Seigneur
de Nangis, il s'était distingué à l'Assemblée des notables
de 1788 par des rapports sur l'amélioration des bêtes
à laine, sur la Société d'Agriculture de la Généralité
de Paris, et sur le développement des Comices agricoles ; il enrichit nos *Mémoires* de plusieurs écrits fort
intéressants, entre autres, en 1787, d'observations
sur les bêtes à laine dans la Brie et d'un voyage agricole
en Normandie et en Picardie, publié en 1788.

Le marquis de Biencourt, maréchal de camp, passe
sous nos regards sans les arrêter ; il sera, par le vote
de la noblesse de la sénéchaussée de Guéret, membre
de l'Assemblée nationale. C'est peu de chose au point
de vue agricole.

Il n'en est pas de même du **marquis de Gouffier**,
qui a rendu, par ses travaux, des services agricoles.
En 1787, il fait des communications à la Société sur la
destruction des insectes nuisibles, sur les arbustes et
les plantes, et sur les abeilles. Suivant le compte rendu
de Lefebvre, il se proposait de publier un ouvrage
complet sur les fleurs et les jardins, et une anatomie
des plantes comparée à celle des animaux. Les événements de 1793 s'opposèrent naturellement à cette
publication.

Je ne sais si je dois placer **Lamoignon de Malesherbes** dans le groupe de la noblesse ou dans le groupe

de l'administration. J'ai hâte d'offrir notre respectueuse admiration à celui qui fut président de la Cour des aides, ministre d'État avec Turgot, membre de l'Académie des Sciences, des Belles-Lettres, et de l'Académie Française. Comment n'est-il entré dans la Société qu'en 1785? C'est le seul point de sa vie qu'il nous convient de rechercher. Malesherbes, en 1790, lut à la Société d'Agriculture un Mémoire excellent, dans lequel il décrit, avec une simplicité admirable, les moyens qui, suivant lui, devaient faire progresser l'agriculture. Pourquoi n'a-t-il pas parlé plus tôt?

Au fond, il n'avait jamais été d'accord et en sympathie avec les intendants et avec Bertin sur la direction des Sociétés d'Agriculture; il eût préféré, avec quelques-uns de ses confrères de l'Académie des Sciences, agir sur la pratique agricole par l'établissement d'une correspondance entre les intéressés et le Jardin des Plantes; et voilà pourquoi, sans le dire, il laissa faire, et se tint à l'écart des agissements de l'Administration et d'une collaboration qui était en dehors de ses vues et de ses travaux personnels. Mais enfin, nous le possédons, nous le verrons travailler avec Varenne de Fenille, à la sylviculture et à l'arboriculture, comme il avait travaillé avec les frères Duhamel. Nous le garderons, et nous aurons la douleur de le voir monter sur l'échafaud quelques mois avant Lavoisier. La vérité fut sa passion et sa gloire, il la porta dans la mort.

Arthur Young, dans ses *Voyages en France*, aura raison de dire que la Société d'Agriculture, à ce moment de 1789, n'était pas dirigée par des agriculteurs, par de vrais praticiens. Mais il faut tenir compte de l'état social, et quand on voit de grands seigneurs comme Charost, Noailles, La Rochefoucauld, Liancourt, Malesherbes, s'associer à de grands savants comme Tillet, Buffon, Daubenton et Lavoisier, à de grands administrateurs comme Bertier de Sauvigny ou Broussonet on doit reconnaître que la Société royale d'Agriculture, à la veille de 1789, était un puissant instrument pour entraîner l'opinion publique dans l'union de la science et de l'agriculture.

Il nous faut pénétrer maintenant dans le groupe le plus nombreux et le plus important des membres de la Société de 1788. Ministres, conseillers d'État, intendants, fonctionnaires de tout ordre et de tout genre se succèdent, depuis 1761, dans une association administrative qui est plutôt d'honneur que de travail, mais qui tient tête aux scientifiques et aux praticiens.

Le plus mémorable exemple, le plus ancien, le maître, c'est **Bertin**. L'ancien contrôleur général, le premier ministre de l'agriculture est toujours inscrit sur la liste de 1788. Il a complètement abandonné une Société qu'il avait d'ailleurs négligée dans les derniers temps de son ministère ; il s'est réfugié, avec sa famille, dans sa magnifique résidence de Chatou. Il ne vient pas souvent à Versailles où Louis XVI lui a pourtant permis d'occuper un bel appartement. Cependant, adversaire et victime de Necker, il entretient des relations avec le monde de la Cour qui est opposé à son rival, et notamment avec Vergennes, le ministre des affaires étrangères. Il laisse couler les années et se prépare doucement à émigrer vers l'année 1790. « La France a fait son temps, écrivait-il à son ami Moreau,

M. DAILLY
Conseiller d'Etat
Né a Rocquencourt le 26 Xbre 1724
Député de Chaumont &c. en Vexin
à l'Assemblée Natle de 1789

vivez en famille, vous ne reverrez ni la cour de Louis XV, ni la cour de Louis XVI; » il mourut à l'étranger en 1792.

L'abbé Bertin, son frère, inscrit encore sur la liste en 1784, et qualifié de conseiller d'État ordinaire, a disparu de la liste de 1788. Était-il mort? Nous l'ignorons.

Après Bertin, nous relevons le groupe de l'archevêque de Sens : **Loménie de Brienne, d'Ormesson** et **Laurent de Villedeuil**, font invasion dans la Société avec le concours de Bertier de Sauvigny. Ce petit groupe de politiciens semble un coup droit de l'Intendant de Paris contre l'influence de Necker, en dehors de toute préoccupation scientifique et agricole. Loménie de Brienne, chef du Conseil des finances, premier ministre, bientôt cardinal, était le représentant et le favori du parti de la reine Marie-Antoinette; d'Ormesson, contrôleur général en 1783, était resté conseiller d'État et membre du Conseil des finances et du commerce; Laurent de Villedeuil, secrétaire des commandements du comte d'Artois, Intendant de la Généralité de Rouen, était conseiller du roi en tous ses conseils et futur ministre; ils formaient ensemble le groupe dominant en 1787; mais, dans cette promotion ministérielle de 1787, où devait figurer le duc du Châtelet, pas d'agriculture, de la politique. On sent la bataille, car les beaux discours de Broussonet porteront successivement aux nues ceux qui sont au pouvoir, d'abord Loménie de Brienne et finalement Necker.

Passons maintenant aux conseillers d'État.

Quand **Dailly** parut pour la première fois sur les listes de la Société, il est qualifié d'associé de la Société royale d'Agriculture de Rouen : c'était en 1761. Nous le retrouvons en 1788 conseiller d'État ; on lui a donné aussi le titre de Directeur des vingtièmes. Il est probable que Necker l'employa pendant son premier ministère, quoique Dailly ne soit pas classé comme faisant partie du Contrôle général dans l'*Almanach royal*. Ce qu'il y a de certain, c'est qu'il tint, avec honneur, en 1787, les fonctions de procureur syndic de l'Assemblée provinciale de l'Ile-de-France pour le Tiers-État. Il fit, à cette Assemblée, deux rapports sur l'impôt de capitation et sur les matières que devait traiter le Bureau du Bien public. Quand Necker reprit le ministère des Finances, Dailly paraît avoir été son conseiller autorisé et il montra son crédit en persuadant à Necker que son devoir, comme son intérêt, était de doter largement et de prendre en mains les affaires de la Société d'Agriculture. Continuant sa carrière administrative, il fut nommé député aux États généraux, dans l'ordre du Tiers-État, par le bailliage de Chaumont-en-Vexin ; il devait être même, le premier juin 1789, Doyen du Tiers-État, mais il le fut pendant deux jours seulement. Après une entrevue avec le garde des sceaux et Necker au sujet de la vérification des pouvoirs des nouveaux élus, il devint suspect aux députés du Tiers et laissa la première place à Bailly ; ce qui ne l'empêcha pas de signer le Serment du jeu de paume. Ces détails, que nous répéterons à leur date, étaient nécessaires pour mettre en lumière la belle figure d'un des membres les plus distingués de notre Compagnie.

Monthion appartient à la promotion de Bertin, en 1761 et déjà nous avons loué ses mérites et constaté sa générosité ; nous le retrouvons en 1788, conseiller d'État. A cette dernière date, nous pouvons signaler l'histoire de son temps qu'il consacra, dans un ouvrage intitulé *Particularités et observations sur les Ministres des Finances de France les plus célèbres depuis 1660 jusqu'en 1791*. Les chapitres consacrés au ministère de M. de Calonne et surtout aux deux ministères de Necker sont remplis de détails fort intéressants. Monthion rappelle ce mot de M. de Machaut à propos de Necker : « Cet homme est un excellent banquier, ce ne sera jamais un homme d'État. » Nous dirons : si Necker fut, pour la Société royale d'Agriculture un protecteur bienveillant mais intéressé, il fut, pour la royauté, un conseiller dangereux et finalement un ambitieux solitaire. Je risque cette observation qui résume la pensée de Monthion.

Monthion, par sa famille, appartenait à l'intendance ; il avait été même Intendant du Limousin et de la Provence où il avait inauguré la série de ses bienfaits. Ayant perdu sa situation dans la crise des Cours de justice, il reçut, par une bienveillance spéciale de Louis XVI, la place de chancelier honoraire du comte d'Artois. C'est dire que ses sympathies et sa reconnaissance étaient acquises au parti de la Cour et qu'en 1788, il marchait plutôt du côté de Bertier de Sauvigny que du côté de Necker.

Dans la liste des membres de la Société, figure un troisième conseiller d'État, **Du Pont de Nemours**. On peut s'étonner de voir Du Pont de Nemours, qualifié de chevalier de l'ordre de Vasa ; c'est qu'il s'était fait apprécier, de très bonne heure, par des discussions sur l'économie sociale. Ses publications avaient attiré l'attention de Quesnay et de Turgot. Sa réputation s'était établie à l'étranger et Gustave III, roi de Suède, l'ayant fait venir près de lui, le comprit dans la première promotion de l'ordre purement agricole de Vasa ; il passa en Pologne, fut rappelé en France par Vergennes, et, comme il était spécialement économiste, on se servit de l'ordre de Vasa pour le faire entrer à la Société d'Agriculture ; mais entre temps, comme il avait servi d'Ormesson et de Calonne il fut nommé conseiller d'État. L'incontestable supériorité de ses talents lui donna une influence décisive sur le personnel du Contrôle général, influence qu'il devait faire tourner contre la Société d'Agriculture, pour l'accaparer et chercher très probablement à en devenir le secrétaire perpétuel.

Encore quelques mois et Du Pont de Nemours sera membre de l'Assemblée nationale. Il se dévoile aussitôt dans la crise de juillet 1789 et écrit aux électeurs de Paris pour solliciter son entrée dans la garde civique de Paris, si cette garde est organisée. Il se tient en relations constantes avec Necker et fait le premier rapport sur la question des subsistances ; un jour, il deviendra président de l'Assemblée nationale.

Il eût peut-être mieux valu classer les frères **de la Billarderie** dans la noblesse ; mais au regard de la Société d'Agriculture, le comte de la Billarderie d'Angivillier était directeur des bâtiments du roi et membre de l'Académie des Sciences ; il s'était installé dans la Société d'Agriculture en 1783 par le seul fait de sa situation, de son influence à la Cour. En effet il a contribué à faire acheter, par Louis XVI, le domaine de Rambouillet, dont Malesherbes fit donner la direction à Tessier. Il avait un frère, le marquis de la Billarderie, qui était dans l'armée au titre de maréchal de camp et qui visait la succession de Buffon au Jardin des Plantes ; ce dernier ne paraît pas avoir eu des titres particuliers à cette importante situation scientifique. car il n'était pas, comme son frère, de l'Académie des Sciences. Les deux frères réussirent dans leurs ambitions en se soutenant mutuellement, à la Cour et à l'Académie.

Abeille fut certainement un des membres les plus utiles, les plus laborieux, les plus dévoués de la Société d'Agriculture. Sa modestie fut égale à son mérite ; il fit son éducation avec Gournay et le servit dans ses tournées administratives ; son nom demeure attaché à la création de la Société d'Agriculture de Bretagne et aux débuts de la Société de la Généralité de Paris. Successivement, il fut le conseiller intime de Trudaine. de Turgot, de Lamoignon, de Malesherbes et même de Calonne ; il fit de nombreuses publications relatives au commerce, aux finances, à l'économie politique. En 1788, il était inspecteur général des manufactures et secrétaire du Bureau du commerce au conseil du roi. Travailleur ardent et désintéressé, il consentit à publier, sous le nom des autres, ou même sans nom d'auteur, des études importantes. La Société lui doit une mention particulière pour sa collaboration au Mémoire présenté à l'Assemblée nationale le 24 octobre 1789, « sur les abus qui s'opposent aux progrès de l'agriculture ». Il vécut quatre-vingt-onze ans.

Nous ne nous arrêterons pas sur les noms de **Rigoley d'Ogny**, directeur général des Postes, de **Thiroux**, maître des requêtes honoraires, de **Delpech de Montereau**, conseiller honoraire au Parlement. Ils

avaient été associés, dès l'origine, aux travaux de la
Société à cause de leurs fonctions plutôt que de leur
personnalité; nous en avons parlé plus haut.

Perronet, premier ingénieur des Ponts et Chaussées
et membre de l'Académie des Sciences, occupait le
service que dirigeait jadis Trudaine. Le Contrôleur
général avait absorbé les fonctions de directeur
général des Ponts et Chaussées, et avait laissé à Perronet le titre de premier ingénieur, qu'il paraît avoir
soutenu dignement. Nous retrouvons dans nos *Mémoires* un rapport présenté avec Charost et Boncerf
touchant des canaux à établir sur le cours de la Marne
et en général sur l'utilité des canaux navigables.

Cheyssac était garde général des Forêts de la
Généralité de Paris. Grand amateur et grand faiseur
de pépinières, il était le protégé de Bertier de Sauvigny. Cependant le Comité d'Agriculture trouva bon
de l'associer à ses travaux, et Cheyssac trouva bon de
marcher d'accord avec les fonctionnaires du Contrôle
général. En 1787, il publia, en collaboration avec
Thouin, une étude sur la qualité des bois indigènes de
la Bresse. A côté de Perronet et de Cheyssac, on peut
nommer un correspondant, **Brialles**, ingénieur hydraulique de la Généralité de Paris.

Boncerf est un des derniers membres inscrits sur la
liste de la Société en 1788, il n'en est pas moins un des
plus célèbres. Il entra dans l'administration sous le
ministère de Turgot, et on assure que ce fut avec son
approbation qu'il fit imprimer, en 1776, sous le nom
de Francaleu, une brochure sur les inconvénients des
droits féodaux. Le prince de Conti dénonça cet ouvrage
au Parlement qui condamna ce livre à être brûlé.

PARMENTIER

Boncerf lui-même fut sauvé des poursuites sur la
demande de Turgot et l'ordre du roi. Après la chute
de Turgot, Boncerf se retira dans la vallée d'Auge
où il s'occupa du desséchement des marais : il publia,
à ce sujet, un mémoire vers 1786. Le duc d'Orléans
paraît l'avoir attaché à sa personne, comme secrétaire,
au moment de la révolution. Mais, quand il fut nommé,
en 1788, membre de la Société, il se fit inscrire comme
inspecteur général des apanages du comte d'Artois. A
cette époque, il travaillait dans le sein de la Société
d'Agriculture à la législation relative au desséchement
des marais et à l'administration des forêts. En 1790,
1791 et 1792 il remplit nos *Mémoires* de rapports très
intéressants avec la collaboration de Guerchy, Lefebvre, Béthune-Charost et Fourcroy. Son livre sur
les inconvénients des droits féodaux avait fixé sa
destinée. L'Assemblée nationale devait consacrer, dans
les votes improvisés du 4 août, les conclusions de ce
livre, en exagérant les critiques de Boncerf ; il n'en
fut pas moins traduit devant le tribunal révolutionnaire en 1793. Il n'échappa à la mort que par le
hasard d'une voix, mais il mourut, l'année suivante, à
l'âge de quarante-neuf ans.

Comme le règlement de 1788 se plaît à donner à
chaque membre de la Société son titre officiel, nous
voyons avec quelque surprise **Parmentier, Cadet de
Vaux** et **Dumont** honorés du titre de « Censeur royal ».
Ce titre, qui faisait rentrer les titulaires dans le service
du Chancelier, était une marque de confiance et d'estime, une fonction qui n'avait pas plus de rapport avec
la Société d'Agriculture que les titres militaires ou
administratifs. Nous laissons donc Parmentier et

Cadet de Vaux avec leur titre de Censeur royal, et
nous les tenons en honneur au point de vue scientifique comme pharmaciens, chimistes, et au besoin
praticiens.

Comment à vingt ans, Parmentier fut envoyé à l'armée où le chimiste Bayen remarqua son zèle et ses
talents; comment, à son retour, il obtint, dans un
concours public, la place de pharmacien des Invalides
et comment, de ce poste, modeste et tranquille, il
s'élança à la conquête de la pomme de terre, du blé,
du maïs, en un mot des substances alimentaires dont il
perfectionna la culture et l'usage. On le sait. Nous
avons commencé, nous continuerons son histoire.
A la séance du 28 novembre 1788, Parmentier lisait
un Mémoire sur les plantes potagères et les moyens
de les propager. Ses nombreux écrits charmèrent
Louis XVI; son passage dans la vie fut un bienfait
pour l'alimentation humaine. Son éloge fut prononcé
d'âge en âge, par des orateurs divers, émus et élo-
quents.

Cadet de Vaux fut l'émule, le collaborateur, l'associé, l'ami de Parmentier. Il commença sa carrière
par la pharmacie; il en sortit, sur les conseils de
Parmentier et de Duhamel, pour se livrer à des
recherches utiles dont l'objet particulier fut l'hygiène
et l'alimentation publiques. Il fit, avec Parmentier, un
cours public de panification, et étendit ses recherches,
pendant 50 ans, à des questions d'hygiène et d'économie
rurale. Les *Mémoires* de l'Académie des Sciences, dont
il était membre, sont remplis de ses utiles observations.
Pour le moment, en 1788, Parmentier et Cadet de
Vaux marchent, la main dans la main, dans la voie où

Parmentier devait trouver la gloire et Cadet de Vaux l'estime générale. Dernier trait de ressemblance, Parmentier n'avait pas deux mille francs de rente à sa mort et Cadet de Vaux n'en avait pas quinze cents. Ils avaient travaillé toute leur vie pour le bien public.

Enfin nous arrivons aux savants et aux praticiens, dont l'action constitue la véritable histoire de la Société royale d'Agriculture, Parmentier et Cadet de Vaux nous y conduisent naturellement.

De la promotion de 1761 survivent Tillet, Desmarets, Turgot et Tenon. Nous avons déjà vu, en analysant les séances de la première période de la Société, la valeur de leur collaboration ; nous ajouterons seulement quelques mots sur chacun d'eux. Il semble que **Tillet** peut être placé en première ligne, car il prit rang parmi les chevaliers des ordres du roi, grand honneur pour un membre de l'Académie des Sciences ; peut-être cette distinction se reliait-elle au titre de directeur de la Monnaie de Troyes, titre qu'il se plut à porter. Il débuta en partageant les travaux et les expériences de Duhamel du Monceau ; il se fit une réputation en recherchant les causes qui corrompent les blés et entra à l'Académie en 1758. Il fut très laborieux, très assidu à la Société d'Agriculture depuis 1761 et y déposa de nombreux rapports. Dès 1785, lors de l'organisation du Comité d'agriculture au Contrôle général, il se laissa enrôler par Vergennes et Lavoisier, et ne manqua pas, pour ainsi dire, une séance. En 1788, le duc de Dorset, ambassadeur d'Angleterre, consulta la Société d'Agriculture sur les moyens de combattre une invasion d'insectes qui dévastaient l'Angleterre. Naturellement Tillet fut chargé de répondre au nom de la Société.

Desmarets eut l'honneur d'être reconnu président de la Société par le règlement royal de 1788. Une vie de quatre-vingt-onze ans lui assure une place des plus honorables dans les Annales de l'Académie des Sciences et de la Société d'Agriculture. Il dut son succès à cette bonne fortune d'être introduit, vers 1755, dans la société de Mme Geoffrin et de la duchesse d'Enville, la mère du duc de La Rochefoucauld ; il rencontra, dans leurs célèbres salons, des amitiés puissantes qui ne l'abandonnèrent pas. En 1757, il avait été chargé par le Gouvernement, d'étudier le régime des manufactures de drap. Il demeura, toute sa vie, un maître dans la carrière d'inspecteur général des manufactures. À notre point de vue, il se distingua surtout dans l'histoire naturelle, dans la géologie, dans la géographie physique, dans l'étude des terrains, dans leurs rapports avec l'agriculture ; nous le retrouvons dans un Mémoire qu'il présenta, en 1786, discutant devant le Comité d'Agriculture du Contrôle général le projet de publier une histoire naturelle de la France, considérée au point de vue de la nature et des besoins de la société et des théories de la terre ; il se proposait de faire des cartes minéralogiques de la France et de travailler, avec Guettard et Lavoisier, de telle sorte qu'au point de vue de l'industrie, de la géologie et de l'agriculture, Desmarets exerça, pendant sa longue carrière, une influence des plus heureuses.

Quant à **Tenon**, il était entré à l'Académie des Sciences par la médecine et la chirurgie ; c'était un travailleur infatigable, il répétait sans cesse : « Il est possible à l'homme de tout entreprendre, si ce n'est d'arrêter le temps. » Professeur d'anatomie, il avait été chargé, par Louis XVI, de rechercher les moyens d'améliorer les hôpitaux ; mais son souvenir nous est parvenu parce qu'il s'occupa de l'hygiène des animaux domestiques en même temps que de celle de l'homme.

Est-il besoin de nous étendre sur le marquis **Turgot**? Nous l'avons connu, dès 1761, sous le nom de chevalier Turgot, fils de Turgot prévôt des marchands sous Louis XV, frère du Contrôleur général des Finances, associé libre de l'Académie des Sciences ; Turgot avait été nommé membre du Bureau de la Société d'Agriculture par l'arrêté du 1er mars 1761. Il cultiva presque toutes les sciences en tournant ses études vers un but d'utilité publique.

A son retour de nombreux voyages, notamment à Malte et à Cayenne, il se livra entièrement à l'agriculture et à la propagation des plantes utiles. Lors de l'établissement du règlement de 1788, nous l'avons vu s'élever contre le gouvernement avec une fière indépendance ; nous le perdrons dans peu de temps, le 21 octobre 1789. Broussonnet et Condorcet lutteront de justice et d'éloges, en honorant sa mémoire.

Si nous en croyons la liste des membres de la Société, d'après leur ordre de réception, **Daubenton** n'aurait fait partie de notre Compagnie qu'après la chute de Berlin, mais cela pourrait être une erreur. Comment le collaborateur de Buffon, le créateur, le garde, le démonstrateur du Cabinet d'histoire naturelle du Jardin des Plantes, aurait-il été tenu à l'écart d'une Compagnie dans laquelle il avait un poste d'honneur? Nous croyons, au contraire, qu'il était dans la

Société dès 1767. Quoi qu'il en soit, Berlier de Sauvigny, en 1783, contribua à l'associer à nos travaux. Non seulement il le fit nommer professeur d'économie rurale à Alfort, mais il lui donna, pour collaborateur, son ami Broussonet. Nous ne pouvons pas mentionner sèchement sa nomination à la Société d'Agriculture. Daubenton porte un des noms les plus illustres de la science française; on connaît son histoire et l'histoire de Buffon; on connaît le caractère et le génie de Buffon, son esprit impatient et son naturel impétueux, son imagination superbe qui ne lui permettait pas des travaux d'une précision trop pénible. Il trouva un collaborateur dans les jeux de son enfance, que dis-je, il trouva dans Daubenton plus qu'il n'avait cherché, plus même qu'il ne croyait lui être nécessaire. Daubenton, d'un tempérament faible, d'une modération qu'il devait à sa propre nature autant qu'à sa sagesse, porta, dans toutes ses recherches, une circonspection des plus scrupuleuses. Ce fut vers l'année 1745, que Buffon lui donna la place de garde et démonstrateur du Cabinet d'histoire naturelle du Jardin des Plantes. En peu d'années, Daubenton créa le Cabinet dont il devait avoir l'insigne honneur de faire la description; il faut lire l'éloge que Cuvier a consacré à Daubenton pour se rendre compte des services que ce dernier rendit à Buffon, au Jardin des Plantes et à la science.

Au point de vue de l'économie rurale, tout le monde connaît l'histoire des moutons de Daubenton et les études qu'il consacra, pendant toute sa vie, à l'amélioration des troupeaux et au perfectionnement des laines nationales.

Il n'est pas inutile de répéter qu'il plaida, avec per-

sévérance les avantages du parcage et les dangers
de renfermer les moutons dans les écuries souvent
malsaines. Pour démontrer la beauté de ses laines, il
faisait lui-même fabriquer des draps avec les laines
de son troupeau. C'est ainsi qu'il donna le premier
l'éveil sur toutes les questions reprises et résolues
sur cette matière des moutons et des laines, illustrées
non seulement par Tessier et Gilbert, mais poursui-
vies par la plupart des membres de la Société d'Agriculture.

Fougeroux de Bondaroy était le neveu de Duhamel
du Monceau ; il n'eut d'autre ambition que de l'imiter
et parcourut toutes les sciences pour chercher ce que
chacune d'elles pouvait offrir d'utile à l'économie rurale et aux arts. Après la mort de Duhamel, il fut non
seulement l'héritier de son domaine, de ses plantations, de ses travaux de sylviculture, mais de ses
œuvres de bienfaisance avec son frère **Fougeroux de
Blaveau**. L'estime et même l'admiration de leurs
contemporains était méritée par la communauté des
travaux, de l'ardeur, de l'amitié, de l'union des deux
frères. Ils renouvelèrent Duhamel de Denainvilliers et
Duhamel du Monceau.

L'éloge de Fougeroux de Bondaroy a été imprimé
sous la plume de Condorcet, et l'éloge de son frère
Fougeroux de Blaveau fut prononcé par Broussonet.

La promotion de 1784 nous fournit deux noms qui
semblent se rattacher à l'action de Bertier de Sauvigny :
ce sont les noms de Vicq d'Azir et de Fourcroy. C'est
au Jardin des Plantes que, sur l'appel d'Antoine Petit,
professeur d'anatomie, **Vicq d'Azir** fit ses débuts sous la
protection de Lassone, premier médecin du roi, et con-

tribua à la fondation de la Société de Médecine dont il devint le secrétaire perpétuel. Une épizootie mit ses talents en pleine lumière et en deux volumes il publia, en 1781, un ouvrage sous le titre de *Médecine des bêtes à cornes*. Bertier de Sauvigny, en 1783, lui donna une chaire d'anatomie à Alfort et le voici membre de l'Académie Française et de la Société d'Agriculture. Ses nombreux travaux minèrent sa santé. Le chagrin qu'il éprouva à la mort de la reine Marie-Antoinette, dont il était le médecin, et sa présence forcée à la cérémonie où Robespierre proclama l'Être suprême, achevèrent de ruiner sa santé; il devait mourir en 1794, âgé seulement de 46 ans.

Quant à **Fourcroy**, son père était pharmacien du duc d'Orléans; mais, ayant perdu sa charge, il avait laissé son fils dans le dénuement. Vicq d'Azir vint à son secours et lui assura l'appui de Buquet, un des professeurs de chimie en renom à cette époque. Le talent de Fourcroy fit le reste. Bertier de Sauvigny l'envoya à Alfort comme professeur de chimie. Tandis que Vicq d'Azir devint membre de l'Académie Française, Fourcroy devint membre de l'Académie des Sciences; il travailla pour la Société d'Agriculture avec Fougeroux de Bondaroy, Valmont de Bomare et Parmentier. On connaît sa conduite incertaine pendant la Révolution et sa célèbre carrière sous l'Empire.

Poissonnier, médecin consultant du roi, conseiller d'État, membre de l'Académie des Sciences en 1765 et de la Société royale de Médecine en 1796, n'était pas déplacé comme savant et comme administrateur au milieu des fonctionnaires qui remplissaient la Société d'Agriculture; mais il n'était pas agronome et ainsi

LAVOISIER

s'explique qu'il fut convoqué et installé dans le Comité d'Agriculture au Contrôle général et qu'il fit cause commune, dès le mois de juin 1786, avec le Contrôle général. Il faut cependant reconnaître qu'il accepta la mission d'étudier des graines de diverses espèces, plantes indigènes et exotiques, arbres et arbrisseaux, pour en rendre compte à la Société et en propager la culture dans son canton par des distributions gratuites. Ceci montre un sincère ami des sciences naturelles.

Lavoisier, dans la liste officielle de 1788, est qualifié « membre de l'Académie royale des Sciences, fermier général et régisseur des poudres et salpêtres »; il faisait partie de l'Académie depuis 1768. Il tirait de la ferme générale de gros profits qu'il devait sacrifier aux expériences qui l'ont immortalisé.

Inutile d'insister sur la lutte engagée entre lui et Bertier de Sauvigny, entre le Contrôle général et la Société d'Agriculture; la bataille est terminée par la transformation de la Société et par la transaction qui mettait la direction entre les mains de l'abbé Lefebvre et de Broussonet. Qu'il nous soit permis d'honorer ce grand homme dans son génie, dans sa vie et dans sa mort. On peut, avec Arthur Young, entrer dans son hôtel transformé à grands frais en laboratoire, en établissement scientifique; on peut lui rendre visite dans sa ferme du Bourget, dans ses fermes du Blaisois qu'il dirige ou surveille lui-même, à l'Académie des Sciences dont, en 1786, il travaillait à refaire l'organisation comme à l'administration du Contrôle général et même des Finances publiques auxquelles il prétendait assurer de nouvelles destinées. Lavoisier était universel.

Lavoisier avait cette qualité particulière d'être extrèmement attentif aux réunions des Sociétés savantes, à l'Académie des Sciences comme à la Société d'Agriculture dont il suivait les discussions, car il était à l'affût de toutes les nouvelles. Ses regards portaient sur tous les sujets, avec la même intensité. L'administration, l'économie politique, la science de la physique et de la chimie, l'agriculture lui appartinrent tour à tour. C'est assez dire. Il fut Lavoisier.

Tessier entra à la Société en 1783, la même année que Lavoisier et Fougeroux de Bondaroy; il était déjà membre de l'Académie des Sciences. C'est une histoire charmante que l'histoire de Tessier. Pour avoir une bourse gratuite au collège de Montaigu, il prit le petit collet et la tonsure, mais n'entra jamais dans les ordres. A sa sortie du collège, il étudia la médecine et fut reçu docteur régent. La Société royale de médecine le prit, en 1776, et le conduisit, peu de temps après, à l'Académie des Sciences. La fortune le suivit pas à pas. Lamoignon de Malesherbes lui donna sa protection et son amitié, et quand, en 1784, le roi acheta le domaine de Rambouillet, il lui en fit obtenir la direction.

Louis XVI prenait plaisir à s'entretenir de ses travaux, et c'est ainsi qu'il lui confia le soin de ce troupeau mérinos dont le roi d'Espagne avait fait don au roi de France. Ce troupeau fixa sur lui la renommée qu'il mérita d'ailleurs par d'innombrables travaux. Il prit notamment la part la plus active à l'*Encyclopédie méthodique*, au *Cours complet* de l'abbé Rozier et au journal intitulé *Journal de l'Agriculture française*.

Par un coup de fortune qu'il est nécessaire de constater, il se maria en 1802 âgé de plus de 60 ans, et jouit, pendant 36 ans, d'un bonheur parfait, car il mourut à 97 ans.

C'est encore à Cuvier qu'il faut s'adresser pour se rendre compte du mérite de **Jean Darcet**. Le règlement de 1788 le qualifie de docteur régent de la Faculté de Médecine de Paris et de l'Académie royale des Sciences : il dut peut-être sa carrière de chimiste à l'ascendant que prit sur lui Rouenne qui, grâce à une grande vivacité d'élocution, savait communiquer son enthousiasme pour les secrets d'un art naissant. L'amitié de M. de Lauraguais fut pour lui un bienfait, ils s'occupèrent tous les deux de la confection de la porcelaine. Au fond, il semble qu'au point de vue de l'agriculture même, Darcet fut classé *ad honorem*. Cependant le Comité d'Agriculture au Contrôle général, auquel il fut associé et dont il devait être l'habile conseiller, provoqua et recueillit nombre de communications intéressantes. C'est en 1788 et 1789 que Darcet donna à la Société d'Agriculture une petite part de ses talents de chimiste.

L'abbé Lefebvre et Broussonet, en vertu du règlement de 1788, sont devenus les représentants permanents et officiels de la Société royale d'Agriculture. De l'abbé Lefebvre, il était nécessaire de parler un peu longuement. Nous l'avons introduit dans notre histoire avec tous les honneurs qui sont dus à son mérite, à son dévouement et à ses succès. Sur Broussonet, il n'est pas besoin de fournir de nouvelles explications et de lui décerner des honneurs, puisqu'il tient perpétuellement, dans ses mains et dans ses paroles, les actes de ses confrères. D'ailleurs, il a fait la conquête de tous ceux qui le connaissent, le voient et l'entendent.

Cependant comme nous sommes à la veille de 1789, il est nécessaire d'indiquer, en quelques mots, le caractère des événements auxquels il doit être mêlé. On ne sera pas surpris d'apprendre que les talents de Broussonet le rendront populaire, qu'il fera partie de l'Assemblée des électeurs de Paris pendant l'Assemblée nationale; qu'il sera un des partisans résolus de Necker et du parti libéral; qu'il deviendra, le 9 septembre 1791, député de Paris à l'Assemblée législative; qu'il suivra le parti des Girondins et qu'il échappera par miracle à leur sort. Attendons les événements.

Toutes les parties de l'histoire naturelle excitaient l'émulation et la curiosité du public et des savants. Les relations entre l'Angleterre et la France étaient très fréquentes et ce n'est pas sans raison que Cuvier a fait l'éloge de Banks qui offrait les trésors de sa bibliothèque et de son cabinet à tous les savants de l'Europe. Le goût et l'ambition des amateurs de l'histoire naturelle s'étaient signalés par des voyages célèbres. **Mongès** le jeune, après avoir collaboré à la célèbre entreprise du *Dictionnaire de l'agriculture*, de l'abbé Rozier son oncle, résolut de suivre, comme naturaliste et aumônier, Lapérouse, qui préparait, sur l'*Astrolabe*, une expédition scientifique. La Société d'Agriculture lui fit le programme de ses recherches dont Thouin, pour la botanique, fut le principal auteur; il partit et ne revint pas. Il avait été nommé en 1784 et fut maintenu dans la liste de 1788 quoiqu'il fût absent et peut-être déjà mort.

Valmont de Bomare s'était fait lui-même; sa vocation l'avait entraîné vers l'histoire naturelle et particulièrement vers la minéralogie. Il devint conférencier, professeur, voyageur et créateur d'un Cabinet d'histoire naturelle auquel le prince de Condé donna l'hospitalité à Chantilly.

Son premier ouvrage eut pour titre *Catalogue d'un cabinet d'histoire naturelle*. C'était une ébauche d'un Dictionnaire universel d'histoire naturelle, auquel l'Europe fit le meilleur accueil. Son caractère indépendant faillit l'écarter de la promotion de 1788.

On peut dire qu'après Buffon et Daubenton, personne ne contribua davantage, en ce temps, à faire aimer et comprendre l'histoire naturelle et que la Société d'Agriculture avait fait, en 1767, un choix digne d'elle.

L'abbé Lefebvre a raconté qu'au moment où il préparait un Mémoire très étendu sur la marne, il fut frappé d'une attaque d'apoplexie; il venait de faire paraître le quinzième volume de son dictionnaire.

Chabert était le fils d'un maréchal ferrant; il commença par s'engager dans le service militaire, mais il n'oublia pas les traditions paternelles. Après la paix de 1763, il entra à l'école vétérinaire de Lyon récemment établie par Bourgelat. Bertin l'appela à Paris et le plaça à la tête des hôpitaux et des forges de l'école d'Alfort.

En 1773, il le nomma inspecteur général des écoles vétérinaires et, en 1779, à la mort de Bourgelat, lui confia la direction de l'école d'Alfort. Chabert se signala par sa constante opposition à l'administration de Bertier de Sauvigny et à l'organisation d'un enseignement d'économie rurale à Alfort. C'était un homme capable et excellent, mais exclusivement voué à la science vétérinaire. Il se fit honneur dans les épizooties, les maladies du charbon et l'éducation économique du bétail et des animaux de basse-cour. Son gendre Flandrin devait le rejoindre à la Société en 1790 et briller à sa suite.

Sur la liste de 1788 ne figure pas **Quatremère-Disjonval** : il avait été nommé en 1784 comme membre de l'Académie des Sciences, il ne fut pas maintenu sur la liste de 1788. Comme il avait eu la prétention de jouer un premier rôle dans le Comité de Lavoisier, il s'était aperçu qu'il ne pourrait réussir ; il se retira, probablement avec aigreur. Il ne fut pas repris dans la liste de 1788, où Valmont de Bomare d'ailleurs eut beaucoup de peine à se faire maintenir pour d'autres raisons. Il avait joué sa partie contre Broussonet et la Société d'Agriculture et Broussonet, triomphant dans le règlement de 1788 comme secrétaire perpétuel, avait dû travailler à l'évincer avec le concours de Lavoisier.

Nous arrivons au point délicat des praticiens, membres de la Société royale. Ils sont fort peu nombreux, mais ils sont éminents.

En 1761, nous avons fait connaissance avec **Pierre Pépin**, jardinier, arboriculteur, le maître et le créateur des espaliers de Montreuil. Il n'a cessé de travailler et d'étudier la nature, à ce point de la soumettre aux règles de l'art le plus consommé. Non seulement il avait créé à Montreuil des enclos assez vastes pour vendre à Paris jusqu'à vingt mille pêches, mais il s'était fait un devoir et un plaisir de transformer les jardins du maréchal de Biron au Gros-Caillou, de M. de Machault à Arnouville et de Bertier de Sauvigny à Sainte-Geneviève des Bois. La Révolution le respecta, et quoique la Société nomma une commission pour recueillir ses observations et ses conseils, il disparut, en ne laissant que le souvenir d'une vie laborieuse, heureuse et utile. En 1788, il était dans le plein du travail et de la vie.

Leduc, meunier et agriculteur à Créteil, près Charenton, était un commerçant renommé ; on comptait sur son industrie pour l'approvisionnement de la capitale. En 1784, il convertit en farine pour un million et demi de grains ; un de ses moulins, établi sur un bras de la Marne, écrasait journellement cent septiers de blé. On lui doit un intéressant Mémoire, publié par la Société, en 1787, sur les abus du glanage.

Je n'hésite pas à mettre **Thouin**, jardinier en chef du Jardin des Plantes, au nombre des praticiens d'un temps où l'horticulture, la sylviculture et l'agriculture progressaient dans les mêmes mains et dans un effort commun.

Quand il visita le Jardin des Plantes, Arthur Young dit qu'il ne connaissait pas d'homme plus aimable qu'André Thouin. Thouin fut, pendant toute sa vie, le Jardin des Plantes lui-même ; il était à peine âgé de 17 ans, lorsqu'il perdit son père, jardinier en chef des jardins du roi. Buffon néanmoins le fit nommer à cette place qui était dans sa famille depuis plusieurs générations. Il était le soutien de sa mère et de cinq enfants que la mort du père avait laissés sans fortune. Thouin justifia, pendant sa carrière, la confiance qu'on avait en lui. Buffon, qui passait une grande partie de l'année à Montbard, avait abandonné à Thouin la direction des travaux dans le Jardin lui-même. Il lui écrivit un jour : « Mon cher Thouin, vous êtes digne de toute mon estime et de toute ma reconnaissance. » Il ne fut nommé qu'en 1783 membre de la Société d'Agriculture en même temps que Lefebvre, Chabert et Lavoisier. Il était déjà membre de l'Académie des Sciences, quoiqu'il fût toujours jardinier, lorsqu'il vint s'asseoir entre Buffon et Bernard de Jussieu. Quand éclata la querelle entre le Contrôle général et la Société d'Agriculture, il refusa de quitter ses amis et d'entrer dans les menées du Comité d'administration. Il ne sortait presque jamais du Jardin du roi et n'allait pas dans le monde, mais il recevait avec bienveillance tous ceux qui s'adressaient à lui; il fut l'ami de Malesherbes et des deux frères Duhamel. Que dis-je? Il fut l'ami de tous les savants étrangers et même des princes qui s'occupaient d'horticulture. Il serait impossible de réunir, dans le cadre de notre histoire, tous les travaux de Thouin. Qu'il nous suffise de rappeler la publication, en 1787, du *Dictionnaire d'agriculture et d'économie rurale* qu'il fit paraître, avec Tessier, Fougeroux de Bondaroy et Parmentier, en six volumes in-quarto.

Nous ne demandons pas mieux que d'accorder un peu de pratique à quelques-uns des grands propriétaires ou savants dont nous avons énuméré les titres et les services. Tels furent Charost, Lefebvre, Tessier, les Fougeroux; mais après avoir nommé Leduc et Petit, maîtres de poste à Saint-Germain-en-Laye, membres titulaires depuis 1784, il faut arriver à **Cretté de Palluel** pour trouver un véritable praticien. C'est l'avis d'ailleurs d'Arthur Young.

Issu d'une famille de cultivateurs, il n'avait que dix-sept ans, lorsque son père, maître de poste à

Saint-Denis, lui confia la direction de ses terres de Dugny et du Bourget.

Les prairies de Dugny formaient souvent un grand marais ; il réussit à les dessécher et en fit diriger les eaux pour l'usage d'un moulin. Le desséchement des marais et leur mise en culture par des publications et par l'exploitation, reste le trait principal de la carrière agricole de Cretté de Palluel.

Avec autant d'ardeur que d'intelligence, il mit sa personne et ses terres à la disposition de Bertier de Sauvigny et de la Société d'Agriculture. Les plantations, le bétail, la culture des terres furent à la fois l'objet de ses victorieux efforts. Aucun praticien ne donna à la création des comices agricoles un effort plus soutenu. Aucun praticien ne donna à la Société d'Agriculture de communications plus solides. Malesherbes et Broussonet s'unirent pour lui faire décerner la médaille d'or, et, en 1788, le lauréat de la Société d'Agriculture passa membre titulaire.

C'est Arthur Young et Broussonet qui tiendront à honneur de présenter, dans quelques instants, le tableau de l'exploitation de ce grand cultivateur. Ils diront eux-mêmes ce qu'ils ont vu, mais je tiens à présenter moi-même la vacherie et la laiterie de Mme Cretté de Palluel et de rappeler que cette excellente cultivatrice fit insérer dans les Mémoires de la Société une étude sur les vaches et particulièrement sur l'éducation des génisses. Et ceci me donne l'occasion de dire que les femmes, de tout rang, en 1789, avaient pris le goût de l'agriculture.

A côté de Cretté de Palluel apparaît à la fin de 1788 un propriétaire-cultivateur, **Rougier de la Bergerie,** qui, jusqu'en 1793, déploya une grande énergie pour la culture de la vigne, l'amélioration des troupeaux de moutons et l'aménagement des forêts.

C'est dans la catégorie des correspondants régnicoles, c'est-à-dire des véritables collaborateurs de la Société, qu'on pourra trouver des praticiens. Nous connaissons déjà **Chevalier**, membre correspondant à Argenteuil, bientôt membre de l'Assemblée nationale, **Charlemagne** à Maisons près Charenton, **Petit**, maître de poste à Saint-Germain-en Laye, membre titulaire depuis 1784, **Vattier**, maître de poste à la Croix de Bernis et **Yvart**, fermier de la Société à Charenton. Ce dernier avait été lauréat de la Société d'Agriculture pour une question relative aux arbres, arbustes et plantes dont on peut retirer les fils. Ils jouèrent un grand rôle à la Société d'Agriculture.

A cette époque, les maîtres de poste, dont Cretté de Palluel offre l'exemple, étaient les principaux cultivateurs et les artisans du progrès agricole. La quantité de chevaux qu'ils étaient obligés d'entretenir leur fournissait des fumiers qui alimentaient leurs récoltes et excitaient leur zèle. C'est un des caractères particuliers de l'état de l'agriculture dans les environs de Paris.

En parcourant la liste des correspondants régnicoles (ils sont cinquante-huit), on s'aperçoit qu'à des titres divers, ils sont l'expression scientifique et agricole de la province qu'ils habitent. Ainsi, tout à fait au premier rang nous nommons le baron de la Tour d'Aigues, président à mortier du Parlement d'Aix. Les communications du président de la Tour d'Aigues, en 1787, sont nombreuses et importantes. Il disserte, dans nos *Mémoires*, sur les chèvres d'Angora, les bœufs de la Camargue, la culture du câprier, les vers de terreau et rend compte de ses expériences sur les moutons à laine superfine qu'il introduit en Provence. Aussi, dans la séance du 8 novembre 1788, la Société lui décerne une médaille d'or. En 1790, Arthur Young lui rendra solennellement visite et nous apprendra que la Révolution de 1789 a ruiné en partie l'excellent président. Nous avons parlé de quelques praticiens de la Généralité de Paris; nous allons nommer quelques propriétaires et savants qui, par leurs communications, ont pris part aux travaux et aux succès de la Société. Olivier, Gilbert, Varenne de Fenille, Moreau de Saint-Méry sollicitent notre attention et la retiendront toujours encore.

Olivier est un des plus anciens collaborateurs de Bertier de Sauvigny, à Paris et à Alfort, où il a été professeur, et s'il n'est encore que correspondant, il n'en sera pas moins membre de l'Académie des Sciences et de la Société d'Agriculture. Quant à **Gilbert**, professeur lui aussi, à Alfort, lauréat de la Société, jusqu'au jour prochain où il deviendra titulaire, il est déjà célèbre : nous le connaissons. N'a-t-il pas publié, en 1788, dans les *Mémoires* de la Société, une description agronomique de la Généralité de Paris? Ils sont tous deux à nous; nous les suivrons dans leur carrière, qui sera la nôtre, et dans les éloges sans réserve que Cuvier et Silvestre ne leur marchanderont pas.

Varenne de Fenille s'était, dès sa jeunesse, distingué dans l'agriculture et dans la sylviculture. Il avait réussi, sous les auspices de l'Intendant Amelot, tout autour de Bourg, à dessécher les marais et à créer des pépinières. La science des forêts, que Duhamel et Buffon avaient mise en honneur, fut l'objet de sa sollicitude éclairée. Sur ce terrain, il rencontra Malesherbes dont il devint le correspondant et le collaborateur. Il devait communiquer à la Société d'Agriculture les observations les plus curieuses sur la destruction des poissons par le grand hiver de 1789, puis à l'Assemblée nationale de très importants Mémoires sur l'aménagement des forêts. On ne sait pourquoi il périt sur l'échafaud dans le même temps que Lamoignon de Malesherbes et Lavoisier. Peut-être avait-il excité la haine parce qu'il avait fait trop de bien dans son pays.

Moreau de Saint-Méry nous vient des colonies où Louis XVI l'avait nommé membre du Conseil supérieur du Cap à Saint-Domingue. Quand il arriva à Paris, il ne tarda pas à se faire une situation comme représentant des cultures coloniales. Son Mémoire sur la culture du coton fut accueilli avec faveur par Desmarets, Abeille et Thouin. Mais ce n'est pas à propos des cultures coloniales que Moreau de Saint-Méry s'inscrira avec honneur dans nos souvenirs reconnaissants. Il était, en 1789, membre correspondant de la Société d'Agriculture, quand il présida les électeurs de Paris, avec autant de courage que d'éloquence, dans les journées mémorables de juillet 1789.

Tous les quatre, Olivier, Gilbert, Varenne de Fenille, Moreau de Saint-Méry seront compris, comme membres titulaires, dans la promotion de 1791; mais dès 1788, nous avons le devoir de les considérer d'avance comme les membres les plus utiles de notre Compagnie, puisqu'ils ont été nommés membres correspondants en 1788.

J'ajouterai, à ces noms célèbres, les noms de deux membres de l'Académie des Sciences, la Pérouse à Toulouse, de Ladebat à Bordeaux, Chaptal professeur de chimie à Montpellier, le marquis de Langeron, aïeul de la famille de Vogüé, Céré directeur des jardins du roi à l'Ile de France, et Cliquot de Blervache, chevalier des ordres du roi à Reims. Les correspondants ne sont pas inférieurs aux membres titulaires.

La liste des associés et des correspondants étrangers atteste la renommée qu'avait conquise la Société d'Agriculture. Comme le Roi s'était fait le protecteur de la Société, le duc de Parme, infant d'Espagne, avait accepté d'être inscrit parmi les associés étrangers ; mais c'était surtout avec l'Angleterre que la France s'était engagée dans des relations scientifiques. Le chevalier Banks, président de la Société royale de Londres, avait mérité la reconnaissance des savants de l'Europe, nous le répétons, par l'hospitalité qu'il avait donnée à tous les savants, et naturellement à notre Broussonet dans sa riche bibliothèque et dans ses collections d'histoire naturelle. Cuvier a fait son éloge, et la lecture de cet éloge nous amène à nous réjouir de l'union scientifique de la France et de l'Angleterre en 1789.

Les noms de More, secrétaire de la Société des arts de Londres, de Saint-Jean de Crèvecœur à New-York, de sir John Saint-Clair à Londres et d'Arthur Young, à Bury en Suffolk, font surgir bien des réflexions intéressantes dont nous n'avons pas le loisir de nous occuper. Cependant, il faut insister sur les noms de l'abbé de Commerell et de Lazowski, qui, à cette époque, s'agitaient tous deux autour de la Société d'Agriculture pour la conseiller, la critiquer, la servir, et surtout pour chercher à la diriger.

On est étonné de voir Lazowski s'établir dans les affaires de l'agriculture à partir de 1787. Il était le fils d'un gentilhomme polonais qui avait suivi Stanislas en Lorraine. Il s'était engagé dans l'armée et, pour une raison ou pour une autre, avait été condamné à mort. Il s'échappa, passa en Angleterre, se lia avec le groupe des économistes et s'imposa par ses ardeurs et ses talents.

Le duc de Liancourt le rencontra en Angleterre, se laissa séduire, obtint sa grâce, et, en 1784, Lazowski obtint une place d'inspecteur ambulant des manufactures. Il pouvait être l'instrument utile du Comité d'administration de l'agriculture; on l'y fit entrer, et en même temps ses protecteurs le poussèrent dans la Société d'Agriculture à une place de membre correspondant.

Nous le verrons, en compagnie d'Arthur Young, dans l'intimité du duc de Liancourt qui dut se repentir de l'imprudence de sa protection. Lazowski tourna fort mal, se fit un des chefs du club des Jacobins et lui ou son frère prirent une part importante à l'insurrection du 20 juin.

Tout autre était l'excellent abbé de Commerell, attaché à la princesse douairière de Lœwenstein; il vint en France pour ne s'occuper que de l'agriculture; par son zèle et ses connaissances, il s'attira les bonnes grâces et les faveurs de tout le monde. Nos *Mémoires* reproduisent de nombreuses communications que l'abbé de Commerell fit à la Société et justifient le titre de correspondant étranger avec lequel il figure sur la liste de 1788. Il méritera d'être nommé plusieurs fois dans cette histoire, avec reconnaissance.

En énumérant la liste des membres de la Société d'Agriculture au moment où elle subissait la transformation de son personnel, nous regretterions de ne pas essayer un tableau un peu vivant d'une institution, où figuraient les personnalités les plus brillantes et les plus diverses. Par une fortune inespérée, nous trouvons, parmi les membres étrangers de la Société, le spectateur le plus impartial et le plus autorisé, qui nous mettra, par quelques détails précis, au courant du monde scientifique et agricole entre 1787 et 1789.

Nous n'avons qu'à recueillir les notes qu'Arthur Young a consignées, jour par jour, dans ses célèbres *Voyages en France.*

Young arrive au mois de mai 1787, et le 26, il passe la soirée chez le frère de son ami Lazowski, « où j'eus le plaisir, dit-il, de trouver M. Broussonet et M. Desmarets, tous deux de l'Académie des Sciences. Comme M. Lazowski connaît bien les manufactures de France, dans l'administration desquelles il a un poste éminent, et comme les autres ont beaucoup étudié l'agriculture, la conversation fut très instructive. Le soir, j'allai en poste à Versailles avec le comte de La Rochefoucauld, et je descendis à l'hôtel du duc de Liancourt. »

« Le 27, je déjeunai avec lui dans les appartements que le roi lui accorde dans le palais, au titre de grand maître de la garde-robe. Je trouvai le duc dans un cercle de seigneurs, parmi lesquels était le duc de La Rochefoucauld, bien connu par son étude sur l'histoire naturelle; je lui fus présenté. Comme il va à Bagnères de Luchon, dans les Pyrénées, j'aurai l'honneur d'être de la partie. » On voit qu'Arthur Young était bien placé pour connaître et voir les personnes et les choses.

Je laisse de côté le récit fort piquant de la vie de Bagnères de Luchon, et je constate seulement que notre confrère, le duc de La Rochefoucauld, aimait à herboriser dans les Pyrénées ; « il nous accompagne, dit Arthur Young, dans nos excursions, parce qu'il connaît bien cette partie de l'histoire naturelle, et nous prenons des notes sur les plantes que nous recueillons ».

Au mois de septembre, Young revint à Paris, il alla faire un pèlerinage à Denainvilliers, demeure de feu Duhamel ; Fougeroux, son héritier, n'était pas chez lui. Il devait faire également un pieux pèlerinage à Malesherbes et à Turbilly.

Le 16, Young est installé chez son grand ami le duc de Liancourt, à Liancourt. Il aime les nouvelles promenades à la mode anglaise, la laiterie et la ménagerie, tout récemment créées par la duchesse de Liancourt ; une petite filature de toile et d'étoffes mêlées de fil et de coton, un asile pour élever les jeunes filles pauvres dans l'industrie, des bâtiments pour recueillir les orphelins des soldats ; enfin, dit-il expressément, « la manière de vivre approche plus de la maison de campagne d'un seigneur d'Angleterre qu'il est possible de se l'imaginer ».

Vient le tableau d'un banquet qu'offre le duc de

Liancourt, comme président de l'Assemblée provinciale de l'élection de Clermont. Young admire la tenue des convives, et la présence de deux dames à un banquet de cette nature. Il s'étonne, — ce banquet est pourtant l'image des comices agricoles, fondés si brillamment par Bertier de Sauvigny. — « Nous allâmes ensuite à Brasseuse, maison où demeure la sœur de la duchesse de Liancourt ; quelle fut ma surprise de voir que cette vicomtesse était une grande fermière ! »

Si les choses se passent ainsi chez le duc de Liancourt, nous pouvons supposer qu'elles sont parfois l'image de la vie des autres grands seigneurs membres de la Société d'Agriculture.

Au mois de septembre, il est à Paris ; le 14, il se rend à l'Arsenal pour remettre à Lavoisier une lettre d'introduction que lui a donnée le docteur Priestley.

Le 16, Mme Lavoisier lui offre un déjeuner à l'anglaise, composé de thé et de café, mais « la conversation de cette dame s'exerçant sur l'essai de Kirwan et la phlogistique, essai qu'elle traduit de l'anglais, et sur d'autres sujets qu'une femme d'esprit, qui travaille avec son mari dans le laboratoire sait orner à son gré, fut pour moi le meilleur repas. Je ressentis beaucoup de plaisir en examinant cet appartement dont les opérations sont devenues si intéressantes pour le monde savant. Je fus bien aise de trouver ce savant magnifiquement logé, et avec toute l'apparence d'un homme qui a une fortune considérable. Cela fait toujours plaisir ; les richesses de l'État ne sauraient être en de meilleures mains qu'en celles des hommes qui emploient ainsi une partie de leur superflu. »

Le 19, il se transporte à Charenton pour visiter

l'École vétérinaire et la ferme de la Société royale d'Agriculture.

« M. Chabert, directeur général, me reçut avec la plus grande politesse; j'avais eu le plaisir de connaître M. Flandrin, son aide et son beau-fils, dans le comté de Suffolk; ils me firent voir tout l'établissement vétérinaire qui fait honneur au Gouvernement français. Il fut formé en 1766; en 1783, on joignit une ferme et on établit quatre places de professeurs, deux pour l'économie rurale, une pour l'anatomie et une pour la chimie. Je fus informé que M. Daubenton, qui est à la tête de cette ferme avec six mille livres d'appointements, donne des lectures sur l'économie rurale, particulièrement sur les moutons, et que l'on gardait pour cela un troupeau, afin de le faire voir au public. »

« Il y a un appartement spacieux et fort commode pour disséquer les chevaux et les autres animaux, un grand cabinet où les parties les plus intéressantes des animaux domestiques sont conservées dans l'esprit-de-vin, comme aussi les différentes parties de leurs corps sur lesquelles sont les effets visibles de leurs maladies. Ce cabinet est fort riche. Quant à la ferme, elle est sous la conduite d'un grand naturaliste, fameux dans l'Académie royale des Sciences et dont le nom est célèbre dans toute l'Europe pour son mérite dans les hautes sciences; il faudrait que je fusse dépourvu de toute connaissance de la nature humaine pour attendre quelque chose de bon dans la pratique de pareils fermiers. Ils s'imaginent sans doute qu'il est indigne de leur rang dans le monde d'être bons laboureurs, planteurs de navets et bergers. »

Arthur Young aurait dû se dire simplement que la

ferme n'était pas exclusivement aux mains d'un praticien. Elle avait été achetée, au nom du roi, par Bertier
de Sauvigny et placée sous la direction de Daubenton
et de Bertier pour en faire une exploitation d'expériences scientifiques et nullement un établissement de
rapport. A côté de la bergerie de Daubenton, Young
aurait dû visiter les plantations de Bertier et constater des expériences qui étaient celles d'un arboriculteur.

« Le 21, M. Broussonet étant de retour de Bourgogne,
j'eus le plaisir de passer avec lui une couple d'heures
très agréablement. C'est un homme singulièrement
actif, qui possède une multitude de connaissances
utiles dans toutes les branches de l'histoire naturelle,
et il parle fort bien anglais ; il est rare qu'un homme
soit aussi bien adapté à une place que M. Broussonet
est adapté à la place de secrétaire de la Société royale. »
Aussi se rencontrent-ils souvent, et le 22, ils dînent
à Saint-Germain, chez le maréchal de Noailles. Young
reconnaît que le maréchal possède une belle collection
de plantes curieuses, entre autres, dit-il, « la plus belle
sophora japonica que j'aie vue ». Le 24, nos amis sont au
Jardin des Plantes. «Le Jardin des Plantes est très bien
tenu. La politesse de M. Thouin a le caractère le plus
aimable, il fait de ce jardin la scène de tous les plaisirs
raisonnables outre celle des plantes ; je dînai ensuite
avec M. Parmentier, auteur célèbre de plusieurs ouvrages économiques particulièrement sur la boulangerie
de France. Cet auteur joint, à une multitude de connaissances utiles, beaucoup de ce feu et de cette vivacité
pour lesquels sa nation est si célèbre et que je n'ai
pas remarqués aussi souvent que je m'y serais attendu. »

Entre temps Arthur Young a fait « son pèlerinage
à Turbilly ».

Le voyage de 1787 est fini. Le 28 octobre, il quitte
Paris, mais Broussonet avait eu la complaisance de
l'accompagner jusqu'à Dugny, pour lui faire visiter la
ferme de Cretté de Palluel, « qu'il trouve un cultivateur très intelligent ». Il va rentrer en Angleterre, et
consigner ses opinions sur la situation de la France.
il les renouvellera l'année suivante. « On est à la veille
de quelque grande révolution dans le gouvernement; le
désordre des finances est grand, il y a un déficit qu'il
est impossible de combler sans les États Généraux du
royaume; et cependant, il n'y a aucune idée de formée
sur les conséquences de cette Assemblée; il n'existe
pas de ministre, et on ne connaît, hors du ministère,
personne pour offrir un remède. Le prince qui est sur
le trône a d'excellentes dispositions, mais il manque des
ressources nécessaires pour gouverner, dans un pareil
moment, sans ministres. La Cour est ensevelie dans
les plaisirs et la dissipation, tandis qu'une fermentation
règne dans tous les esprits qui désirent un changement.
Un fort levain de liberté s'accroît tous les jours, depuis
la révolution de l'Amérique. Tout cela forme un
enchaînement de circonstances qui conduisent à la
banqueroute, si un homme d'un génie et d'un courage
supérieur ne vient pour sauver la situation. » Cela
n'est vraiment pas mal pensé.

Arthur Young est parti pour l'Angleterre, et il
revient, en 1788, s'installer chez ses bons amis les La
Rochefoucauld, et continuer ses études sur l'agricul-
culture et la révolution. Le 21 juillet, il rend visite au
marquis de Guerchy, qu'il avait reçu dans le comté de

Suffolk. Guerchy commande à Caen le régiment d'Artois, dont il est colonel ; il emmène Arthur Young à la foire de Guibray et, chemin faisant, ils dînent chez notre confrère le marquis Turgot. « Ce marquis, dit-il, est auteur de quelques Mémoires sur la manière de planter, publiés dans les trimestres de la Société royale de Paris ; il nous montra et nous expliqua toutes ses plantations, mais il est grand amateur des arbres étrangers, et je fus fâché de voir que ce n'était pas en raison de leur utilité, mais de leur rareté. Cela est commun en France, mais il s'en faut beaucoup qu'il en soit de même en Angleterre. Je tâchai, toutes les fois qu'il y avait une longue allée à traverser, de faire tomber la conversation sur l'agriculture, au lieu de parler d'arbres, mais tous mes efforts furent inutiles. »

Dans cette partie de son voyage, Arthur Young alla de nouveau rendre hommage à la mémoire de Turbilly, sur son domaine et nous avons déjà constaté l'émotion qu'il y ressentit.

Ce voyage se termina par une visite à la Roche-Guyon où se trouvaient réunis madame d'Enville et le duc de La Rochefoucauld. Il se réjouit de trouver à la Roche-Guyon la résidence d'un lord en Angleterre ; mais il remarque que si le duc de La Rochefoucauld met son intendant à sa disposition pour parler agriculture, il n'en aurait pas été de même chez un seigneur anglais qui aurait fait venir trois ou quatre fermiers pour dîner avec lui. Le duc de Liancourt seul avait fait exception, et il ajoute, d'un ton de mauvaise humeur : « La noblesse de la France n'a pas plus l'idée de pratiquer l'agriculture que d'en faire un objet de conversation, si ce n'est en théorie. C'est l'objet le plus éloigné de ses habitudes et de ses recherches. Je ne blâme pas tant la noblesse de cette négligence, que je ne blâme cette troupe de visionnaires et d'écrivains qui, du milieu des cités, avec une impertinence inconcevable, ont inondé la France de leur galimatias et de leurs théories. »

Quand il revient en France en 1789, il est élu membre de la Société royale d'Agriculture au titre étranger. Aussi à peine arrivé le 8 juin 1789 à Paris, il vient, le 12, siéger à la Société. Broussonet le présente à ses confrères.

« J'allai à la Société Royale d'Agriculture, qui s'assemble à l'Hôtel de Ville et dont je suis associé : je votai et reçus un jeton qui est une petite médaille donnée aux membres, toutes les fois qu'ils y vont, afin de les engager à s'occuper des affaires de leur institution ; c'est la même chose dans toutes les académies royales... et ces jetons causent tous les ans une dépense considérable et fort mal employée, car quel bien peut-on attendre d'hommes qui ne vont là que pour recevoir des jetons ? Quel que soit leur motif, la Société est bien suivie : il y avait trente personnes présentes, entre autres MM. Parmentier, vice-président, Cadet de Vaux, Fourcroy, Tillet, Desmarest, Broussonet, secrétaire, et Cretté de Palluel, à la ferme duquel je fus, il y a deux ans, et qui est le seul de la Société qui pratique l'agriculture. Le secrétaire lit les titres des Mémoires présentés et en rend quelque compte, mais on ne les lit pas, à moins qu'ils ne soient particulièrement intéressants ; alors les membres lisent des Mémoires ou font des rapports, et quand ils discutent ou délibèrent,

il n'y a point d'ordre ; mais ils parlent tous ensemble,
comme dans une chaude conversation particulière.
L'abbé Raynal leur a donné 1,200 livres pour un prix
sur quelque sujet important, et on me demanda mon
opinion pour savoir ce qu'on devrait proposer : Donnez
ce prix, répliquai-je, pour l'introduction des navets ;
mais ils pensent que c'est un objet que l'on ne saurait
atteindre ; ils ont tant fait et le Gouvernement a tant
fait en vain, que cette entreprise leur paraît impossible. Je ne leur dis pas que tout ce que l'on avait
fait jusqu'ici était une véritable folie, et que le meilleur
moyen de commencer serait de défaire tout ce qui
avait été fait. Je n'assiste jamais à aucune Société
d'agriculture, soit en Angleterre, soit en France, sans
avoir des doutes, sur le point de savoir si ces sociétés
ne font pas plus de mal que de bien ; c'est-à-dire, si
les avantages dont l'Agriculture peut leur être rede-
vable, ne sont pas contre-balancés par le mal qu'elles
occasionnent, en tournant l'attention du public vers
des objets frivoles, ou en traitant des sujets importants
comme des bagatelles? La seule Société qui pourrait
être vraiment utile, serait celle qui, en cultivant une
ferme, offrirait un exemple parfait de bonne culture
à ceux qui voudraient la visiter. Naturellement, elle
ne devrait être composée que d'hommes pratiques et
alors, demandez si plusieurs bons cuisiniers ne gâte-
raient pas un bon plat!... »

Tout le mois de juin 1789 il passera son temps
entre ses confrères de la Société et ses courses à
Versailles avec Lazowski chez le duc de Liancourt.
Continuons donc ses visites qui font un singulier con-
traste avec les discussions passionnées qui retentissent

dans l'Assemblée nationale. Le 14, « j'allai au jardin du roi, où M. Thouin eut la bonté de me faire voir quelques expériences qu'il avait faites sur des plantes qui promettent beaucoup pour le cultivateur, particulièrement sur le *lathyrus biennis* et le *melilotus syberica*, qui ont actuellement l'apparence d'être un bon article de fourrage ; ce sont des plantes biennales, mais elles durent trois ou quatre ans, quand on ne les laisse pas monter en semence.

« L'*achyllea syberica* promet beaucoup, ainsi qu'un *astragalus ;* il m'en a promis des semences. Le chanvre de la Chine est actuellement en semence, degré de perfection où il n'était pas encore parvenu en France. Plus je vois M. Thouin, plus il me plaît ; c'est l'homme le plus aimable que je connaisse.

« Le 16, j'allai à Dugny, à trois lieues de Paris, avec M. Broussonet, pour voir M. Cretté de Palluel. M. Broussonet, qui est très ardent pour l'honneur et les progrès d'agriculture, voulait me rendre témoin de la pratique et des améliorations d'un homme qui a un si haut rang dans la liste des cultivateurs français. Nous passâmes d'abord chez le frère de M. Cretté, qui tient actuellement la poste, et qui a conséquemment cent quarante chevaux ; nous allâmes par toute la ferme, et les récoltes de blé et d'avoine qu'il me montra étaient en général fort belles, et quelques-unes supérieures ; mais j'avoue que j'en aurais été plus satisfait si ses écuries n'avaient pas été aussi bien remplies pour des vues bien différentes de celles d'un agriculteur. Chercher un cours suivi de récolte en France est une chose inutile ; on y sème deux ou trois fois, et même quatre fois de suite, du blé blanc. A dîner, j'eus

une longue conversation avec les deux frères et avec
quelques autres cultivateurs du voisinage sur cet article, dans laquelle je recommandai des navets ou des
choux, selon la nature du sol, pour couper la continua-
tion du blé blanc; mais ils furent tous contre moi,
excepté M. Broussonet; ils demandèrent : « Pouvons-
nous semer du blé après des navets et des choux? »
Vous le pouvez sur une petite partie du terrain, et avec
grand succès; mais le temps de consommer la plus
grande partie de la récolte rend cela impossible; cela
est suffisant, si on ne peut pas semer du blé après,
cette culture n'est pas bonne pour la France. Cette
idée est universellement la même dans le royaume;
je leur dis alors qu'ils pourraient avoir la moitié de
leurs terres en blé, et cependant être bons cultivateurs.
Ainsi un, fèves; deux, blé; trois, ivraie; quatre, blé; cinq
trèfle; six, blé; ils approuvèrent cela davantage, mais
crurent que leurs procédés valaient mieux. Mais la
culture la plus intéressante de leurs fermes, c'est
la chicorée, *chicorium intybus*. J'eus la satisfaction de
trouver que M. Cretté de Palluel en avait une aussi
grande opinion qu'autrefois; que son frère l'avait
adoptée; qu'elle était dans un état florissant dans leurs
deux fermes et dans celles de leurs voisins. Je ne vois
jamais cette plante, sans me féliciter d'avoir voyagé pour
quelque chose de plus que pour écrire dans mon cabinet;
son introduction en Angleterre, si un lord n'avait
rien fait autre chose pendant sa vie, serait suffisante
pour prouver qu'il n'a pas vécu en vain; je parlerai
davantage de cette excellente plante et des expériences
qu'en a faites M. Cretté, dans un autre lieu.

« Le 18, à la Société royale d'Agriculture, où je donnai

ma voix avec les autres membres, élut, à l'unanimité
le général Washington comme membre honoraire;
cette élection eut lieu sur la proposition de M. Broussonet, parce que je lui avais certifié que le général
était un excellent cultivateur, et qu'il avait eu une correspondance avec moi à ce sujet. L'abbé de Commerell
était présent; il offrit une brochure sur un nouveau sujet, le choux à faucher, et un panier rempli de semences.

« Le 19, j'accompagnai M. Broussonet pour aller
dîner chez M. Parmentier, à l'hôtel des Invalides. Il s'y
trouvait un président du Parlement, M. Mailly, beau-
frère du chancelier, l'abbé de Commerell, etc., etc. Je
remarquai, il y a deux ans, que M. Parmentier était
le meilleur homme du monde, et que, sans aucun
doute, il entendait tous les détails de la boulangerie
mieux que personne, comme ses ouvrages le démontrent
clairement. Après le dîner, nous allâmes à la plaine des
Sablons, pour voir les pommes de terre de la Société
et les préparatifs qu'elle fait pour cultiver des navets;
à cela je dirai que je conseille à mes confrères de s'en
tenir à leur agriculture scientifique, et d'en laisser la
pratique à ceux qui l'entendent. Quel malheur pour des
cultivateurs philosophes, que Dieu ait créé du chien-
dent! »

Encore huit jours et Arthur Young quittera Versailles
et Paris. Nous ne résistons pas au plaisir de le suivre
et de recueillir ses notes, le 20 juin 1789 :

« Le 20, nouvelles nouvelles; un message du roi au
président des trois ordres pour leur annoncer qu'il viendrait à l'assemblée lundi prochain. Le 21, il est impossible de faire autre chose que de courir de maison en
maison pour avoir des nouvelles. La démarche des

communes, en se constituant Assemblée nationale, indépendante des autres ordres et du roi lui-même et en déclarant qu'aucun pouvoir ne les dissoudrait, s'est emparée de toute l'autorité du royaume. »

Le 22, Young part pour Versailles. Pendant le déjeuner, chez le duc de Liancourt, on apprend que le roi a remis au lendemain sa visite aux États Généraux. Arthur Young court à l'église de Saint-Louis où les députés se sont rassemblés. Il dîne, dans ce jour célèbre, chez le duc de Liancourt, au château, avec un grand nombre de députés de la noblesse et des communes, entre autres le duc d'Orléans, l'évêque de Rodez, l'abbé Sieyès, et Rabaud de Saint-Étienne. Il remarque, chez les convives du duc de Liancourt, une indifférence probablement calculée. Le duc d'Orléans fait quelques plaisanteries, Sieyès garde le silence, les autres députés feignent d'attendre tranquillement. Le lendemain séance royale : le roi déclare que l'ancienne distinction des trois ordres de l'État doit être maintenue. Célèbre réponse de Mirabeau, le 23. L'Assemblée nationale ne se dissoudra pas. Elle se déclare inviolable.

Le 27, Arthur Young écrit : « Tout semble maintenant terminé et la révolution complète. Le roi a été épouvanté par la populace. Il a travaillé à détruire lui-même son système de la séance royale, en écrivant au président des ordres de la noblesse et du clergé pour leur enjoindre de se réunir aux communes; on lui représenta que le pain manquait dans presque toutes les parties du royaume, et qu'il n'y avait aucune extrémité à laquelle le peuple ne puisse se porter. Désormais le roi ne saura plus où s'arrêter, ni ce qu'il devra refuser. »

Le 28, il prend congé de son ami Lazowski, de la bonne duchesse d'Estissac, il gagne Nangis, où il fait ses adieux à la Société d'Agriculture, dans la personne de son confrère M. de Guerchy, devenu son ami.

A Strasbourg, il dîne avec le comte de La Rochefoucauld, et le 26, il apprend la prise de la Bastille, et cette révolution accomplie le 15 juillet, « avec une sorte de magie ».

Ne semble-t-il pas que les réflexions d'Arthur Young, jetées sur son carnet de voyage, de 1787 à 1789, éclairent tout le personnel du règlement de 1788 et nous donnent le tableau vivant de la Société royale d'Agriculture? D'ailleurs, la séance dans laquelle Arthur Young a été installé, comme associé étranger et celle dans laquelle Broussonet et Arthur Young ont fait nommer Washington, sont des événements très notables de notre histoire; ils méritaient d'être mis en pleine lumière.

CHAPITRE VI

Nous reprenons l'histoire de la Société, dont nous
avons suspendu un instant le cours pour publier et
examiner le règlement de 1788 et tracer le tableau du
nouveau personnel. Nous nous sommes arrêtés après
la séance du 10 juillet 1788, qui consacra l'installation
de la Société à l'Hôtel de Ville, avec le concours du
premier ministre, à cette heure Loménie de Brienne.

La Société semblait pouvoir compter sur la faveur
et la justice du ministère ; mais la caisse du Trésor
était à sec comme celle de la Société. L'archevêque de
Toulouse, par son impuissance financière, était contraint
de donner sa démission. C'était un grave échec pour
l'influence de Bertier de Sauvigny ; c'était une bonne
fortune pour la Société d'Agriculture.

Le 20 août 1788, Necker revient au pouvoir, il est
ministre des Finances et secrétaire d'État. Tous les
vœux de la nation se tournent vers le nouveau ministre
comme on attend les rayons du soleil après un long
et désastreux orage. Cette image, empruntée à Rabaud
de Saint-Étienne, peint les impressions auxquelles

s'abandonnaient tous les Français et que subissaient la plupart des membres de la Société d'Agriculture.

En effet, Dailly, au nom de la Société, fut chargé de faire immédiatement une démarche auprès du nouveau ministre, pour qu'il ratifiât les promesses de son prédécesseur et qu'il accordât au moins à la Société une somme de 3,000 livres, pour couvrir les frais de la séance publique, qui devait être tenue au mois de décembre. L'affaire de la subvention annuelle était réservée.

D'autre part, lorsque, après le 30 mai 1788, la Société cessa de tenir ses séances chez Bertier de Sauvigny, elle reçut les réclamations de plusieurs créanciers pour fournitures et travaux divers. Lefebvre, agent de la Société, répondit que ces fournitures et travaux ayant été ordonnés par l'Intendant de Paris, qui, seul, avait alors le maniement des fonds accordés à la Société, c'était à cet administrateur qu'on devait s'adresser. Bertier refusa de payer, non qu'il méconnût la dette, mais parce qu'il se trouvait alors dans l'impossibilité de l'acquitter. Les créanciers retournèrent auprès de Lefebvre, auquel le règlement de 1788 avait conféré les fonctions d'agent général ; celui-ci, instruit du refus de l'Intendant, saisit la Société de ces réclamations, dont le total s'élevait à 14 100 livres. Bien que les membres de la Société fussent convaincus, qu'en droit, on ne pouvait les contraindre à payer, ils se refusèrent à faire éprouver la plus légère perte à des ouvriers et à des fournisseurs de bonne foi. Pour arriver à cette liquidation, avec les ressources fort restreintes dont ils disposaient pour la tenue de la séance annuelle, ils arrêtèrent que les jetons distribués précédemment aux

membres présents aux séances, et dont la valeur était
de 5 livres 16 sous, seraient, à l'avenir, réduits à
3 livres, et que les jetons des absents ne profiteraient
plus aux présents, « ainsi que cela se pratiquait dans
toutes les Académies » (1).

Pour compléter la réorganisation de la Société, le
Gouvernement devait lui accorder une subvention
annuelle de 12 000 livres, pour couvrir toutes ses dépenses; mais il n'avait pu donner aucune suite à ses
engagements. La Société chargea Dailly de présenter à
Necker un Mémoire qui rappelait sa création, ses travaux, les travaux des Comices agricoles, et les charges
que lui avait imposées l'organisation nouvelle du 30 mai.
« Les assemblées, disait ce Mémoire, se tiennent à
« l'Hôtel de Ville. Le corps municipal a bien voulu pro-
« mettre de contribuer aux prix que la Compagnie doit
« distribuer tous les ans, conformément à ses règle-
« ments. L'Administration provinciale a fait les mêmes
« offres, ainsi que plusieurs particuliers ; mais la Société
« manque de fonds pour suffire à la dépense qu'exigent :
« 1° Les jetons distribués aux membres comme dans
« les autres compagnies, comme gage de leur assiduité ;
« 2° L'impression de ses *Mémoires* dont elle a déjà
« publié plusieurs volumes ;
« 3° Sa correspondance qui est très étendue.
« La Compagnie n'ayant rien reçu depuis environ un
« an, a été forcée de contracter quelques dettes peu
« considérables, mais qu'il ne lui est pas possible
« d'acquitter, si le Gouvernement ne vient point à son
« secours... Il est essentiel d'observer que ni les

____

(1) Lefebvre, *Compte rendu*, vol. 14, p. 103-104.

« membres ni les officiers de la Compagnie ne pré-
« tendent à aucune espèce d'émolument (1). »

Necker, sur le vu du Mémoire de la Société et sur les instances de Dailly, qui avait toute sa confiance, accorda facilement, le 15 octobre 1788, d'abord, la subvention de 3000 livres demandée pour les dépenses de la séance publique; puis, il fit signer, le 19 décembre, par le roi, une décision qui accordait à la Société, à compter du 1er octobre 1788, les fonds jadis promis de 12 000 livres. Le Ministre s'engageait, en outre, à seconder le zèle et les efforts de la Société, toutes les fois qu'elle lui en démontrerait la nécessité, reconnaissant que la subvention de 12 000 livres n'était pas en rapport avec les encouragements « qu'il était de l'intérêt public de donner à l'agriculture » (2). Necker faisait un coup de maître. Il avait bien senti qu'au point de vue politique, la liquidation de l'administration de Bertier de Sauvigny lui assurait la reconnaissance d'un groupe important du monde scientifique, et, pour accentuer sa politique de popularité et de prépotence financière, il fit annoncer que les Mémoires destinés à la Société devaient être envoyés sous son couvert, s'ils ne l'avaient pas été sous le couvert du secrétaire perpétuel.

Un mois après, le 28 novembre 1788, la Société, installée définitivement dans la grande salle de l'Hôtel de Ville, tint sa séance publique. Necker est présent. Les membres se font honneur de l'entourer. L'assistance est aussi nombreuse que brillante.

Broussonet prend la parole : « La Société, dit-il,

(1) *Archives nationales,* H. 1501.
(2) *Mémoires de la Société,* vol. 14, p. 6, 7 et 20.

« s'est trouvée jusqu'à présent, par son institution,
« restreinte à s'occuper des connaissances agricoles
« particulièrement convenables aux divers cantons qui
« avoisinent la capitale ; elle est appelée actuellement
« à étendre ses recherches sur toutes les provinces du
« royaume. Parmi les époques dont elle se plaira tou-
« jours à conserver le souvenir, la Société compte sur-
« tout l'époque où elle s'est trouvée rapprochée de la
« première municipalité du royaume qui l'a admise
« dans ses foyers, accueillant ses demandes avec l'em-
« pressement dont on sollicite une faveur. » L'éloge
des membres de l'Administration municipale et de
M. de Morfontaine prévôt des marchands suit naturellement. « Nous l'avons dit l'année dernière et nous
« nous empressons de le répéter aujourd'hui : la So-
« ciété s'est fait une loi de ne transmettre aux labou-
« reurs des procédés nouveaux ou peu connus qu'après
« l'examen le plus scrupuleux, et des expériences faites
« sous ses yeux ou dirigées par quelques-uns de ses
« membres.

« Parmi les grands exemples offerts dernièrement
« aux agriculteurs, on peut compter la plantation de
« la pomme de terre qui a eu lieu dans la plaine des
« Sablons : ce furent deux arpents, l'année suivante
« 40 arpents. En 1786, mille sacs de ces racines ont
« été distribués aux pauvres de la capitale. Les essais
« dont je viens de parler ont été faits sous les yeux
« d'un de nos confrères qui a contribué si puissam-
« ment à propager parmi nous la culture des pommes
« de terre et que sa modestie me défend de nommer. »
A ce moment les applaudissements durent éclater.
A l'éloge de Parmentier, succéda l'éloge des Comices.

« Les Comices agricoles dont le nombre se montait
« à 31 ont été réduits à 12, ce qui fait une assemblée
« par chaque département de l'administration provin-
« ciale. La Société avait nommé, pour se rendre aux
« séances publiques qui ont eu lieu l'année dernière,
« MM. Desmarest, Thouin, Parmentier, le marquis de
« Guerchy, Cadet et moi », et le discours se termina
par le récit des fêtes rurales, où les personnes les plus
distinguées s'empressaient d'admettre les cultivateurs
à la table commune, où les dames prenaient part aux
honneurs du repas, où la gloire de Louis XVI était
célébrée au château de Montpertuis et au château
d'Ancy-le-Franc.

« J'ai d'après les vues de la Société, continua Brous-
« sonet, présenté jusqu'à présent, chaque année, un
« compte rendu public de ses travaux ; la Compagnie
« m'impose aujourd'hui un devoir nouveau, c'est de
« rendre à la mémoire des membres que nous avons
« perdus l'hommage qui leur est dû », et Broussonet
commença l'éloge de Gerbier, de Buffon et de Schubart.

Gerbier représentait dans la Société le droit rural.
« Il fallait, dit Broussonet, pour s'occuper utilement de
« cet objet, une profonde connaissance des lois, la plus
« grande justesse d'esprit, et, ce qui est encore plus
« rare, le désir constant de faire le bien. Il fallait sur-
« tout un caractère de liberté indispensable dans un
« genre de recherches, où l'on n'a que trop souvent à
« s'écarter des opinions reçues. C'est M. Gerbier qui a
« fixé le choix de la Compagnie. Il appartenait à la
« Société comme jurisconsulte ; elle a trouvé en lui
« les qualités d'un agriculteur ; au mérite d'un goût
« vif et éclairé pour l'agriculture, il joignit le mérite

« encore plus précieux de s'être fait chérir du cultiva-
« teur.

« Depuis assez longtemps, il passait la plus grande
« partie de son temps dans une terre voisine de la capi-
« tale ; c'est à Franconville qu'il venait se distraire de
« ses occupations. Il s'occupait de tous les détails de
« l'économie domestique, et disait, en riant, qu' « il
« n'avait pas trouvé d'abri plus sûr contre l'ennui
« que son poulailler. »

Buffon était mort le 16 avril 1788, au Jardin des
Plantes, dans les bras de Mme Necker. L'occasion était
admirable pour plaire à Necker et pour paraître dignement secrétaire perpétuel et courtisan.

« Le nom de M. de Buffon se lie si naturellement
« avec celui d'historien de la nature, qu'on sera peut-
« être surpris de l'entendre prononcer dans un lieu
« consacré à l'étude de la simple agriculture, c'est-à-
« dire là où il ne doit être question ni d'éloquence ni
« de système. M. de Buffon appartenait cependant à
« cette Compagnie et il doit être compté parmi ceux de
« ses membres qui se sont intéressés le plus à ses
« succès » ; puis il révéla certains détails qui, pour
l'histoire de la Société, ont une grande valeur.

« M. de Buffon s'est trouvé régulièrement aux pre-
« mières assemblées de notre Compagnie. Nommé vers
« cette époque président de la Société, il rappela le
« projet qu'elle avait formé de proposer un prix, aux
« frais duquel chaque membre devrait concourir ; la
« proposition fut accueillie unanimement et une somme
« de 600 livres, réunie sur-le-champ pour cette destina-
« tion ; elle fut accordée l'année suivante à l'auteur d'un
« Mémoire sur les maladies des animaux. M. de Buffon

« montra toujours un attachement particulier pour la
« Société d'Agriculture ; et tandis que des maux longs et
« cruels privaient de sa présence les corps littéraires,
« dont il a si bien justifié le choix et les regrets, il ne
« renonça pas à l'espoir de se rendre à nos séances, tant
« il était tourmenté du besoin d'être utile. Il ne vit point
« avec indifférence le projet formé par la Compagnie,
« de rassembler, dans un Mémoire, les principaux abus
« destructifs de l'agriculture, pour les dénoncer à la
« Nation. Il s'empressa de fournir des matériaux pour
« ce travail, au bout duquel il entrevoyait la régénéra-
« tion de notre agriculture. L'agriculture est le premier
« des arts, et cependant, presque tous les ordres de
« citoyens paraissaient avoir formé une conjuration
« oppressive, soit en se réservant, aux dépens de ceux
« qui l'exercent, les jouissances agréables et les droits
« honorifiques, soit en rejetant sur les cultivateurs
« presque tout le fardeau des charges publiques. » Ce
sont là des traits peu connus et que nous devions relever et faire valoir pour la gloire de Buffon et pour la
nôtre.

Si Cuvier a trouvé que Broussonet n'avait pas été
tout à fait digne de la grandeur de son sujet, il aurait
peut-être mieux fait de remarquer que Broussonet
avait, dans son éloge de Buffon, introduit un éloge de
Necker qui était véritablement excessif. « Le choix du
« prince, dit-il, d'accord avec la voix publique, a
« appelé aux fonctions sacrées du ministère un homme
« d'État qui, après avoir pris les Sully et les Colbert
« pour modèles, l'est devenu lui-même ; qui, toujours
« occupé du bien public, a appris à chercher le bonheur
« dans l'opinion ; qui, enfin, dans les temps difficiles,

GEORGE LOUIS LE CLERC, COMTE DE BUFFON,
Intendant du Jardin roïal des Plantes, de l'Académie
Françoise, de l'Académie roïale des Sciences, de
la Société roïale de Londres & d'Edimbourg,
l'Académie roïale de Berlin &c.

« n'a pas désespéré de la chose publique et de qui la
« nation entière ait dit : « Puisse-t-il, avec de pareilles
« vues, être longtemps l'instrument du bonheur de
« l'État et du prince. » Et Broussonet ajouta : « Je re-
« viens à mon sujet sans m'en être écarté. » Broussonet se trompe, il ne devait pas quitter Buffon qu'il
allait louer dignement quelques instants après par un
mot heureux : « Buffon a été l'homme de son siècle, il
sera l'homme de la postérité ». Il est vrai que Necker
venait de régler les affaires de la Société, et qu'en
finance comme en politique, Broussonet allait devenir
son homme après avoir été son admirateur.

Il ne semblait pas que l'éloge de Schubart pût fournir
encore quelque trait digne de plaire à M. et Mme Necker.

Schubart avait conquis, en Saxe et dans toute l'Allemagne, une popularité légitime, en plaidant la cause
de la culture du trèfle pour effectuer la suppression
des jachères ; en France Lavoisier l'avait suivi.

« Schubart, dit Broussonet, décidé à se retirer aux
« champs, remplaça les plaisirs qu'il laissait à la ville
« et se maria. S'il eût vécu de nos jours, et qu'il eût,
« dans le moment actuel, porté ses regards vers le
« ministère, il se fût écrié avec le peuple français : « La
« femme est bien partout où il y a des heureux à faire
« et des malheureux à soulager, » et en imprimant
son discours, il a mis en marge, pour qu'on n'en douta
point, « Mme Necker ».

Mme Necker dut se montrer très satisfaite de Broussonet, qu'en femme d'esprit et en habile épouse elle
appréciait à sa juste valeur, mais elle étendit même sa
bienveillante protection sur la Société d'Agriculture.
Tout le monde savait qu'elle avait pour Buffon et Buffon

pour elle une admiration et une passion particulière ; mais ce qui est vraiment piquant, et nous le répétons, c'est qu'en 1789 elle devait soumettre à la Société un procédé pour faire du pain et que la Société renvoya l'examen de son procédé à la Commission qui s'occupait de la boulangerie.

Le procès-verbal de la séance du 28 décembre 1788 constate expressément que c'est Necker lui-même qui donna les prix aux lauréats et cela était de toute justice puisqu'il avait fourni les fonds.

Parmi ces lauréats furent appelés sur l'estrade : Yvart, cultivateur à la ferme de Maisonville pour son Mémoire sur les végétaux dont on peut retirer des fils ; des médailles d'or à Durand, maître-serrurier, à Paris, qui devint membre de la Société, pour une charrue perfectionnée ; à Mme Chartier, fermière au Tremblay, pour les bons exemples de vertu, de travail, qu'en économie rurale, elle donna à ses quinze enfants ; au baron de la Tour d'Aigues, président au Parlement d'Aix, pour son introduction, en Provence, de moutons à laine superfine et ses nombreuses expériences ; à Céré, intendant du jardin du roi à l'Ile de France, pour ses succès dans l'acclimatation des plantes.

Lorsqu'on en vint à l'annonce des prix proposés pour les années suivantes, le procureur du roi et de la ville de Paris annonça que trois prix seraient décernés au nom du bureau de la Ville à des questions qui touchaient à l'aménagement des forêts et à l'industrie du chauffage. Il paraît qu'il faisait bien froid à Paris pendant l'hiver de 1788-1789.

Cette séance se termina par la lecture de deux Mémoires dont les illustres auteurs ajoutaient un nouvel éclat au succès de Necker et de Broussonet.

Lavoisier rendit compte de l'exploitation d'une terre qu'il faisait valoir lui-même aux environs de Blois et Parmentier disserta sur les avantages de cultiver en grand les racines potagères. « C'est à la Société, dit-il, de faire sentir aux habitants des campagnes que leur propre utilité, le bonheur de la patrie, la conservation des hommes, la multiplication des bestiaux sont intéressés à la culture en grand des racines potagères. »

La séance du 28 décembre 1788 fut la dernière tenue par la Société à l'Hôtel de Ville ; la révolution de juillet 1789 devait l'en chasser.

Huit jours après, Necker payait les dettes de l'administration de Bertier de Sauvigny ; officiellement il écrivait au marquis de Bullion, président de la Société, que le roi avait décidé de compter, à partir du 1er octobre 1789, un fonds de 12,000 livres pour le service des prix et des médailles décernés dans les séances publiques.

L'apothéose de Necker ne dura qu'un an.

Rappelons qu'en cette année, le 10 avril 1788, la Société nomma Cretté de Palluel, déjà correspondant, comme associé ordinaire à la place de Gerbier. Le 8 mai, Boncerf, inspecteur général des apanages du comte d'Artois, passa dans les associés ordinaires avec Rougier de la Bergerie et le marquis de Gouffier.

Parmi les correspondants qui allaient prendre une place distinguée dans l'histoire de la Société, il faut noter, à la date du 13 mars, Gallot de Lormerie, Guerrier de Lormoy, Varenne de Fenille, Delporte, le baron de Poëderlé et, le 8 mai, Cliquot de Blervache.

Médaille à l'effigie de Louis XVI, frappée, comme jeton de présence, en 1789.
Existe en argent et en bronze.

Appartient à la Société.

CHAPITRE VII

Les premiers mois de 1789 furent signalés par les
froids les plus rigoureux. Broussonet, dans son *Compte
rendu*, à la séance de décembre 1789, résumera ainsi
les désastres de l'hiver de 1788-1789 : « Nos Annales
n'en ont peut-être pas présenté de semblables. »

« Cet hiver, dit-il ensuite, a apporté la destruction
dans nos campagnes. A tout moment, nos correspondants nous ont annoncé de nouveaux malheurs. Là,
une destruction presque entière des racines que le
froid avait été chercher à plus d'un pied sous terre.
Ici, la perte des arbres fruitiers et forestiers; en quelques endroits, plus d'espoir pour les vignerons; dans
les provinces les plus heureusement situées, presque
plus d'oliviers; une mortalité presque totale des poissons dans les étangs, les moulins immobilisés par les
glaces ou par le manque de vent, partout une consommation irréparable de combustibles, tels furent les
effets cruels de cet hiver désastreux. »

Successivement parurent, dans les *Mémoires* de la

Société, des observations de Cliquot de Blervache, sur les désastres de la Champagne : de La Bergerie sur les vignes ; de Bullion, sur les fruits et sur les pommes : de Cretté de Palluel et de Parmentier, sur la manière de dégeler les pommes de terre : de Varenne de Fenille, sur la cause de la mortalité du poisson dans les étangs et sur les moyens de s'en préserver à l'avenir ; de Hermann, sur l'effet du froid en Alsace : de Juge, correspondant à Limoges : de Poëderlé, correspondant à Bruxelles, sur le même sujet.

Toutes ces observations et d'autres encore furent, en 1791, réunies et soumises à Lamoignon de Malesherbes, qui, malgré sa santé et sa vue, réclama, nous dit Lefebvre, qu'on lui confiât le soin de présenter un Mémoire complet sur les effets de l'hiver de 1788-1789. Ce Mémoire ne parut pas.

Si, au point de vue scientifique, nous voyons que la Société d'Agriculture s'occupait, dans les détails, des effets de l'hiver de 1788-1789, il est impossible, au point de vue de la paix publique, de ne pas rattacher aux troubles de la révolution les souffrances de la disette, et même de la famine. Arthur Young a dit avec raison : « J'ai répété bien des fois que le déficit des finances publiques n'aurait jamais causé la Révolution, si cette dernière n'avait pas été déchaînée par la cherté et la rareté des vivres. » Broussonet s'est plu à constater « que la disette absolue des subsistances avait été heureusement vaincue à Paris, par les efforts de ceux qui étaient chargés de veiller à la sûreté publique ». Il est probable qu'il faisait allusion à la collaboration qu'il donna au Comité des subsistances de l'Hôtel de Ville, et qu'il en tirait honneur ; mais il n'en est pas moins certain qu'à Paris comme dans les provinces, les désordres furent précipités et entretenus par l'excès de la misère.

Deux grands périls, la banqueroute et la famine, menaçaient en même temps la France, au moment de l'ouverture des États-Généraux. Necker les vit clairement tous les deux et se porta à leur rencontre; mais la situation était grave, la question des subsistances et la question des finances résistèrent à ses combinaisons.

Il était tout naturel que, dans le même but, l'Administration fit appel à l'industrie et à la science, pour chercher un remède à ces maux.

En 1779, une école de boulangerie avait été créée, par le Gouvernement, dans la rue de la Grande-Truanderie, à Paris. En 1789, sous l'inspiration de Necker, elle fut réunie à la Société par ordre du roi, afin d'y faire des opérations et des expériences sur la taxe du pain, la mouture, la panification, et toutes les combinaisons que pouvait susciter la manipulation des substances farineuses. Un Comité, composé des officiers de la Société, de Tillet, Fougeroux de Bondaroy et Cretté de Palluel, fut chargé de la direction scientifique et administrative de cet établissement, sous cette condition que les expériences relatives aux subsistances de Paris fussent concertées avec le commissaire du Châtelet, chargé des détails relatifs à l'approvisionnement de la capitale. Parmentier devait être le conseiller de ces opérations. On se souvient qu'en 1788, Parmentier faisant des essais de panification, présenta, en 1789, à la Société, un pain composé moitié de pommes de terre moitié de farine de froment. Bullion de son côté avait indiqué les moyens de réduire les pommes de terre en deux espèces de farine, l'une blanche et l'autre grise et de former, avec cette seconde farine, du pain semblable au biscuit de mer.

Mme Necker elle-même, pour prouver l'intérêt que prenait Necker à ces questions de l'alimentation publique, devait, quelques mois après, en décembre 1789, envoyer à la Société une recette pour faire du pain avec du riz et de la farine de froment. La Société s'était empressée de communiquer cette recette à l'examen des commissaires de l'école de boulangerie. Malheureusement cette école disparut en 1792; l'administration du district dans lequel se trouvait l'école, lui substitua une caserne. En vain la Société fit-elle réclamations sur réclamations, la politique révolutionnaire l'emporta sur la science.

Parmentier et Dailly font grand honneur à la Société dans ces premiers mois de 1789. Il faut les remercier et insister sur la situation exceptionnelle qu'occupait Dailly près de Necker et sur la liquidation du Règlement de 1788 qui se prolongea jusqu'au printemps de 1789.

Dans son *Compte rendu* de 1793, l'abbé Lefebvre rendit hommage à Dailly. « Necker avait eu le bon esprit de se choisir, pour conseil, un de ces hommes qu'une sagacité rare, qu'une expérience consommée, résultat de longs travaux, rendait si précieux en administration. Tous vos regards se dirigent sur notre collègue Dailly parce que vous savez aussi bien que moi que c'est lui qui a fait l'opinion du ministre sur l'importance de nos travaux. »

Dans le courant de mars et d'avril 1789, Dailly travaillait encore à consolider la situation financière de la Société ; il donna le témoignage de son zèle, en lisant à ses confrères un Mémoire destiné à recueillir de nouveaux fonds pour encourager les progrès agricoles. La Société pria Broussonet d'envoyer une copie de ce travail au Directeur général des finances.

A la fin de l'année 1788, l'abbé de Commerell, comme on l'a dit plus haut, avait présenté un Mémoire sur la culture et les usages de diverses variétés de choux à fourrage, peu connus en France et très goûtés en Allemagne. La Société avait résolu d'expérimenter la culture de ces choux, si le Gouvernement pouvait lui faire la concession temporaire d'un terrain. Necker ne trouvant pas de terrain disponible, fit accorder, le 20 mars, 5,000 livres pour faire de nouveaux essais dans la plaine des Sablons, en faveur de diverses espèces de pommes de terre et de turneps ; il ajoutait que si la Société, dans le même endroit, voulait faire des expériences sur la culture des turneps, il fournirait des graines. Parmentier et Cretté de Palluel furent chargés de cette opération. En outre, on donna 1,200 livres pour travailler les pommes de terre sur les côtes de la Normandie, travail qui fut confié à Gallot de Lormerie. A cette somme de 6,200 livres, la Société ajouta 230 livres et ces sommes réunies permirent de remplir les vues du Gouvernement et les vœux de l'abbé de Commerell. L'action et l'influence de Dailly et de Parmentier éclataient à tout moment.

Le 5 mars, Dailly apprit à la Société que l'abbé Raynal, résidant à Marseille, avait cédé à l'administration provinciale de la Haute-Guyenne un contrat de 24,000 livres, sur l'Hôtel de Ville de Paris, dont les intérêts devaient être annuellement employés à des encouragements ou à des récompenses aux cultivateurs qui se seraient le plus distingués. Sur la proposition de Dailly, une adresse et des lettres de correspondance furent adressées à l'abbé Raynal pour lui témoigner la reconnaissance de la Société. L'abbé Raynal, pour reconnaître l'honneur qu'il recevait, ajouta une somme de 1,200 livres pour donner un prix extraordinaire.

Cet échange de générosités et de politesses trouva une nouvelle sanction dans la séance du 28 décembre 1789; la Société décerna un prix d'honneur à l'abbé Raynal, « au nom de l'agriculture et de l'humanité ».

La Société, pour suivre les vues du fondateur, décida d'appliquer le généreux don de l'abbé Raynal à la distribution des instruments les plus simples, les plus aisés à manier, se rapprochant le plus possible des instruments ordinaires. Elle se proposa de faire participer à cette distribution les journaliers les moins aisés et de faire fabriquer, dans les manufactures françaises, les instruments agricoles qu'elle espérait améliorer.

Une enquête fut ouverte par elle, dans les diverses parties du royaume, pour savoir quels étaient les instruments agraires les plus utiles. Cette enquête fut l'origine d'une collection destinée à comparer ces instruments, à les modifier et à donner à la mécanique de cette époque un nouvel essor.

A la dotation de 1,200 livres de l'abbé Raynal, la Société ajouta une somme de 500 livres prélevée sur les fonds qu'elle destinait aux prix d'encouragement.

Médaille frappée entre 1780 et 1789, sur le modèle employé
par l'abbé Raynal pour récompenser les cultivateurs.

Collection A. Boucher, Trésorier de la Société française de numismatique, à 1904.

Cet effort est certainement digne d'attention, car on y trouve quelque analogie avec la pensée qui devait créer la collection du Conservatoire des Arts et Métiers.

Dans le même temps, le duc de Charost se piqua d'honneur et proposa de décerner un prix consistant en une médaille d'or, d'une valeur de 300 livres, à la personne qui aurait cultivé, en France, le plus grand nombre de pieds de cotonniers. On voit que dans les premiers mois de 1789, la Société était en vogue et en grande activité; mais il ne pouvait pas lui suffire de distribuer des prix et des récompenses, elle avait le droit et le devoir, à la veille des États généraux, de faire comme le Tiers-État et de rédiger les Cahiers de l'agriculture. Elle travaillait à cette œuvre depuis plusieurs mois et nous en reprendrons l'histoire lorsque cette œuvre sera terminée et présentée à l'Assemblée nationale, en octobre 1789.

La révolution commence : désormais, le drame se jouera en partie double. A Versailles, l'Assemblée nationale; à Paris, l'Hôtel de Ville, et sur ces deux scènes différentes, les événements vont se dérouler avec le concours des mêmes acteurs.

Ici surgit, dans notre histoire et dans l'histoire de Paris, une personnalité brillante, Moreau de Saint-Méry. C'est un membre de la Société d'Agriculture qui va dominer la Révolution parisienne de juillet 1789. Moreau de Saint-Méry était né dans les colonies où il s'était distingué dans la profession d'avocat; si bien que Louis XVI l'avait nommé membre du conseil supérieur du Cap français à Saint-Domingue. Venu à Paris, il s'était attiré de vives sympathies, il avait cultivé la Société d'Agriculture où il avait fait plusieurs communications, notamment sur l'agriculture coloniale. Il disserta sur les animaux utiles aux colonies, chevaux et mulets, sur le vin d'orange, sur la patate. La Société d'Agriculture le récompensa en le nommant correspondant en 1787. A l'heure émouvante du 29 mars 1789, il lisait un éloge de Jean Jasmin, nègre libre au Cap, qui avait fondé un asile et un petit hôpital, où il soignait lui-même les nègres pauvres et malades. Il demanda à la Société de décerner à Jean Jasmin une médaille et cette médaille, qui existe aujourd'hui dans la collection d'un amateur distingué, ne fut décernée qu'en 1790.

Quelques jours après, un règlement du 13 avril 1789 divisait provisoirement la ville en 60 districts. Moreau de Saint-Méry était nommé électeur de Paris, par le Tiers-État et son district nommait à son tour les députés de Paris à l'Assemblée nationale. La fortune allait le porter à la présidence des électeurs de Paris, en attendant qu'il devienne lui-même député à l'Assemblée nationale (1).

A Versailles les élections sont faites et la Société d'Agriculture se voit représentée dans l'Assemblée par : La Rochefoucaud, le duc de Liancourt, du Châtelet, Croï, Biencourt, Montboissier, Noailles, tous de l'ordre de la noblesse ; Dailly, Dupont de Nemours, Chevallier, appartiennent à l'ordre du Tiers-État. Moreau de Saint-Méry, l'abbé Lefebvre, Broussonet, de La Bergerie, sont électeurs de Paris.

(1) Duveyrier, Procès-verbal des séances et des délibérations de l'Assemblée générale des électeurs de Paris, 1790.

Histoire de la Révolution française. *Réimpression de l'ancien Moniteur*, juillet 1789.

Médaille frappée pour glorifier Jasmin, nègre affranchi du Cap Saint-Domingue.

Collection P. Bordeaux.

Broussonet paraît le premier dans le spectacle que donne, le 5 mai, la séance royale, jour de l'ouverture des États généraux. Arthur Young raconte que son ami Broussonet lui avait fait la confidence suivante : Necker avait été charmé de la belle voix et de la belle diction du secrétaire perpétuel de la Société d'Agriculture dans la séance de 1788 et il avait demandé à Broussonet de lire, le 5 mai, le célèbre exposé de la situation financière que le directeur des Finances devait soumettre aux États généraux. Necker avait fait tellement de corrections sur son manuscrit qu'il paraissait impossible de le confier tout de suite à Broussonet; il en commença donc la lecture, mais, après avoir lu quelques pages, il passa, avec le consentement du roi, son manuscrit à Broussonet qui ne put pas enlever les applaudissements. On sait que cette lecture dura plusieurs heures. Le discours de Necker fut mal accueilli parce qu'il ne parlait que de finances et point de la constitution; cette anecdote marque l'intimité de Broussonet et de Necker et les sentiments de Broussonet dans la crise qui allait éclater.

Le mois de mai et le mois de juin se passent en négociations entre les trois ordres et le roi. Louis XVI veut que les nouveaux élus restent confinés dans le système des trois ordres, et que l'Assemblée convoquée pour être « États généraux » fonctionne avec la procédure des États généraux. La noblesse et le clergé commencent par le soutenir; mais le Tiers-État veut que les pouvoirs soient vérifiés en commun et que les États généraux soient une Assemblée nationale. Ici, un incident, au milieu de cent autres. Dailly a été nommé doyen du Tiers-État et chargé de porter une adresse au garde des Sceaux. Il a cru devoir proposer quelques modifications à l'adresse et, du coup, devient suspect aux meneurs du Tiers-État. Il se retire pour céder sa place à Bailly, le premier député de Paris, mais il n'en demeure pas moins fidèle à la cause du Tiers-État et signera le serment du Jeu de paume.

Les jours se sont succédé; chacun a pris son parti; le roi et ses conseillers se préparent à imposer aux nouveaux élus le système des États généraux; le Tiers-État prend l'initiative de la résistance.

Le 17 juin, sur la motion de Sieyès, et après avoir terminé la vérification des pouvoirs, l'Assemblée se constitue en Assemblée nationale. Le ministère se croit assez fort pour donner des ordres dans une séance royale; il fait fermer le local où se tient l'Assemblée. Ce n'était pas l'avis de Necker qui avait protesté.

Averti, dans la nuit du 20 juin, de la suspension des séances et des desseins de la Cour, Bailly ne craint pas de parer le coup. Les députés le suivent à la salle du Jeu de paume et prêtent le serment de ne pas se séparer, avant d'avoir donné une constitution à la France. Le 23 juin, le roi paraît. Il fait une scène d'autorité, il casse les arrêtés des 17 et 20 juin, prescrit le maintien des trois ordres et ordonne aux députés de se séparer. Aux sommations du maître des cérémonies, Mirabeau s'indigne. Les députés ne quitteront la place que par la puissance des baïonnettes, et l'Assemblée déclare que la personne de chaque député est inviolable.

Ces événements soulèvent l'émotion générale et entraînent l'adhésion enthousiaste des électeurs et de la ville de Paris.

Le 25 juin, les électeurs se réunissent dans la salle du Musée, rue Dauphine.

Ils nomment une députation pour porter à l'Assemblée nationale l'hommage solennel de leur admiration et de leur reconnaissance. La députation arrive à Versailles. C'est Moreau de Saint-Méry qui porte la parole; il jure, au nom des électeurs, de suivre les résolutions de l'Assemblée nationale et, au milieu des applaudissements, la députation est invitée à s'asseoir entre le clergé et la noblesse et à assister à la séance. Le 28 juin, les électeurs de Paris s'installent dans l'Hôtel de Ville avec l'autorisation de Flesselles, prévôt des marchands et d'Ethis de Corny, procureur du roi et de la ville. Une force nouvelle se lève.

Dès lors Paris et Versailles seront en contact permanent d'action politique. La force des événements transforme les électeurs de Paris en collaborateurs de l'Assemblée nationale.

Le ministère répond à ces mouvements en formant l'armée de Versailles, et comme il n'est pas sûr des gardes françaises, des régiments étrangers arrivent des frontières et se massent à Versailles sous le commandement du maréchal de Broglie. Le roi, la reine, les princes conspirent pour un coup d'État; chaque jour en amène la preuve et on sait que le jour fixé est le 14 juillet. Le renvoi de Necker et la nomination d'un nouveau ministère dans lequel se trouvent de Broglie et Foulon, révèlent que l'heure de la bataille a sonné.

Le 13, Paris est dans une agitation indescriptible. A Versailles, le parti de la Cour croit au succès, et dans ce parti, c'est-à-dire le parti de la reine, est engagé à fond l'Intendant Bertier de Sauvigny. Ce n'est pas seulement la reconnaissance qui lui impose le devoir de se porter à la défense de la reine et du roi; c'est l'intérêt de toute sa famille, son père, son beau-père Foulon, ses amis de l'intendance et de l'armée. Il est donc dans la résistance, et naturellement l'ennemi de Necker, dont la popularité croissante lui paraît un péril pour la royauté. Nul doute qu'il n'ait l'illusion de croire que l'armée du maréchal de Broglie n'ait raison des projets révolutionnaires du Tiers-État et des excitations anarchistes de Paris.

La disgrâce de Necker a éclaté sur Paris comme un coup de foudre, Paris voit se dresser devant lui la famine, la banqueroute et la guerre civile. Camille Desmoulins, au Palais-Royal, a soulevé le peuple et crié : Aux armes! on annonce que les troupes royales s'avancent vers Paris. En même temps, des bandes de brigands sont prêtes pour l'assassinat et l'incendie. La foule se précipite et se renouvelle sans cesse autour de l'Hôtel de Ville. Les électeurs vont se déclarer en permanence à côté de l'administration municipale.

La grande salle est remplie d'une foule immense; on déclare que la présidence ne peut appartenir qu'au Prévôt des marchands, comme chef de la municipalité; mais un Comité permanent sera immédiatement établi et, jour et nuit, rassemblé à l'Hôtel de Ville, travaillera sans relâche au maintien de la paix publique. Les districts formeront des corps de deux cents citoyens pour organiser la milice parisienne. Le procureur de la ville, Ethis de Corny, prend un arrêté pour l'organisation de cette milice.

Le comité permanent sera présidé par le Prévôt des

marchands, avec Delavigne et Moreau de Saint-Méry, président des électeurs, comme assesseurs.

La question des subsistances est portée en délibération par le lieutenant de police. Que faire? Le comité permanent en prendra la charge.

Tandis que, dans la confusion et le désordre, le comité permanent cherche à se constituer, la place se couvre de voitures et de chariots saisis; le comité apprend qu'on a arrêté trente-cinq barils de poudre. Tout à coup, l'abbé Lefebvre, électeur ecclésiastique, paraît; c'est notre Lefebvre. « Le peuple en foule, dit-il, demande avec fureur que cette poudre lui soit distribuée; tout moment perdu entraîne le plus grand danger, si ces barils ne sont pas mis en sûreté (1). »

L'Assemblée des électeurs charge l'abbé Lefebvre de cette mission dangereuse. Il accepte; il promet; il court. À ses risques et périls, il exécutera les ordres qui lui sont donnés.

Delavigne revient de Versailles où il est allé prendre les instructions de l'Assemblée nationale. Il annonce que l'Assemblée nationale persiste dans ses arrêtés des 20 et 23 juin. Il raconte qu'un député, Dupont de Nemours, demande à être inscrit au rôle de la milice bourgeoise, si elle est établie.

Malgré le chaos qui règne à l'Hôtel de Ville, l'Assemblée des électeurs se débat et domine la situation. Cette puissance municipale, créée par la nécessité, impose l'obéissance et concentre les dévouements exaltés des bons citoyens. Dans la nuit, l'abbé Lefebvre,

____
(1) _Réimpression de l'ancien Moniteur_, t. I⁻ᵉ, p. 587.

gardien et distributeur des poudres, vient rendre compte de sa mission; vingt-quatre autres barils de poudre sont arrivés du port Saint-Nicolas, et il ne pourra pas empêcher l'invasion de la foule effrénée et armée, si on ne lui permet pas de distribuer de la poudre en sacs et en cornets. Les membres du comité permanent applaudissent au courage de l'abbé Lefebvre, le laissant libre d'écarter les plus grands dangers. L'abbé Lefebvre répond qu'il sacrifiera sa vie pour le salut public. En même temps, une troupe de citoyens se chargera de désarmer cent cinquante vagabonds ivres qui s'étaient endormis à l'intérieur de l'Hôtel de Ville. .

Le 14 juillet, les rues sont inondées d'une multitude innombrable de personnes, armées et non armées, poussant des clameurs furieuses et demandant à tout prix des armes. Les bruits les plus faux se croisent pour surexciter l'affolement général. Le comité nomme en hâte le marquis de la Salle chef de la milice parisienne.

Dans cette matinée, Moreau de Saint-Méry cherche en vain à réunir l'Assemblée des électeurs et, ne pouvant y réussir, prend le parti de passer lui-même au comité permanent qu'il ne devait plus cesser de diriger.

On décide qu'Ethis de Corny sera chargé de se rendre auprès de M. de Sombreuil, gouverneur de l'Hôtel des Invalides, pour lui demander des armes. Il n'a pas le temps de remplir sa mission que l'Hôtel des Invalides est envahi par la populace; les armes et les canons sont enlevés. Pendant ce temps, le comité permanent envoie des députations successives au gouverneur de la Bastille ; il est trop tard. La Bastille est prise, et bientôt Delaunay, son gouverneur, saisi dans la cour de la forteresse, est traîné à l'Hôtel de Ville et massacré au bas du perron. Un mouvement de foule pénètre dans la salle et renverse le bureau. Moreau de Saint-Méry est décidé à ne pas céder et, pendant qu'il lutte avec le secours de quelques électeurs, le bruit se répand que le prévôt des marchands, Flesselles, est assassiné sur le quai d'un coup de pistolet!

Que se passe-t-il en ce jour, à cette heure, à Versailles? L'Assemblée apprend avec stupeur les nouvelles de Paris; elle renouvelle énergiquement ses protestations contre la présence de l'armée. Elle se déclare en permanence. Et le roi? Personne n'ose lui avouer le désastre. Berlier de Sauvigny, apprenant la chute de la Bastille, s'était rendu à Versailles; il voit le roi; mais le cœur lui manque et, sans mot dire, il retourne à son poste au milieu de l'armée. Il va chercher la mort.

Heureusement Liancourt est là. Il pénètre dans le palais dont sa charge lui permet l'accès. Il entre dans la chambre du roi. Le roi dort. Liancourt l'éveille, et lui dit les événements de la capitale.

« C'est une insurrection alors! » dit le roi. — « Non, sire, c'est une révolution. » Le roi est vaincu; Liancourt parle et l'emporte. Le roi se rendra seul à l'Assemblée, il rappellera Necker, il éloignera les troupes, enfin il se remet entre les mains de l'Assemblée, avec laquelle il veut désormais faire cause commune pour le rétablissement de la paix publique.

Paris apprend avec une joie indescriptible cette nouvelle extraordinaire, qu'une députation importante de l'Assemblée apporte elle-même. Lafayette, Bailly, l'archevêque de Paris, l'abbé Sieyès, Clermont-Tonnerre conduisent cette députation à l'Hôtel de Ville, où Moreau de Saint-Méry les attend à la tête des électeurs. Ils arrivent. C'est Lafayette qui parle le premier. Il lit les déclarations du roi. Lally-Tollendal et Liancourt ne s'expriment pas avec moins de noblesse et d'émotion. « Dites au roi, répond Moreau de Saint-Méry, dites au nom de la ville de Paris, dites-lui que le premier roi du monde est celui qui a l'honneur de régner sur des Français »; des soldats s'approchent et remettent leur drapeau en signe de paix entre les mains de Lally-Tollendal et de Liancourt. On acclame Bailly prévôt des marchands; Moreau de Saint-Méry s'écrie : « Non pas prévôt des marchands, mais maire de Paris! » et par une acclamation générale tous les assistants répètent : « Oui, maire de Paris (1)! »

Aussitôt après toutes les voix proclament Lafayette commandant de la milice parisienne. L'archevêque de Paris ajoute quelques paroles qui commandent la paix. Il entraîne ses collègues à Notre-Dame pour entendre chanter un *Te Deum*.

Le jeudi 16 juillet, Lafayette et plusieurs membres

1 La lettre que Bailly écrivit à Moreau de Saint-Méry mérite d'être citée : « C'est avec bien du regret, Monsieur, que je ne vous ai pas témoigné hier ma reconnaissance de ce qui s'est passé pour moi de flatteur à la ville, il me semble que c'est vous qui avez eu la bonté de me présenter pour Maire de Paris. Je vous dois les suffrages de l'Assemblée, et vous savez le cas que je fais du vôtre en particulier. On m'a dit que l'élection si flatteuse pour moi doit être confirmée par une véritable élection, cela me paraît naturel. Si elle m'est favorable, ce sera une nouvelle obligation que je vous aurai. » Cette lettre est un titre d'honneur pour Moreau de Saint-Méry et couronne la conduite des électeurs de Paris, membres de la Société d'Agriculture. (*Réimpression de l'ancien Moniteur*, 1789, t. Ier, p. 590.

MOREAU DE SAINT-MÉRY

de l'Assemblée nationale se réunirent à l'Hôtel de
Ville pour écouter le récit de ce qui s'était passé.
Parmi tous les dangers courus, un des plus grands
avait été la garde et la distribution des poudres. La
conduite admirable de Lefebvre fut dévoilée dans tous
ses détails. Il avait assuré la défense du magasin qui
avait été continuellement assiégé. Il avait distribué, de
ses deniers, du pain et du vin; il avait acheté tous les
fusils que les vagabonds voulaient vendre. C'était
sous la grande salle où se renouvelait sans cesse la
foule et le comité permanent des électeurs qu'on avait
déposé les poudres trouvées à la Bastille. Lefebvre
avait sauvé l'Hôtel de Ville. Les députés de l'Assemblée nationale, émus d'un si grand zèle, chargèrent le
comité permanent de témoigner leur reconnaissance à
l'abbé Lefebvre. « Il faut conserver à la commune, par
tous les procédés chers au patriotisme, les services
inappréciables d'un si vertueux citoyen. »

Le vendredi 17, le roi vient à Paris, il est escorté
par cent membres de l'Assemblée nationale. Bailly,
premier député de Paris, et remplaçant le prévôt des
marchands assassiné; Delavigne, président du comité
permanent, lui présentent, suivant l'usage, les clefs
de la ville.

Au moment où le roi descend de voiture, Bailly sur
le perron de l'Hôtel de Ville lui offre la cocarde aux
couleurs de la ville; le roi la met immédiatement à
son chapeau, il gravit l'escalier sous une voûte d'épées
entrelacées, il entre dans la grande salle, où l'attendent
Moreau de Saint-Méry et les électeurs de Paris. Le roi
monte sur le trône; Bailly lui présente quatorze électeurs qui sollicitent l'honneur de servir de garde à Sa

Majesté. Parmi ces quatorze électeurs figure de La Bergerie, membre de la Société d'Agriculture. Moreau de Saint-Méry prend le premier la parole au milieu des plus vifs applaudissements. Ethis de Corny, procureur du roi et de la ville, placé sur la marche du trône, se lève et requiert un monument à la gloire de Louis XVI. L'emplacement de la Bastille est choisi par l'assentiment unanime. Le roi dit : « Je suis très satisfait et je suis bien aise, monsieur Bailly, que vous soyez maire et M. Lafayette commandant général. » Et comme Bailly dit au roi qu'on attend de lui quelques paroles, Louis XVI murmure : « Vous pouvez tous compter sur mon amour. » Ces paroles sont répétées par Bailly.

Le roi demande à se montrer à la multitude assemblée sur la place, et pendant un quart d'heure, ayant sur la tête le chapeau orné de la cocarde, il est salué par les cris enthousiastes de la foule. Le roi se retire, après avoir remercié Delavigne et Moreau de Saint-Méry, il traverse la grande salle au milieu des quatorze gardes citoyens qui l'accompagnent jusqu'à sa voiture. Puis il reprend le chemin de Versailles avec le cortège : la cocarde nationale qu'il avait acceptée est placée sur la voiture à côté de lui en dehors de la portière.

Le 18 juillet, Lafayette et Bailly firent savoir à l'Assemblée des électeurs que l'acclamation, en leur faveur, élevée devant le roi, n'avait pas la forme légale d'une élection et qu'elle devait être confirmée par une administration tenant ses pouvoirs du suffrage des districts eux-mêmes. L'Assemblée, délibérant, prend un arrêté qui rend grâce au courage de Moreau de Saint-Méry et de tous les membres de l'Assemblée des électeurs, mais n'entendant d'aucune façon conserver le pouvoir improvisé au milieu du désordre, invite les districts à nommer des délégués pour former un corps municipal.

Deux jours après, la place de l'Hôtel de Ville était souillée par le plus sanglant des spectacles, devant Bailly, devant Lafayette, devant Moreau de Saint-Méry impuissants et désespérés. Deux victimes étaient désignées et vouées à la fureur populaire, a dit Bailly, par une sourde conspiration, aussi bien que par la folie de la vengeance.

Foulon, nommé hier ministre de l'armée de Versailles et Bertier de Sauvigny, l'Intendant de cette armée, étaient voués à la mort. Le mercredi 22 juillet, Foulon, qui avait été arrêté à Vitry, par le syndic du village, arrivait à l'Hôtel de Ville à cinq heures du matin. A neuf heures, l'Assemblée présidée par Moreau de Saint-Méry délibéra sur le cas de Foulon. Il fut décidé qu'on le conduirait à l'abbaye de Saint-Germain. Il fallait seulement en trouver le moyen.

Vers midi, la multitude s'attroupa et demanda avec fureur la mort immédiate de Foulon. Bailly et les électeurs se transportèrent sur le perron de l'Hôtel de Ville, mais les efforts pour persuader à la foule qu'il fallait juger avant de condamner furent inutiles. La foule menaça de mettre le feu à l'Hôtel de Ville, si on ne lui montrait pas Foulon lui-même. Les électeurs menacés le présentèrent à l'une des fenêtres de l'Hôtel de Ville. On avait envoyé chercher Lafayette qui n'était pas encore arrivé. La foule était exaspérée et criait « qu'il soit pendu »; la fureur était parvenue à son comble; sur la place, dans l'Hôtel de Ville, tous deman-

daient que le prisonnier fût jugé sur-le-champ par
l'Assemblée. Lafayette arrive, il parle admirablement ;
trois fois il reprend la parole ; la foule se précipite sur
Foulon et l'enlève. Foulon est pendu à la lanterne de
l'Hôtel de Ville.

Quant à Bertier de Sauvigny, l'autre victime désignée, en quittant Versailles, il était allé à Mantes, à
Meaux, pour liquider les frais de passage de la troupe,
à Soissons chez sa fille et à Compiègne où il avait été
arrêté. La nouvelle de son arrestation fit prévoir à Bailly
et à Lafayette le sort qui l'attendait. Ils envoyèrent des
cavaliers pour le ramener sain et sauf à la prison de
l'Abbaye. Ces derniers ne parvinrent pas à le dégager.
Une foule en délire, de village en village, voulait
immédiatement l'assassiner. Enfin, il arrive au faubourg Saint-Antoine. La tête de Foulon est portée
devant lui au bout d'une pique. Il n'est pas déposé à la
prison malgré les ordres donnés, mais à l'Hôtel de
Ville. Sur la place de Grève retentissent des cris de
mort. Il faut qu'il périsse.

La foule, qui remplit la grande salle, exige un
simulacre de jugement pour ordonner l'exécution
immédiate. Après un court interrogatoire, la foule envahit le bureau. Bailly, menacé lui-même, ordonne
qu'on emmène Bertier de Sauvigny en prison. En des-
cendant l'escalier, le prisonnier est arraché des mains
des gardes françaises et massacré. Presque au moment
où cette nouvelle était annoncée, un homme en uniforme de dragon s'avance vers le Bureau portant à la
main un morceau de chair ensanglanté : « Voilà le
cœur de Bertier. » Au milieu des cris d'horreur,
quelques électeurs écœurés crient à cet homme de

sortir. La horde qui l'avait apporté le remporte ; mais
un flot venant de la place envahit à nouveau la salle,
annonçant la tête de Bertier ; le trophée de l'assassinat
est déjà sur l'escalier de l'Hôtel de Ville. Lafayette,
Moreau de Saint-Méry protestent et s'écrient que l'Assemblée est très occupée, qu'elle n'a pas le temps de
voir la tête de Bertier ; cette parole eut le succès désiré.
La foule s'écoula. Et le corps de Bertier, placé sur une
claie, prit la direction du faubourg Saint-Antoine au
milieu des hurlements de la populace.

Lafayette, profondément ému de ces scènes san-
glantes, écrivit sur-le-champ à Bailly une lettre
pour donner sa démission. A cette nouvelle, tous
les membres de l'Assemblée des électeurs se levèrent
et, guidés par Moreau de Saint-Méry, se portèrent en
foule au bureau des subsistances où Lafayette était
encore avec Bailly. Lafayette se retira ; lorsque plusieurs électeurs lui fermèrent le passage et l'un d'eux
se jeta à ses pieds. Lafayette le releva, l'embrassa et
se laissa conduire dans la grande salle. On lui lut
des adresses ; des électeurs qui l'entouraient le pres-
sèrent dans leurs bras en confondant leurs larmes avec
les siennes.

Ce n'était pas seulement l'abbé Lefebvre, c'était Broussonet qui avait été le témoin de cette horrible scène.
« Nommé en 1789, a dit Cuvier, au corps électoral de
Paris, il fut appelé, comme les autres électeurs, à cette
espèce de magistrature intermédiaire qui suppléa un
instant les autorités suspendues, et le jour qu'il vint
à l'Hôtel de Ville, ce fut pour y voir égorger sous ses
yeux l'Intendant de Paris, son ami et son protecteur.

« Chargé ensuite, avec Vauvilliers, de l'approvisionnement de la capitale, il se vit vingt fois menacé de perdre la vie par ce peuple à qui ses sollicitudes la conservaient, et qui ne se laissait conduire que par ceux-là mêmes dont l'intérêt était de l'affamer (1). »

Broussonet fera allusion à ces événements dans son discours du mois de décembre 1789.

Le rôle des électeurs de Paris et de Moreau de Saint-Méry, leur chef, touchait à son terme. Silvestre, dans l'éloge de son confrère, nous a conservé le souvenir de son courage dans ces journées de deuil. « Moreau, avec une présence d'esprit imperturbable, recevait les nombreuses députations, les pétitionnaires audacieux, les agents multipliés; il répondait aux harangues, se prononçait sur les rapports, jugeait les propositions, prescrivait les mesures avec une fermeté calme qui ne le quittait pas. Au milieu de ce tumulte et de cette confusion, sa figure n'était pas altérée; Moreau de Saint-Méry présentait l'image de cet homme juste et inébranlable d'Horace, et l'on pouvait, en le voyant, dire de lui :

> *Si fractus illabatur orbis,*
> *Impavidum ferient ruinæ* (2).

Le 23 juillet, Mirabeau, un peu inquiet de l'autorité extraordinaire qu'avait prise le comité des électeurs de Paris, et très probablement en relations avec les délégués des districts, fit remarquer que les électeurs étaient sans droit légal et qu'ils se perpétuaient dans des fonctions qui ne leur appartenaient pas. On pouvait lui répondre que Bailly et Moreau de Saint-Méry étaient tombés d'accord pour constituer aussitôt que possible

(1) Cuvier. *Éloge de Broussonet.*
(2) Silvestre. *Éloge de Moreau de Saint-Méry.*

une Assemblée nouvelle nommée par les districts.

Le 29 juillet, les nouveaux délégués des districts s'étant présentés dans la salle occupée par les électeurs, prirent un arrêté pour leur exprimer les sentiments d'admiration et de reconnaissance dus « à la conduite sage et courageuse de l'Assemblée qui avait sauvé la chose publique ». Tous, délégués et électeurs, se réunirent dans une même séance et, pour mieux prouver leur parfait accord, conservèrent provisoirement les membres du bureau des subsistances où se trouvait probablement Broussonet.

Le lendemain 30 juillet, l'Hôtel de Ville célébrait le retour de Necker.

Le roi avait en effet rappelé Necker, et sa rentrée au ministère avait été saluée par l'Assemblée nationale, comme par la France entière, avec des transports d'enthousiasme. Il se présenta à l'Hôtel de Ville, accompagné par Mme de Lafayette, Mme Necker, la baronne de Staël, les princesses Lubomirska et Potocka, de Saint-Prix, ministre de Paris, Lafayette et Clermont-Tonnerre. Moreau de Saint-Méry offrit à Necker et aux dames qui l'accompagnaient les couleurs de la ville. « Ces couleurs vous sont chères, dit-il à Necker, ce sont les couleurs de la liberté. » Et dans son allocution il prononça cette phrase : « Votre retour est un triomphe national. »

A la suite de cette séance qui devait être leur dernier succès, les électeurs de Paris décidèrent de placer, dans la salle de l'Hôtel de Ville, les bustes de Bailly et de Necker près du buste de Lafayette et de frapper une médaille d'honneur à l'effigie de Moreau de Saint-Méry.

L'éloge de Moreau de Saint-Méry que prononcera

un jour notre secrétaire perpétuel Silvestre, devant la
Société d'Agriculture, rendait nécessaire de rappeler le
souvenir d'un homme qui passa comme une lumière
dans les ténèbres du mois de juillet 1789, et qui,
escorté par le courageux abbé Lefebvre et l'infatigable
Broussonet, marque une heure glorieuse dans l'histoire de notre Société.

Les événements du mois de juillet avaient détruit
l'organisation du règlement de 1788. Il ne pouvait
plus être question d'une alliance avec le corps de ville
et du séjour à l'Hôtel de Ville. L'Académie des Sciences
avait offert la salle de ses séances à la Société par
l'organe de Broussonet; mais Necker se chargea personnellement de lui faire donner un asile au Louvre.

La reprise des séances eut lieu le 6 août, deux jours
après la nuit du 4 août et les décrets rendus à cette
date par l'Assemblée nationale. La Société décida de
mettre en état, le plus vite possible, le Mémoire qu'elle
préparait depuis plusieurs mois, sur la législation de
l'agriculture, mais de ne point faire de démarche
officielle auprès de l'Assemblée nationale, avant que
ce Mémoire ne fût fait. Elle se contenta de nommer
une commission qui dut se rendre à Versailles pour
complimenter Necker au sujet de son retour au ministère et à la direction générale des finances. La
Commission comprenait : Bullion, l'abbé Lefebvre,
Broussonet, Parmentier, Dom Franc, de La Bergerie,
Gouffier, Poissonnier, Tillet, Cadet de Vaux, d'Hargicourt, Boncerf. Elle fut reçue vers le 15 août. Dans cette
commission ne figurait aucun membre de l'Assemblée
nationale. Chaque membre de la Société reprit, avec

ardeur, les travaux que leur suggérait l'état des affaires publiques. Boncerf notamment communiquait à l'Assemblée de son district ses vues sur l'amélioration du sort des travailleurs. Clermont-Tonnerre, qui était président de l'Assemblée nationale, lui envoya ses félicitations. Les conclusions du Mémoire projeté par la Société furent l'objet d'une discussion dans la séance extraordinaire du 26 septembre 1789 ; il fut adopté et signé par le marquis de Bullion, directeur, Parmentier, vice-directeur, le duc de Charost, de La Bergerie, l'abbé Lefebvre et Broussonet.

Le 2 septembre, l'Assemblée nationale avait ordonné que l'élection d'un Comité de l'agriculture et du commerce serait faite par généralité et province et que chacune d'elles nommerait un député. Le choix de l'Assemblée se porta de préférence sur des négociants et des agriculteurs. Parmi les agriculteurs, nous citons Heurtault de Lamerville, grand propriétaire dans le Berry qui sera membre de la Société d'Agriculture et Dupont de Nemours qui en fait déjà partie ; le marquis de Bonnay, le premier président du Comité d'agriculture, Meynier de Salinelles qui le suivra dans cet honneur. Le Comité formera comme un ministère où viendront se concentrer les mémoires, requêtes et lettres adressés à l'Assemblée nationale ; le rejet ou l'examen de chaque affaire sera fait à l'Assemblée, sur rapport du Comité lui-même.

C'est seulement en 1790 que la Société d'Agriculture se trouvera en contact et en collaboration intime avec le Comité par l'entremise du marquis de Bonnay, de Heurtault de Lamerville et de Meynier de Salinelles.

Les événements du mois d'octobre retardèrent la

présentation du Mémoire de la Société à l'Assemblée nationale.

A la fin de septembre, une crise nouvelle avait éclaté à Paris et à Versailles et, comme au mois de juillet précédent, nous y retrouvons Broussonet et l'abbé Lefebvre. La faim et la politique ont poussé de concert la population aux violences et à la révolte. Le 5 octobre, des troupes de femmes se mettent à parcourir les rues en poussant des cris : « Du pain ! du pain ! » Le cortège grossit à chaque pas ; il charge la garde qui était aux barrières de l'Hôtel de Ville et se précipite en foule dans les salles et les bureaux que désertent quelques employés et quelques personnes dévouées aux représentants de la commune.

L'abbé Lefebvre, qui probablement était resté sur la demande des députés de l'Assemblée nationale au service de la municipalité, se trouvait, à ce moment, à l'Hôtel de Ville. Une partie de la troupe, qui escalade le beffroi de l'horloge, tombe sur lui. On lui passe une corde au cou, on l'accroche à un morceau de bois, où il expirait, sans une femme qui coupe la corde et lui sauve la vie. Une autre troupe envahit le comité des subsistances pour brûler tous les papiers. Broussonet, plus heureux que l'abbé Lefebvre, n'est pas présent, car il n'a pas cessé de donner son concours à l'administration municipale. Heureusement Maillard, un des héros de la Bastille, lutte contre ces furies qui voulaient à tout prix incendier l'Hôtel de Ville et mettre à mort Bailly et Lafayette ainsi que tous ceux qui étaient chargés du service des vivres.

Ce mouvement insurrectionnel était une surprise et les représentants de la commune comme ceux de la force publique se trouvaient désemparés ; mais c'en est fait, le tocsin et les tambours ont mis la ville en mouvement et un cri général retentit : « Du pain ! du pain ! à Versailles ! à Versailles ! » Bailly et Lafayette accourent : ils sont entraînés par la foule, et Versailles est bientôt le théâtre de scènes qui doivent, d'heure en heure, précipiter le triomphe de l'insurrection et contraindre l'Assemblée et le roi à venir résider à Paris.

Le 19, les membres de l'Assemblée nationale tinrent leur première séance à Paris dans une des salles de l'archevêché. Une députation de la commune de Paris vient présenter ses hommages à l'Assemblée et Mirabeau, au bruit d'universels applaudissements, fait voter de justes remerciements à ces deux « héros citoyens » : Bailly et Lafayette. Mais la cherté du pain continuait à soulever la population, il lui fallait une victime et elle s'empara d'un innocent, un malheureux boulanger, qu'elle pendit à la fatale lanterne de l'Hôtel de Ville.

Il faut avouer que le moment n'était guère favorable pour présenter avec honneur le Mémoire de la Société d'Agriculture ; le 20 octobre, le ministère rendait compte de sa conduite au sujet des subsistances et Broussonet, engagé de près ou de loin, par le passé et par le présent, par sa collaboration avec le comité des subsistances à l'Hôtel de Ville, devait attendre le retour de moments plus calmes. Le duc de Charost qui s'était chargé de présenter le Mémoire de la Société, partageait cet avis.

C'est seulement au mois de novembre que Charost, membre de l'Assemblée nationale et de la Société d'Agriculture, se décida à présenter le Mémoire à l'Assemblée nationale, qui le renvoya au Comité d'agriculture, constitué en septembre.

Il était bien tard. Dès le mois d'août, l'Assemblée nationale avait, par sentiment plutôt que par raison, tranché une partie des questions les plus importantes qui touchaient aux réformes de l'organisation sociale et aux progrès de l'agriculture.

Le Mémoire s'ouvrait par la déclaration suivante :

« Dans un temps où l'Assemblée nationale s'occupe d'assurer la liberté individuelle, civile et politique, ainsi que la propriété des citoyens; où l'agriculture, délivrée des droits féodaux, des corvées royales et seigneuriales, laissera aux cultivateurs l'intégrité du temps qu'exigent les travaux des champs, la Société royale d'Agriculture devenue, par la protection d'un roi citoyen (1) à qui la nation vient de décerner le beau titre de restaurateur de la liberté française, le centre de toutes les connaissances et de tous les encouragements relatifs à l'économie rurale, doit porter à l'Assemblée nationale l'hommage respectueux des cultivateurs; elle doit être l'organe de leurs vœux.

« La législation rurale présente autant de vices que la législation civile et la législation criminelle; réformer ces deux dernières en négligeant la première, serait laisser imparfaite la restauration de la France, et la régénération du royaume, la Société ose l'avancer, parce qu'elle doit le dire, la législation rurale a pour principale base la régénération de la culture.

« La liberté, l'intérêt de la propriété, la facilité d'acquérir les encouragements propres à accroître la reproduction territoriale, sources premières de la

(1) Règlement fait par le roi concernant a Société royale d'Agriculture le 30 mai 1788.

richesse nationale, tel a été le but des travaux de la
Société et de ses correspondants dans toutes les provinces. C'est sous ce point de vue qu'elle réclame
avec confiance de l'Assemblée nationale un décret
contenant les principaux points du code rural et les
plus instants à régler. La Société s'en rapporte au
surplus à la sagesse des représentants de la nation,
pour modifier, rectifier et perfectionner les projets
qu'elle ne s'est permis de soumettre à l'Assemblée
nationale que par le désir de lui prouver son zèle pour
la prospérité publique, que dans la vue de concourir
à préparer ses déterminations et à ménager ses instants précieux pour les objets importants qui lui
restent encore à examiner. En conséquence, la Société
royale d'Agriculture propose, au nom des cultivateurs,
de décréter les articles suivants :

« ARTICLE Iᵉʳ. — Que tout propriétaire aura le droit
de cultiver son terrain de la manière qui lui conviendra et d'employer sa propriété à la culture des
objets auxquels il donnera la préférence.

« ART. II. — Que le droit de parcours sera aboli dans
les cantons et provinces où il existe encore et que
chacun sera libre de clore sa propriété de quelque
étendue qu'elle soit sans que personne puisse l'en
empêcher.

« ART. III. — Que personne ne pourra s'opposer au
partage des communes et que les Assemblées provinciales seront chargées de le surveiller dans les lieux
où il se réalisera, en ayant égard aux droits légitimes
de chacun.

« ART. IV. — Que personne ne pourra s'opposer au

desséchement des marais ou terrains inondés, à la destruction des moulins ou étangs que la nature des travaux pourrait exiger; que les propriétaires desdits moulins et étangs pourront seulement réclamer une indemnité, laquelle sera déterminée par les Assemblées provinciales ou municipales.

« ART. V. — Que les terres du domaine et toutes celles qui seront décidées appartenir à la nation pourront être vendues et aliénées, soit à prix d'argent, soit en rentes rachetables, après toutefois que la valeur en aura été constatée par les Assemblées provinciales.

« ART. VI. — Que les baux ruraux pourront être, dans tout le royaume, portés à dix-huit ans et au delà sans donner lieu à aucun droit fiscal ou autre, envers qui que ce soit, et que les baux des bénéfices ne pourront être pour un terme au-dessous de dix-huit ans; qu'en outre, dans le changement de titulaire, les nouveaux seront tenus de maintenir les baux de leurs prédécesseurs et qu'en aucun cas lesdits bénéficiaires ne pourront faire de baux généraux.

« ART. VII. — Que vu l'importance de multiplier les propriétaires cultivateurs, de faciliter la division des propriétés, les droits de franc-fief et d'échange perçus par le fisc seront entièrement supprimés et les autres droits d'échange seigneuriaux stipulés rachetables.

« ART. VIII. — Que pour faciliter le commerce des terres et assurer les propriétés, il ne sera fait à l'avenir aucune substitution ni exercé aucune espèce de retrait.

« ART. IX. — Que la forme actuelle des saisies réelles dont l'effet est d'attaquer, de détériorer les propriétés et de les rendre souvent stériles pendant leur durée, sera supprimée et remplacée par toute autre qui n'aura pas le même danger.

« Art. X. — Que l'administration et l'inspection des bois et forêts du domaine, du clergé, des communautés et des hôpitaux seront confiées aux Assemblées provinciales et municipales.

« Art. XI. — Que les entraves apportées jusqu'à présent, par la législation, à la formation et à l'extension des prairies artificielles seront détruites et les plus grands encouragements donnés à cette branche de culture.

« Art. XII. — Que, vu l'importance d'encourager la multiplication des abeilles, la production des cires indigènes et de remédier aux importations des cires étrangères, les ruches seront déclarées insaisissables pour cause d'imposition.

« Art. XIII. — Que, vu l'importance du produit des vignes, les différents droits d'aides en ce qu'ils tendent à violer les domiciles, à entraver le commerce des vins seront entièrement supprimés.

« Art. XIV. — Que la défense de cultiver le tabac et quelques plantes à huile étant contraire au principe de la liberté, la culture de ces plantes sera permise dans toutes les provinces du royaume, sauf à faire supporter une imposition particulière aux terres qui y seront employées.

« Art. XV. — Que le régime de la gabelle sera entièrement supprimé.

« Art. XVI. — Que les Assemblées provinciales s'occuperont des moyens de ramener les divers poids et mesures de toutes les provinces à l'uniformité désirée depuis si longtemps.

« Art. XVII. — Que pour rendre faciles le transport

des denrées et le commerce intérieur du royaume, les Assemblées provinciales destineront, chaque année, une somme pour l'entretien et la confection des chemins vicinaux.

« ART. XVIII. — Que le régime actuel des milices, enlevant des bras nécessaires à la culture et troublant les travaux des cultivateurs sera changé.

« ART. XIX. — Que la célébration de toutes les fêtes sera renvoyée au dimanche.

« ART. XX. — Que les dépôts de mendicité seront supprimés et remplacés par des ateliers publics, sous l'inspection des Assemblées provinciales et municipales.

« L'Assemblée nationale est suppliée de prendre, le plus tôt possible, en considération les demandes qui lui sont faites par la Société royale d'Agriculture ; en formulant les décrets qu'elle jugera favorables à l'agriculture avant l'hiver prochain, elle mettrait les cultivateurs à même de se livrer, l'année prochaine, à des travaux qui concourraient à augmenter considérablement les produits territoriaux (1). »

Avant d'aborder la séance du mois de décembre, les relations s'étaient engagées entre la Société et l'Assemblée nationale. D'une part la Société fut chargée de préparer et de rédiger des règlements pour les Sociétés d'Agriculture qui se formaient dans les provinces ; d'autre part elle fut également consultée par le Comité d'agriculture et de commerce sur la réforme des lois agraires ; la Compagnie invita tous ses corres-

1. J'ai publié ce Mémoire dans mes Mélanges scientifiques et littéraires. 5ᵉ série. Il ne fut pas inséré au procès-verbal de la séance de l'Assemblée nationale ni publié par le *Moniteur*, il ne parut même pas dans les publications de la Société ; il parut en une publication distincte.

pondants à lui faire parvenir des observations sur ce sujet. Ce ne fut qu'en 1790 qu'elle put répondre au Comité et que ce Comité s'occupa de préparer la loi du 26 septembre et du 6 octobre 1791.

Les mois de novembre et de décembre furent un peu plus calmes et la Société tint sa séance publique, le 28 décembre, dans une des salles de l'archevêché. La séance ne fut pas présidée par Necker, Directeur général des finances, mais par le président du comité d'agriculture de l'**Assemblée nationale**, M. de Bonnay. « Les cultivateurs, dit le procès-verbal, ont reçu les prix des mains de M. le **Président du Comité d'Agriculture** de l'Assemblée nationale. » C'est un signe des temps.

Le compte rendu des travaux de la Société trahit les événements douloureux de l'année qui venait de s'écouler. Broussonet commença d'abord par faire l'éloge de Bailly, de celui « qui n'ayant plus rien à désirer du côté des sciences, s'est dévoué au bien public, au mépris de tous les dangers qui ont attendu longtemps la vertu au passage et qui a franchi l'espace immense qu'on trouve entre un homme de lettres et un homme d'État ».

De Necker il dit « que son retour au ministère a excité la joie nationale, comme son absence avait fait couler des larmes publiques ». Necker a relevé la situation de la Société qui désormais est en mesure de donner des récompenses aux cultivateurs. Par une double allusion à la mort de l'intendant Bertier de Sauvigny et au rôle que lui-même a joué dans le comité des subsistances, Broussonet déclare que la capitale n'a pas souffert des horreurs d'une véritable disette. « Honneur aux citoyens qui n'ont pas craint de remplir la mission délicate de subvenir aux besoins d'un peuple immense, auquel il faut ou des subsistances ou des victimes; aux citoyens qui ont laissé leur vie à la merci de ceux qui la leur avaient conservée, sans perdre le désir de la leur conserver encore. » Cela n'est pas clair. Il trace le tableau du terrible hiver de 1788-89; il cherche, il trouve des consolations dans le progrès de la culture de la pomme de terre, dans le maintien des comices agricoles, dans l'établissement de Sociétés d'agriculture, auxquelles l'administration a demandé à la Société de collaborer.

Enfin il se réjouit d'avoir contribué à faire entrer, dans la Compagnie, comme correspondant, ou associé, le doyen des philosophes français, l'abbé Raynal, et le « glcrieux guerrier américain » Washington. « Washington, qui après avoir donné à sa patrie la liberté, le plus beau présent que les hommes puissent recevoir d'un homme, s'est adonné aux occupations paisibles de l'agriculture ». L'éloge du neveu de Duhamel, Fougeroux de Blaveau et l'éloge du marquis Turgot ramenèrent les auditeurs au souvenir de temps moins troublés.

Cette séance mit en relief le Mémoire du duc de Charost, sur les moyens d'améliorer, dans les campagnes, le sort des journaliers, et celui de l'abbé Lefebvre, sur la nécessité de créer une ferme d'expériences. Cretté de Palluel rendit compte de ses cultures. Le temps ne permit pas de lire les Mémoires de Parmentier et de Boncerf.

Tout était intéressant : le Mémoire de Charost, celui de Lefebvre, le résumé des expériences de Cretté de Palluel sur la suppression des jachères, le parcage des moutons, la chicorée sauvage, le fanage du trèfle, l'engraissement des moutons avec des racines.

Nous avons dit que la Société d'Agriculture, poursuivant sa campagne touchant l'amélioration des bêtes à laine, avait compris, dans la distribution de ses prix, des brebis et des béliers. Citons, en 1789, les noms des lauréats, dont deux sont membres de l'Assemblée nationale. Deux béliers et deux brebis furent accordés au citoyen Gallot, membre de l'Assemblée nationale et correspondant de la Société en Vendée; deux béliers et deux brebis à Blancart, membre de l'Assemblée Constituante, cultivateur à Lauriol en Dauphiné et bientôt correspondant de la Société; deux béliers et deux brebis à Cretté de Palluel, correspondant au Bourget. Dans la liste des récompenses, Cretté de Palluel est désigné « laboureur, secrétaire du Roi ». C'est une désignation singulière.

Parmi les lauréats des médailles d'or, la Société était fière de nommer Vilmorin, son nouveau et généreux correspondant, marchand grainetier à Paris, qui avait commencé et qui ne cessa pas de distribuer gratuitement des graines et des semences; le célèbre abbé Rozier, correspondant à Lyon, fondateur d'une école pratique de jardinage et auteur du *Dictionnaire d'agriculture*; enfin l'abbé Raynal, auquel Broussonet aimait à rendre hommage au nom de l'agriculture et de l'humanité. Cette année, le sujet du prix fondé par Raynal était : « Une agriculture florissante influe-t-elle sur la prospérité de l'industrie plus que l'accroissement des manufactures sur la prospérité de l'agriculture. »

Dans l'année 1789, la Société nomma un très grand nombre de correspondants pour compléter les cadres fixés par le règlement de 1788. Nous enregistrons,

à la date du 22 janvier, les noms de Villeneuve, à
Paris; de Rivery, négociant à Saint-Valéry-sur-Somme;
Dralet, avocat au château de Marian près Auch; l'abbé
Balsamo, professeur d'Agriculture à Palerme; Sonini
de Manoncourt, à Liancourt près Nancy; de Bradier à
la Guadeloupe; L. Reynier, à Lausanne. A la date du
7 mai, de Vilmorin, à Paris; Brun, médecin à Trie,
près Toulouse; Bourgeois, régisseur du domaine royal
de Rambouillet; Duvaure, cultivateur à Crest; Leblanc,
à Mareuil; Juge de Saint-Martin, à Limoges; Pressac
de la Chaynaye, curé de Saint-Gaudens; Villard, à la
Nouvelle-Orléans; Laval, fermier à Courtacon près
Provins; Salviat, secrétaire perpétuel de la Société
d'Agriculture de Brive-la-Gaillarde; Lacuée de Cessac,
à Agen.

Nous répétons que le comte de Truchess, grand
sénéchal héréditaire de l'Empire à Cologne et le général
Washington, Président de la République des États-
Unis, à Philadelphie, furent nommés associés étrangers
les 28 mai et 18 juin.

CHAPITRE VIII

L'année 1790 ouvrit à la Société une carrière de
laborieuse activité. L'Assemblée nationale avait pris
les devants; cédant à la pression irrésistible des événements elle ne s'était pas bornée à faire des coups
d'autorité au point de vue de l'agriculture par les
célèbres décrets d'août et de septembre 1789. En outre,
elle avait organisé pour le service intérieur de ses
travaux des Comités spéciaux. Au premier rang, le
6 septembre 1789, un Comité de l'Agriculture et du
Commerce fut chargé de centraliser la correspondance
relative à toutes les questions industrielles et agricoles. L'Assemblée décida que ce Comité serait composé d'un délégué par Généralité.

L'organisation dans le Comité fut la même que dans

la Société, en ce sens que le travail se fit par rapport sur chaque communication. Ces communications étaient inscrites sur le registre du Comité et remises à un rapporteur qui concluait au rejet ou à l'adoption. Le renvoi devant l'Assemblée nationale, entraînait une prise en considération ou un projet de décret.

L'aliiance cordiale du Comité d'agriculture et de la Société d'Agriculture est le trait principal et le caractère de l'année 1790 (1).

C'est ainsi que dans la séance du 21 janvier, la Société nomme correspondants, deux membres de l'Assemblée nationale. L'un était Blancard, député à Lauriol, en Dauphiné auquel avait été renvoyé l'examen du célèbre Mémoire de la Société ; l'autre était l'abbé Grégoire, député en Lorraine, qui s'attacha courageusement à la destinée de la Société d'Agriculture et devait la défendre avec Lefebvre, lors de la suppression des académies en 1793.

Les présidents du Comité d'Agriculture prendront, aux séances solennelles, la place des anciens ministres et des anciens contrôleurs généraux.

Le marquis de Bonnay avait débuté dans cet honneur en 1789 et Meynier de Salinelles lui succéda brillamment en 1790.

Un échange perpétuel de communications entre le Comité et la Société d'Agriculture s'établit, mais cette dernière ne devait pas perdre son rang et abandonner sa personnalité devant le Comité de l'Assemblée nationale. C'est ainsi que le marquis de Bonnay, président

---

(1) Les procès-verbaux du Comité d'Agriculture de l'Assemblée nationale, de la Législative et de la Convention ont été publiés par MM. Gerbaux et Schmidt. Paris, 1907.

du Comité d'agriculture, avait sollicité de la Société un jugement sur la question de l'uniformité des poids et mesures à la fin de 1789, jugement qui fut porté par la Société le 28 janvier et le 4 février 1790 ; d'autre part, dans le même temps, Desmarest faisait remarquer à ses confrères, qu'il ne lui suffisait pas d'avoir remis à l'Assemblée nationale un Mémoire sur les moyens de faire progresser l'agriculture, mémoire qui avait été renvoyé à l'examen du Comité d'agriculture ; il était juste et utile d'adresser directement à l'Assemblée souveraine un hommage de respectueuse reconnaissance pour les lois bienfaisantes qu'elle avait édictées. Le conseil parut excellent et Charost, Bullion et Broussonet furent chargés de la rédaction de l'adresse.

C'est le 20 avril 1790 que la Société d'Agriculture parut devant l'Assemblée nationale.

La Société a déjà transmis à l'Assemblée nationale, dans un Mémoire qu'elle a eu l'honneur de lui présenter, les vœux des cultivateurs sur les abus nuisibles au libre exercice et conséquemment au progrès de leur art. Ces vœux ont été presque aussitôt exaucés que formés ; chaque jour les laboureurs de tous les cantons du royaume nous annoncent l'amélioration de leur sort et en rendent hommage à votre justice. Nous venons dans ce moment de leur part vous témoigner leur reconnaissance pour vos sages décrets ; vous annoncer l'heureuse influence qu'ils ont eue déjà sur leur bonheur ; et vous remercier surtout du peu d'intervalle que vous avez bien voulu mettre entre leurs réclamations et vos bienfaits.

Non, quoi que l'on ait osé dire, les décisions que vous avez rendues pour délivrer l'agriculture de ses entraves, ne sont point anticipées : daignez en croire, par notre organe, les habitants des campagnes, c'est-à-dire la portion la plus saine et la plus nombreuse des citoyens. Elle nous a depuis longtemps fait connaître combien elle était impatiente de rentrer dans ses droits. Que ceux qui croient avoir lieu de se plaindre, sachent que, s'ils ont été obligés de lui tout rendre, c'est qu'ils lui avaient tout ôté.

Vous avez fait disparaître cette longue suite de droits arbitraires qui, prélevés au nom et pour les besoins de la chose publique, appauvrissaient le laboureur sans enrichir l'État. L'impôt sera réparti en raison des propriétés et il sera commun à tous; le cultivateur ne sera plus obligé de partager ses récoltes avec le gibier et le décimateur; il ne sera plus avili par la mainmorte; son asile ne sera plus sujet au retrait féodal, aux déclarations, aux terriers; il ne sera plus humilié par les droits de franc-fief et de la dérogeance; il ne verra plus ses récoltes soumises à des bans arbitraires qui trop souvent en occasionnent la perte; son grain, son pain, sa vendange ne seront plus soumis à la banalité; le transport de ses denrées ne sera plus empêché par des péages établis sur toutes les routes; il ne lui sera plus défendu d'user des eaux pour arroser ses héritages, et l'eau courante ne sera plus la possession d'un seul qui en abusait le plus souvent pour noyer les terres voisines; la justice ira trouver les paisibles habitants des champs, et ceux-ci ne viendront plus dans les villes la chercher le plus souvent sans la trouver, des vœux de stérilité et d'inaction n'enlèveront plus à la culture des hommes forts et vigoureux. Les cérémonies religieuses ne seront plus soumises à un tarif honteux; une loi odieuse n'ôtera plus au cultivateur la faculté de se procurer le sel si nécessaire à la conservation de ses bestiaux; ses enfants, compagnons de ses travaux, ne fuiront plus à la nouvelle de la milice, espèce de dîme prélevée sur des malheureux à qui on n'avait plus à prendre que leur propre personne; grâce à l'anéantissement des privilèges, le laboureur ne se trouvera plus le dernier sur la liste des citoyens. Vous avez enfin, en faisant disparaître les funestes effets de la fiscalité et de la féodalité, délivré l'agriculture d'autant de fléaux qui ravageaient annuellement les campagnes; elles attestent déjà les heureux effets de vos premiers efforts. Que n'a-t-on pas droit d'espérer lorsque, après avoir détruit le mal qui n'aurait pas dû se faire, vous ordonnerez le bien qui aurait dû être fait.

La Société voit depuis quelque temps se répandre parmi les laboureurs ce goût pour l'instruction, cet amour pour leur profession et cette estime d'eux-mêmes sans laquelle on ne peut désirer ni obtenir l'estime des autres.

Les Ministres de la religion répandus dans les campagnes ne seront plus, au moyen de vos nouveaux bienfaits, les témoins inutiles de la misère qui régnait autour d'eux et qu'ils ne pouvaient soulager sans la partager. En leur confiant une portion de terre vous ajouterez, à leur vertu, l'amour de l'agriculture qu'il faudrait ériger en vertu si ce n'en était pas une.

La Société nous a chargé de vous présenter la collection de ses ouvrages; ils ne consistent pas seulement dans les travaux de ses membres, mais surtout dans les observations que ses nombreux correspondants, cultivateurs de tous les genres, l'ont mise à portée de publier; ils ne sont pas volumineux mais en agriculture on a bien peu à dire lorsque les faits ont parlé. La brièveté est d'ailleurs le caractère des productions qui ont pour objet une grande utilité; nous en attestons les écrits des anciens législateurs et vos décrets.

Comme membres de la Société d'Agriculture, nous n'avons que ce faible tribut à offrir; privés d'appointements et de pension nous sommes aussi privés de la satisfaction d'en faire aujourd'hui le sacrifice sur l'autel de la patrie, mais peut-être daignerez-vous croire que nous les avons donnés, lorsque nous avons décidé de n'en recevoir jamais.

Le Président de l'Assemblée nationale répondit :

L'Assemblée nationale n'a jamais oublié, elle n'oubliera jamais que l'agriculture est la base de toute propriété, la source de toute richesse; elle fait profession d'honorer tous ceux qui se dévouent à ce premier des arts, soit qu'ils l'exercent par eux-mêmes, soit qu'ils emploient les ressources de leur esprit à diriger ceux qui le professent. Ainsi ses premiers regards ont dû se porter vers cette classe de la société qui nourrit toutes les autres et qui, dans l'inégalité des chances de la vie, n'avait eu jusqu'ici pour apanage que le lot de l'indigence, de la servitude et du malheur. Ainsi après avoir, par des premiers décrets, assuré à chaque citoyen français ses droits naturels et imprescriptibles, elle a voulu que le sol même de la France connût le bienfait de la liberté. Mais, messieurs, tandis que le citoyen rustique, qui fait croître les moissons, marche timidement dans la route sûre, mais bornée de l'expérience, c'est à des compagnies savantes, telles que la vôtre, qu'il appartient d'ajouter les lumières de la théorie aux avantages de la pratique, et de contribuer ainsi journellement aux progrès de l'agriculture. La France entière connaît l'utilité de vos travaux, et rend une égale justice à vos connaissances et à votre désintéressement. L'Assemblée nationale reçoit votre hommage avec satisfaction. Vos occupations tendent toutes au bonheur du peuple. Les représentants du peuple vous permettent d'assister à leur séance.

L'Assemblée décréta que l'adresse de la Société et la réponse du président seraient insérées dans le procès-verbal, imprimées séparément et envoyées à tous les districts du royaume.

Cette manifestation répondait au mouvement des esprits, et nous voyons, dans ces premiers mois de 1790, les membres de la Société redoubler d'ardeur : Cliquot de Blervache présente un ouvrage en deux volumes intitulé « L'ami du Cultivateur » ; Dubois rédige le prospectus d'un journal d'agriculture ; Parmentier écrit la préface d'une nouvelle édition du grand ouvrage de Valmont de Bomare ; enfin Chevallier, membre de l'Assemblée nationale et correspondant, publie des réflexions sur l'agriculture.

C'est en avril 1789 que Lamoignon de Malesherbes, un des membres les plus éminents de la Société, à propos d'une dissertation touchant l'hiver de 1788 et de 1789, au point de vue forestier, saisit la Société de ses méditations sur les moyens « d'accélérer les progrès de l'économie rurale de France ». Que ne puis-je, par une publication complète, reproduire textuellement les parties de ce Mémoire qui touchent à l'histoire du passé comme à l'avenir de la Société d'Agriculture. Je me résigne à citer quelques passages d'un travail qui a toutes les allures d'une conversation ou, pour mieux dire, le charme d'une confidence.

« Depuis que j'ai considéré avec intérêt les travaux de la campagne, a dit Malesherbes, j'ai toujours pensé qu'un des plus grands obstacles des progrès de l'agri-

LAMOIGNON DE MALESHERBES

culture, vient de ce qu'il faudrait que les expériences
fussent faites par le concours de plusieurs personnes
de différent talent, de différent caractère et menant
un différent genre de vie... Ce n'est que des agriculteurs sédentaires et faisant valoir leurs biens qu'on
peut attendre des expériences solides et certaines; on
ne peut pas les blâmer d'un manque de confiance dans
les Mémoires publiés journellement sur l'agriculture
parce que ces Mémoires sont remplis d'erreurs. La
première idée du projet que je vous soumets, m'est
venue par la connaissance que j'ai eue de MM. Duhamel
à qui l'agriculture a tant d'obligations. C'est en médi-
tant sur l'exemple que m'ont donné MM. Duhamel,
mes voisins et mes premiers maîtres, que m'est venu
le goût de l'agriculture. Il serait heureux, me disais-je,
que chaque cultivateur sédentaire eût un frère ou un
ami établi dans une grande ville ou que chaque phy-
sicien qui veut être agriculteur, eût un frère ou un ami
résidant à la queue de sa charrue. Supposons qu'il n'y
ait en France ni Académie, ni Société d'Agriculture,
ni dépôt de science comme celui du Jardin du cabinet
du roi et voyons ce qu'il faudrait faire pour établir,
entre le savant des villes et les cultivateurs sédentaires,
cette communication fraternelle qui peut seule accélérer les progrès de l'agriculture.

« Voilà pourquoi Malesherbes propose un bureau central de correspondance pour l'agriculture et les arts
utiles en relation avec des bureaux dans les provinces
qui eux-mêmes seraient des intermédiaires avec les
cultivateurs. Malesherbes entrevoit une institution
centrale qui aurait à sa disposition toutes les ressources
de la science et qui, par une action incessante, porterait

successivement dans les campagnes le secours des connaissances nécessaires.

« Il existe depuis peu, dit-il, une Société d'Agriculture née pour ainsi dire dans le sein de l'Académie, composée de plusieurs académiciens et de beaucoup d'autres citoyens également distingués par leurs lumières et leur zèle patriotique; cette Société s'est dévouée spécialement à faire passer au peuple les lumières des savants. Il n'est donc plus question de fonder un établissement autre que la Société elle-même avec le nom qu'elle a déjà et avec le concours de l'Académie des sciences dont elle ne doit jamais se regarder comme séparée, c'est elle qui doit se charger de la correspondance à établir entre les savants et les citoyens.

« Il n'y a donc rien à changer à la constitution intérieure de notre Société; il faut seulement qu'elle embrasse la nouvelle fonction d'instruire les individus, sans renoncer à celle qu'elle remplit avec tant de succès, d'instruire le public entier par ses écrits. Le seul établissement nouveau que je propose est celui que je nommerai les bureaux provinciaux de correspondance : on les nommera comme on voudra. La Société a un grand nombre de correspondants : ce sera avec eux qu'on déterminera les villes où il pourra être établi des sociétés particulières ou provinciales.

« Il est évident que la Société d'Agriculture, avec la fonction d'instruire la nation dont elle va se charger, doit être réunie à l'établissement du Jardin des Plantes et du Cabinet d'histoire naturelle. Cette Société, qui jusqu'à présent n'avait pas de demeure permanente, se tient dans la salle de l'Académie des sciences comme dans un territoire emprunté; il y a des salles suffi-

santes dans l'enceinte du Jardin du roi. C'est de là que la
Société, devenue « bureau de correspondance », répandra
des connaissances utiles dans toute la France, et obser-
vons, Messieurs, que c'est un devoir dont les savants
attachés au Jardin du roi s'acquittent déjà depuis longtemps. Une partie des savants attachés au Jardin du
roi et au Cabinet sont déjà de la Société.

« Rien n'est donc plus facile d'exécution que le projet
que je présente et dont j'espère beaucoup pour la
prospérité de la France et la prospérité des terres de la
domination française; tout consiste dans la formation
des bureaux de correspondance de provinces ou sociétés
provinciales ou des correspondants de ces sociétés.

« On ne propose aucun changement aux anciennes
occupations de la Société d'Agriculture et des savants
attachés au Jardin du roi; on ne leur demande que de
remplir une fonction qu'ils remplissent déjà d'eux-
mêmes toutes les fois qu'ils en trouvent l'occasion. »

Dans une seconde partie, Malesherbes donne
quelques conseils sur la méthode à suivre pour profiter
des observations faites séparément par différentes personnes sur le même sujet, c'est la seconde fonction de
la Société. « J'en ai donné un exemple, dit-il, dans les
Mémoires de la Société au sujet des effets de l'hiver
de 1788 à 1789 sur les arbres, j'ai dirigé mes observations personnelles, non pour en faire un ouvrage
en mon nom, mais pour servir de mémoire à ceux que
la Société chargera de la rédaction.

« Une Société ne doit pas travailler pour la gloire d'un
auteur, elle a des moyens que n'ont pas les particuliers
pour rassembler la totalité des faits, quand même chacun séparément ne vaudrait pas la peine d'être imprimé.

« Une troisième fonction de la Société, c'est d'expérimenter les expériences et de constater si un procédé nouveau a été suivi ou abandonné.

« C'est à une Société qui ne meurt pas de se charger de la suite des observations trop longues pour la vie d'un homme, j'en vois l'exemple dans mon voisinage. Le vertueux M. Duhamel avait élevé l'aîné de ses neveux pour être l'héritier d'une terre pleine d'expériences; c'était perpétuer son existence pour le bien de l'humanité. MM. de Fougeroux qui remplaçaient dignement leur oncle nous ont été enlevés l'un et l'autre; ils comptaient donner à la Société un état des plantations de M. Duhamel; j'oserai vous proposer d'envoyer des députés de la Société sur les lieux mêmes pour constater l'état de ces précieuses plantations, pendant qu'il y a encore dans le pays des gens qui leur rendront compte de ce qu'ils ont vu faire par l'oncle et ses neveux.

« Une Société n'acquiert aucun droit sur une terre parce qu'un homme célèbre y a fait ses expériences; il n'est pas de propriétaire qui ne facilite à des savants citoyens les moyens de faire une telle vérification; j'ai eu plusieurs fois dans ma vie la curiosité de visiter des lieux, où je savais qu'il y avait une culture particulière et j'ai fait des constatations pénibles ou agréables mais toujours très utiles.

« La quatrième fonction proposée, c'est le groupement des faits agricoles dans différentes provinces, des ouvrages personnels des savants; leurs théories, leurs expériences, toutes leurs découvertes ne seront pas plus utiles qu'un ouvrage où on ne dirait que ce qui est déjà su, mais qui feraient connaître à l'univers ce qui n'est connu que dans quelques coins de la terre. Cet ouvrage ne peut pas être celui d'un seul ni même de plusieurs savants; il doit être celui d'une société entière; il ne peut pas être l'ouvrage d'une ou plusieurs années.

« Pourquoi ne sait-on pas ce qui se passe d'une province à l'autre? Parce que les pratiques de chaque pays sur l'agriculture sont connues de deux sortes de personnes, des voyageurs qui le savent mal et des gens du pays qui n'écrivent pas ce qu'ils ont vu. Quant aux voyageurs je leur demande pardon de ce que je vais dire, mais jamais ils ne font qu'entrevoir et tout ce qu'ils rapportent est sujet à révision; si cela est vrai des voyageurs, cela l'est encore plus de ceux que je n'appellerai que passants. Si j'osais me citer pour exemple, je vous rappellerais que j'ai rapporté plusieurs faits que j'ai observés dans les provinces où j'ai passé, je ne les garantis pas et vous demande de les faire vérifier. Dans le Mémoire dont vous avez ordonné l'impression, je n'ai dit que ce que je crois vrai, et sur plusieurs articles je peux avoir mal lu ou mal retenu.

« Je propose donc à la Société de se faire le lien de correspondance entre les voyageurs et les gens sédentaires. La Société peut exiger de tous ses membres et de tous ses correspondants de lui faire part de ce qu'ils ont observé eux-mêmes ou entendu dire.

« Il me reste, Messieurs, à vous présenter mon contingent sur les ouvrages que je propose à la Société d'entreprendre.

« 1° J'avais proposé à la Société de demander, à tous les cultivateurs d'arbres exotiques, l'état des effets de l'hiver de 1788 à 1789 sur ces arbres, et j'avais ajouté qu'il ferait bon d'y joindre un exposé succinct de ce que l'expérience a appris depuis quelques années, sur ceux dont la culture peut être utile.

« J'ai fait ce travail pour ma part, et il est en état de vous être remis. Mais au lieu d'un exposé succinct, qui sera l'ouvrage de la Société, les Mémoires que je vous remets pour servir à cet ouvrage forment un assez gros volume, parce que je me suis laissé entraîner par l'abondance de la matière. Mais ce n'est pas un Mémoire à imprimer tel qu'il est, ce sont des matériaux pour ceux que fera la Société. On ne prendra que ce qu'on voudra; le surplus restera dans vos registres avec bien d'autres Mémoires.

« J'ai cru devoir vous dire tout ce que je sais, et même les faits dont je ne suis pas certain, parce qu'ils ne sont pas encore confirmés par assez d'expériences. Je m'y suis cru obligé, parce que je suis vieux, et que ma vue, qui n'a jamais été bonne, s'affaiblit beaucoup. Bientôt je ne serai peut-être plus en état de lire ni d'écrire. J'ai travaillé ou plutôt fait travailler par mon jardinier sur l'agriculture pendant quarante ans. Il faut que rien de ce que chacun a fait ou vu ne soit perdu. Ainsi celui dont la carrière va être terminée, doit tout remettre entre vos mains, pour que vous en fassiez l'usage que vous jugerez à propos. »

Avec une modestie admirable, Lamoignon de Malesherbes terminait ses considérations, que je regrette encore une fois de ne pouvoir reproduire tout entières, par un dernier appel à la bienveillance de ses confrères. Il se défend d'avoir rien inventé, il dit seulement qu'il a été d'accord avec ceux qui ont pensé comme lui, touchant l'agriculture qui n'a pas été le principal de ses amusements mais de ses occupations. « C'est au sein de l'Académie des sciences, dit-il, qu'il a trouvé les raisons de faire concourir les Sociétés aux progrès de l'agriculture par le groupement des bonnes volontés et une hiérarchie régulière d'efforts pour pénétrer dans toutes les classes de la population » et il reprend :

« Je proposerai donc aux députés de la Société qui viendront avec moi vérifier les plantations de Malesherbes d'aller ensuite avec eux faire la même reconnaissance chez M. de La Luzerne. Enfin mes expériences et celles de M. de La Luzerne sont peu de chose en comparaison de celles de MM. Duhamel et de Fougeroux ; leurs trois terres sont situées précisément entre Malesherbes et Chambon. J'aurais pu proposer ce voyage à quelques-uns d'entre vous, mais je crois qu'il vaut mieux que cette reconnaissance soit faite au nom de la Société et par son ordre. »

A ce discours, Malesherbes ajouta une remarque fort intéressante. « Depuis que ce Mémoire a été lu, dit-il, la Société d'Agriculture a reçu les communications de quelques provinces où l'on propose d'établir des sociétés de cultivateurs qui seraient en relation avec celle de Paris. »

« On me demandera peut-être pourquoi j'ai attendu si longtemps pour publier un projet que je crois utile, et qui existe depuis près de quarante ans? Je répondrai qu'alors je n'en croyais pas l'exécution possible, et ceux qui savent quelles étaient alors les dispositions du peuple seront de mon avis. Ce projet exige que le peuple prenne confiance dans ceux qui voudront l'instruire. Or, dans le temps dont je parle, cette confiance n'existait point. Le peuple, surtout celui des campagnes, était trop en garde contre tout ce

qu'on lui proposait, même pour son avantage. N'a-t-on
pas vu, dans quelques provinces, le peuple s'ameuter
contre les mathématiciens qui levaient la carte du
royaume! Jamais ouvrage ne fut plus utile, je dirai
même plus patriotique. Il l'était dans son objet, puisque cette carte sera nécessaire pour un grand nombre
de travaux qui seront faits par les Assemblées nationales, générales et particulières. Le travail était dirigé
par l'Académie des Sciences; mais on savait que l'administration applaudissait à cette entreprise... C'en fut
assez pour que le peuple crût qu'on ne levait la carte
que pour augmenter les impositions.

« La cause de cette méfiance est aisée à concevoir.
Dans ce temps-là, lorsqu'on voulait faire parvenir des
instructions au peuple, on les faisait porter par ceux
qui étaient chargés de l'exécution de tous les ordres
rigoureux. Dans la plus grande partie du royaume,
les citoyens n'avaient pas même la faculté de délibérer
librement sur les affaires de leur communauté. Je con-
naissais parfaitement ce vice de l'ancien régime, car
j'étais alors à la Cour des aides, et cette Cour, sans prévoir la grande révolution d'aujourd'hui, ne cessait de
demander au roi de rendre à toutes les communautés
le plus inaliénable de tous les droits, celui de régir
leurs propres affaires. Elle avait été jusqu'à dire qu'on
avait interdit la Nation entière, et qu'on lui avait
donné des tuteurs. Or, ce n'était que par l'organe de
ces tuteurs qu'on pouvait alors parler au peuple.

« Quoique j'aie été longtemps le contradicteur de
l'ancienne administration, je dois rendre, à ceux qui la
composaient, la justice que je les ai vus toujours très
disposés à procurer au peuple les instructions et les

secours dont il aurait besoin pour ses travaux, et dans le temps dont je parle, je vivais avec quelques-uns de ces administrateurs. Ils étaient même du nombre de ceux avec qui nous conférions de notre projet. Ils offraient leur secours pour les faire prospérer; mais on aurait bien mal fait d'accepter leurs offres, car leur intervention n'aurait pu qu'y nuire. Voilà pourquoi ce même projet, que j'ai toujours cru utile, me paraissait alors impossible à exécuter.

« A présent, « il va naître un nouvel ordre de choses ». On doit espérer que le peuple, représenté dans chaque district et dans les assemblées générales par ceux qu'il aura jugés dignes de sa confiance, ne croira plus que tout ce qu'on veut faire pour lui cache un projet secret de l'opprimer. C'est donc le moment de lui présenter un projet qui n'aurait pas réussi dans le temps où il a été conçu. »

Que ce soit sous une forme ou sous une autre, en 1761 ou en 1790, avec le système administratif de Bertin ou avec le système scientifique de Malesherbes, la Société d'Agriculture apparaît à ce moment comme l'instrument nécessaire de l'instruction agricole et des essais d'alliance entre la science et la pratique.

Des observations émises par Malesherbes, plusieurs étaient de vieille date et n'étaient pas entrées dans le mouvement des esprits, parce qu'elles étaient trop scientifiques et trop générales : ainsi, la fusion de la Société d'Agriculture et du Jardin des Plantes ne pouvait être discutée et appliquée que dans des temps de paix et de respect pour les travaux des savants, tandis que donner, comme base des progrès agricoles, la collaboration des comices agricoles, était une idée populaire et capable d'entraîner les meilleurs esprits vers la pratique scientifique. Nous trouvons, dans les publications de la Société, en 1790, un Mémoire de Cretté de Palluel qui proposait de créer d'autorité des Comices agricoles pour servir de centre et d'union avec les institutions scientifiques de Paris. C'était étendre et confirmer les observations de Malesherbes.

Broussonet lui-même, qui avait publié des brochures tendant à réunir le Jardin des Plantes à Alfort, avant qu'il ne fût secrétaire perpétuel, ne dit mot à cette heure, et, dans son discours final de décembre 1790, il porte tous ses vœux et ses espérances vers le succès des Comices agricoles, c'est-à-dire vers les associations populaires.

Ce qui avait décidé Malesherbes à communiquer à ses confrères les réflexions qu'il avait mûries depuis trente ans, c'est le changement profond qui s'était fait dans les mœurs et dans les esprits de toutes les classes de la société, c'est l'agitation qui s'était produite dans les milieux scientifiques pour faire pénétrer, dans la pratique agricole, les données de la science. Il était donc naturel que l'action des sociétés d'agriculture prît un nouvel essor.

Tout était changé depuis deux ans, à ce point que le règlement de 1788 tombait en ruines. Les hommes de gouvernement qui l'avaient soutenu un moment, avaient disparu de la scène politique.

Il y avait eu, certainement, dans les conversations entre les membres de la Société un grand trouble au sujet de l'existence du règlement de 1788 et de la constitution royale donnée par ce règlement. On devait se demander comment on pourrait sortir d'embarras qui devenaient, de jour en jour, un véritable danger.

Le règlement royal de 1788 ne cadrait pas avec les nouvelles organisations de l'Assemblée nationale et un courant très fort entraînait les esprits vers la nécessité de grouper les besoins des provinces; enfin ce qui rendait évidemment nécessaire un changement dans les statuts, c'était la création du Comité d'agriculture qui était l'expression même de l'Assemblée nationale, et avec lequel la Société avait grand intérêt à faire cause commune.

Necker a perdu en quelques mois sa popularité, on attendait de lui un plan financier et il n'avait donné que des combinaisons de banque sans fournir les moyens de combler les déficits du budget. Enfin il s'était perdu dans l'opposition qu'il avait essayée contre la politique du Comité des finances de l'Assemblée nationale en combattant la création fatale des assignats. Il donna sa démission le 8 septembre 1790 et quitta la France avec sa famille. Nul doute que Broussonet et Bailly, notamment, n'aient suivi cette retraite de leurs regrets et de leur reconnaissance.

Les meneurs de la Société ne s'étaient pas laissé surprendre par la décadence de l'administration royale et la chute des hommes politiques qui l'avaient soutenue. Le lendemain du jour où Necker avait quitté la France, la Société d'Agriculture délibérait sur les nouveaux statuts qui devaient remplacer le Règlement de 1788. C'est qu'en effet la Société d'Agriculture par sa collaboration avec le Comité d'agriculture était entrée dans le mécanisme du gouvernement de l'Assemblée nationale.

L'Assemblée nationale était la maîtresse souveraine, la dispensatrice des fonds qui alimentaient l'existence de toutes les sociétés, il n'y avait pas une heure à perdre pour substituer une organisation nouvelle à l'organisation de 1788 si la Société voulait soutenir son rang et conduire ses destinées.

En effet, des procès-verbaux de la Société ne nous apprennent pas comment, dans l'année 1790, fut prise la résolution de changer les statuts de la Société royale de 1788. Au mois d'août 1790, il est seulement dit que la Société ne prendra pas de vacances parce qu'elle veut terminer le travail de la Commission chargée de préparer les statuts. Aux officiers de la Société, Parmentier, Lefebvre et Broussonet, sont adjoints Thouin et Cretté de Palluel. Et presque aussitôt, les statuts de la nouvelle Société furent adoptés sans observations et transcrits sur le registre des délibérations avec cette mention : « qu'ils ont été adoptés ».

C'est donc le 9 septembre 1790 que le secrétaire perpétuel lut le projet du nouveau règlement. On adopta les neuf premiers articles ; on reprit la discussion le 10 septembre dans une séance extraordinaire et on vota ensemble les quarante-huit articles du règlement nouveau sans discussion. Par une mention spéciale ces deux séances furent tenues au Louvre. La première séance du 9 et celle du 10 ne figurent au registre qu'avec la signature de Parmentier tandis que les séances précédentes et suivantes sont contresignées par Parmentier et Broussonet. Pourquoi?

Les statuts n'ont pas été publiés comme ils auraient dû l'être dans le volume du dernier trimestre de 1790. Nous savons seulement, par le compte rendu

de Lefebvre que des raisons supérieures et inconnues
— peut-être tout simplement le manque de fonds —
ont suspendu, en cette fin d'année, les publications
de la Société. Quoi qu'il en soit, les nouveaux statuts
furent appliqués. La Société n'était plus la Société
royale d'Agriculture.

RÈGLEMENT DE 1790

ARTICLE 1ᵉʳ. — La Société d'Agriculture, établie à Paris depuis
le 1ᵉʳ mars 1761, et ayant reçu de nouveaux règlements en 1788,
prendra à l'avenir le titre de « Société d'Agriculture de France »,
elle tiendra ses séances dans le lieu qui lui sera indiqué.

ART. 2. — Les membres de la Société seront répartis en quatre
classes : celle des Associés ordinaires, des Associés régnicoles,
des Associés étrangers et des Associés vétérans.

ART. 3. — Les Associés ordinaires, au nombre de soixante,
seront à portée, par leur résidence, de se rendre régulièrement
aux assemblées.

ART. 4. — Les Associés régnicoles, au nombre de deux cents,
seront choisis parmi les propriétaires, fermiers et savants domiciliés dans les différents départements du royaume et dans les
diverses possessions françaises.

ART. 5. — Les Associés étrangers, au nombre de deux cents,
seront choisis parmi les cultivateurs et les savants établis hors
du royaume.

ART. 6. — Les Associés vétérans, dont le nombre ne sera pas
fixé, seront en tout assimilés aux associés régnicoles et étrangers; ils pourront néanmoins être élus de nouveau aux places
d'associés ordinaires.

ART. 7. — Tous les Associés ordinaires actuels conserveront ce
titre. Tous les correspondants nationaux actuels deviendront
associés régnicoles, et les associés étrangers, ainsi que les correspondants étrangers, seront associés étrangers.

ART. 8. — La Société aura pour officiers : un Directeur, un
Vice-Directeur, un Secrétaire et un Syndic; tous choisis parmi
les soixante associés ordinaires.

ART. 9. — Le Directeur sera en exercice pendant un an; il
sera remplacé l'année suivante par le Vice-Directeur. Les fonc-

tions du Directeur seront de proposer les matières à traiter dans chaque séance, de veiller à la tranquillité des séances, de nommer les commissaires pour examiner les ouvrages, mémoires et observations présentés à la Société, de mettre les objets en discussion, de prendre les avis et de prononcer, à la pluralité des voix, les délibérations. Dans le cas d'absence du Directeur, il sera remplacé par le vice-Directeur, et si tous les deux se trouvent absents, le plus ancien ex-directeur présidera la séance.

Art. 10. — Le Secrétaire perpétuel, nommé à vie, tiendra les registres des séances, y inscrira les délibérations de la Compagnie, conservera en dépôt les différentes pièces qui lui seront remises, recueillera les observations et faits intéressants qui seront communiqués verbalement dans les Assemblées, signera tous les actes émanés de la Société, présentera tous les ans aux séances publiques l'histoire des travaux de la Compagnie et entretiendra la correspondance avec les différents membres de la Société, les Sociétés d'Agriculture et les Comices agricoles. Dans le cas où il serait forcé de s'absenter, il sera remplacé par un des Associés résidant, désigné par le Directeur et agréé par la Société.

Art. 11. — Le Syndic, nommé à vie, aura à sa garde les livres, les machines ainsi que les instruments, les bestiaux et les semences à distribuer, et généralement tous les effets appartenant à la Société; cette collection sera rendue publique aussitôt qu'il sera possible. Le Syndic sera encore chargé de la manutention et de l'emploi des fonds étant à la disposition de la Société, et de ceux provenant d'offres et contributions volontaires : il présentera tous les six mois, au Comité désigné en l'article 12, la note des achats, des livres, machines ou autres objets faits pendant le semestre, l'indication de ceux qu'on pourrait acquérir, en un mot le tableau des fonds dont la Compagnie pourra disposer; cette place sera remplie par l'agent général actuel.

Art. 12. — Il y aura toujours un Comité subsistant chargé de faire le choix des Mémoires destinés à être insérés en entier ou par extrait dans les trimestres, d'entendre la lecture des travaux particuliers du Secrétaire, relatifs à chaque volume, de recevoir les notes du Syndic et de déterminer les acquisitions à faire.

Art. 13. — Le Comité sera formé du Directeur, du Vice-Directeur, du Secrétaire, du Syndic et de cinq Associés ordinaires. Il se réunira tous les trois mois à la fin du trimestre, et toutes les fois que le Directeur le jugera à propos. Le secrétaire tiendra un registre particulier sur lequel il inscrira les délibérations du Comité.

ART. 14. — La Société tiendra deux séances par semaine, l'une le lundi et l'autre le jeudi, depuis cinq heures du soir jusqu'à sept heures; s'il se rencontre une fête un de ces jours, la séance se tiendra le lendemain.

ART. 15. — La Société tiendra chaque année deux séances publiques, l'une immédiatement après l'époque des semailles de mars, l'autre après l'époque des semailles d'hiver. Les prix seront distribués dans ces séances, les programmes annoncés, et le secrétaire y rendra compte des travaux de la Société depuis la dernière séance publique. Ces objets ainsi que les Mémoires que quelques membres voudraient y porter, seront lus auparavant dans une séance particulière désignée en l'article 13 et augmentés des membres qui auraient des Mémoires à lire.

ART. 16. — Il sera distribué, dans les séances publiques, des prix consistant en bestiaux de races choisies, instruments d'agriculture, ou médailles aux citoyens qui auront fait quelque découverte en économie rurale ou domestique, qui auront fait des plantations considérables, introduit dans leur canton quelque pratique nouvelle, perfectionné quelques instruments agraires, favorisé d'une manière particulière les progrès de l'art agricole et concouru au bonheur des habitants de la campagne. Il sera aussi décerné des prix de vertu rurale et d'autres aux auteurs des meilleurs Mémoires sur des sujets proposés par la Société. Le nom des personnes auxquelles les médailles auront été accordées sera inscrit autour de ces médailles.

ART. 17. — Les pièces envoyées au concours seront examinées par des commissions nommées par le Directeur, et, sur leur rapport, l'Assemblée choisira les Mémoires dont les auteurs lui paraîtront dignes d'un prix ou de quelque distinction.

ART. 18. — Le Secrétaire inscrira, dans les registres des séances et dans celui des présentations, les personnes qu'on croira dignes d'obtenir des prix à mesure que leurs noms seront présentés à la Société et dans une des dernières séances avant l'Assemblée publique, il lira cette liste, rappellera les titres des concurrents, et la Compagnie choisira parmi eux ceux auxquels elle voudra décerner des prix. Il sera procédé au scrutin pour faire ce choix toutes les fois qu'il sera réclamé par un associé résidant.

ART. 19. — Il sera publié tous les trois mois, sous le nom de trimestre, un volume renfermant l'histoire de la Société, les observations, les faits isolés, recueillis dans les séances, les mémoires des membres ainsi que ceux des étrangers, en ajoutant après le nom de l'auteur celui du membre de la Société qui l'aura communiqué. L'histoire et les extraits des séances seront mis en ordre par le secrétaire.

Art. 20. — La Société ne répondra de l'opinion de ses membres qu'autant qu'elle l'aura exprimé dans un rapport particulier.

Art. 21. — Les membres et les officiers de la Société ne pourront prétendre à aucune espèce de traitement pécuniaire pour l'exercice de leurs fonctions.

Art. 22. — La Société présentera tous les ans à l'Assemblée nationale un compte de ses travaux rédigés par le Secrétaire.

Art. 23. — Tous les ans, après l'Assemblée publique d'hiver, la Société présentera au roi et à l'Assemblée nationale un exemplaire des ouvrages qu'elle aura publiés dans le courant de l'année ainsi que la liste des membres reçus depuis la dernière présentation.

Art. 24. — La Société entretiendra une correspondance habituelle avec les sociétés d'agriculture et les comices agricoles établis dans tout le royaume, et leur fera passer tous les écrits qu'elle publiera.

Art. 25. — Les membres des différentes sociétés d'agriculture et comices agricoles du royaume auront droit d'assister aux assemblées de la Société et y auront voix consultative.

Art. 26. — Chaque Associé ordinaire, en entrant dans la salle d'Assemblée, écrira son nom sur un registre composé d'autant de feuillets qu'il y aura de séances dans l'année; à six heures précises, l'huissier présentera le registre au président de l'Assemblée qui signera, et, au-dessous, le Syndic.

Art. 27. — Les Associés régnicoles et étrangers auront droit d'assister aux assemblées de la Société et ils y auront voix consultative.

Art. 28. — Toute personne pourra être admise aux séances, il suffira qu'elle soit présentée au président par un membre de la Société.

Art. 29. — Chaque séance commencera par la lecture qui sera faite par le secrétaire du Journal de l'Assemblée précédente, lequel journal sera signé par le Président de l'Assemblée et contresigné par le Secrétaire. Celui-ci rapportera les lettres qui auront été adressées à la Société et rendra compte des différents envois. Il sera fait ensuite lecture des rapports, mémoires et observations dont la Société jugera à propos de s'occuper. Nul membre ne pourra lire un mémoire, un rapport ou des observations, sans en avoir prévenu, avant la séance, l'officier présidant l'Assemblée.

Art. 30. — Les seuls écrits des Associés ordinaires ne seront pas remis entre les mains des commissaires. Quant aux autres, soit qu'ils aient été lus ou envoyés par des Associés régnicoles, étrangers ou vétérans ou par des personnes qui ne seront point membres de la Société, ils seront remis après la lecture entre les mains de deux commissaires au moins, qui en feront un rapport détaillé.

Art. 31. — Tous les écrits des membres de la Société et ceux des étrangers seront, immédiatement après la lecture, remis au Secrétaire pour être par lui paraphés et inscrits sur le journal de la séance.

Art. 32. — Les Associés ordinaires qui présumeront ne pouvoir de toute une année assister aux séances, en préviendront la Société, et s'ils sont tout ce temps sans entretenir quelque relation avec la Compagnie, leurs places seront déclarées vacantes et leurs noms inscrits sur la liste des Associés vétérans.

Art. 33. — Les Associés régnicoles qui auront été plus de trois ans sans faire part de leurs travaux, seront censés ne plus appartenir à la Compagnie.

Art. 34. — Il y aura au milieu de la salle d'assemblée une table où sera posée, lors des nominations, la boîte du scrutin; chaque Associé ordinaire ira écrire sur cette table son bulletin qu'il jettera lui-même dans la boîte; le scrutin sera vérifié en présence de la Société par les officiers de la Compagnie, et le nombre des billets comparé avec celui des signatures de la feuille sur laquelle chaque Associé ordinaire aura inscrit son nom en entrant à la séance.

Art. 35. — Lorsqu'une place d'Associé ordinaire sera devenue vacante, l'officier président le notifiera à l'Assemblée; et à compter de cette époque dont il sera fait mention sur le registre des séances, on laissera écouler un mois avant de procéder à la nomination.

Art. 36. — Tous les Associés ordinaires auront le droit, pendant le courant du mois, de présenter une ou plusieurs personnes pour remplir les places vacantes; et les noms des présentés, en y ajoutant les motifs de leur présentation, seront inscrits par le Secrétaire sur le registre des séances, sur celui des présentations ainsi que sur un tableau placé dans le lieu des séances. Il en sera de même pour les personnes proposées pour devenir associés régnicoles ou étrangers.

Art. 37. — A la fin du mois, le Secrétaire lira la liste des personnes présentées et suivant l'ordre de leur inscription il rappellera les motifs de la présentation, et il sera procédé dans huitaine à la nomination.

Art. 38. — Il sera tenu par le Secrétaire un registre particulier où il inscrira, en même temps que dans le registre des séances, le nom des personnes présentées pour devenir Associés ordinaires, régnicoles et étrangers, ainsi que le nom des sujets présentés pour obtenir des prix.

Art. 39. — Pour devenir Associé ordinaire, indépendamment de l'obligation d'être par son domicile à portée de se rendre régulièrement aux assemblées, il sera indispensable que les concurrents aient des possessions qu'ils fassent valoir ou des exploitations, ou qu'ils aient composé quelque ouvrage relatif à l'économie rurale et domestique, ou, enfin, présenté à la Société des mémoires qu'elle aura jugés propres à accélérer les progrès de l'art agricole. Il sera indispensable qu'il y ait toujours, parmi les Associés ordinaires, un certain nombre de propriétaires qui font valoir par eux-mêmes, et de fermiers, ainsi que de personnes cultivant les sciences qui peuvent être appliquées utilement à l'agriculture.

Art. 40. — Dans la dernière séance de chaque trimestre, le Secrétaire lira la liste des personnes qui aspireront aux places d'Associés régnicoles ou étrangers, non seulement pendant les trois mois derniers, mais encore dans les trimestres précédents et qui n'auraient pas été élues, il rappellera le titre des concurrents dans la même assemblée, et la Société procédera à la nomination.

Art. 41. — Jusqu'à ce que le nombre des Associés régnicoles soit porté à 200, et celui des Associés étrangers à 100, avant de procéder aux nominations, la Société, après avoir entendu la lecture de la liste des concurrents, fixera le nombre des places auxquelles elle voudra nommer.

Art. 42. — Pour devenir associé régnicole ou étranger, il faudra être possesseur de terres, ou fermier laboureur, ou être connu par quelque ouvrage relatif à l'économie rurale ou domestique; ou avoir communiqué à la Société des mémoires ou observations qui auront mérité son approbation.

ART. 43. — Toutes les élections seront faites au scrutin, savoir celles des Associés ordinaires et des officiers de la Société à la majorité absolue. Et dans le cas où l'un des concurrents ne réunira pas d'abord le nombre nécessaire des suffrages, il sera procédé à un nouveau tour de scrutin entre les deux personnes qui auront eu d'abord le plus de voix, et enfin, en cas d'égalité, la voix de chacun des trois plus anciens Associés ordinaires présents sera comptée pour deux.

ART. 44. — Les nominations aux places d'Associés régnicoles et étrangers se feront au scrutin à la pluralité; les votants inscriront sur un bulletin autant de noms qu'il y aura de places vacantes, et le scrutin sera fermé et dépouillé de la manière indiquée par l'article 34.

ART. 45. — Le Secrétaire, en faisant part de leur nomination aux nouveaux membres, leur adressera un diplôme signé du Directeur et contresigné par le Secrétaire, muni du sceau de la Société.

ART. 46. — Le Directeur sera nommé tous les ans dans la dernière séance de décembre, et le Vice-Directeur en exercice l'année précédente remplacera de droit le Directeur qui ne pourra être élu qu'après un intervalle de quatre ans.

ART. 47. — Les cinq Associés ordinaires qui doivent former, conjointement avec les officiers, le comité désigné par l'article 12, seront élus tous les ans par la voie du scrutin dans la première séance de janvier. Pour faire cette nomination, chaque Associé résidant mettra cinq noms sur un bulletin et les cinq membres qui réuniront le plus de suffrages seront élus.

ART. 48. — Quant aux objets qui ne sont pas prévus par ce règlement et relatifs au régime intérieur de la Compagnie, la Société y suppléera par des délibérations.

On n'a pas besoin d'étudier longtemps les statuts de 1790 pour noter les changements opérés dans les statuts de 1788. Le roi n'est plus le protecteur; les associés nés ont disparu; les liens avec le personnel et le bureau de la ville sont rompus; la Société demeure au Louvre et les séances solennelles se tiendront dans des locaux différents suivant les circonstances.

La Société est administrée par le bureau composé du

Président, du Vice-président, du Secrétaire perpétuel, de l'Agent général qui prend le titre de Syndic et de quelques membres choisis. C'est ainsi que Thouin et Cretté de Palluel, nous l'avons dit plus haut, avaient été désignés pour faire partie de la Commission des statuts.

Le fonctionnement de la Société est plus régulièrement organisé et substitué aux usages. La création de la classe des vétérans sert à dégager la Société suivant les circonstances. Le nombre des correspondants est singulièrement augmenté; ce nombre tend à créer un réseau scientifique dans les provinces et même à l'étranger. Des relations sont organisées avec les Sociétés d'agriculture; enfin le caractère général des nouveaux statuts a pour but de s'associer aux idées de réforme et au mouvement politique que l'Assemblée nationale a fait entrer dans les institutions du pays.

Lefebvre, dans son Compte rendu de 1793, constate que les publications de la Société contiennent des lacunes en 1790-1792 et 1793; mais si ces lacunes suppriment la mention de certains détails dont nous ne pouvons encombrer cette histoire, il suffira de jeter un coup d'œil sur les grandes questions qui sont d'année en année à l'ordre du jour et que Broussonet résume dans son compte rendu de fin d'année.

Par ordre de date se présentent la question des poids et mesures et la question de l'amélioration des races de moutons.

Un correspondant, de Villeneuve, avait envoyé dans le cours du mois de décembre 1789, à la Société d'Agriculture et aux Comités d'agriculture, un Mémoire de la plus haute importance sur l'unité et la conformité des mesures dans tout le royaume. Le marquis de Bonnay, président du Comité d'agriculture et du commerce, avait renvoyé ce Mémoire à la Société, et la Société avait chargé Tillet et Abeille de répondre à M. de Bonnay. Villeneuve concluait à l'unité et à la conformité des mesures dans tout le royaume, mais il souhaitait que l'immense quantité des mesures qu'il fallait fabriquer fût exécutée immédiatement et fournît du travail pendant l'hiver à vingt classes d'artisans.

Abeille et Tillet présentèrent leurs observations dans les séances des 28 janvier et 4 février 1790, ils tombaient d'accord avec Villeneuve sur l'urgence de la réforme, mais déclaraient impossible son exécution immédiate.

Au nom du Comité d'agriculture, de Bonnay remercia la Société et pria Abeille et Tillet d'ajouter toutes les additions qu'ils jugeraient à propos de faire.

Depuis 1786, la race des moutons mérinos, sous l'impulsion des efforts persévérants de Daubenton, s'était développée à tel point qu'en 1790, on citait des troupeaux considérables de cette race répandus sur différents points du territoire ; mais à côté des moutons mérinos paraît une nouvelle race de moutons anglais qui excite la surprise et l'attention publiques.

C'est Broussonet, l'ancien collaborateur de Daubenton, le professeur à l'école d'Alfort et naturellement le protecteur des moutons, qui met en mouvement cette question d'un intérêt supérieur, non pas seulement devant le Comité d'agriculture, mais devant l'Assemblée nationale elle-même par un discours digne

d'être reproduit. Broussonet parle, au nom de la
Société, comme secrétaire perpétuel.

Augmenter par toutes sortes de moyens les richesses nationales, tel est le projet de ceux qu'on décore du nom de grands
politiques ; les augmenter par l'agriculture, tel est celui de tout
citoyen ami des hommes et de la patrie.

Pénétrée de cette vérité, la Société royale d'Agriculture s'est
constamment occupée de tout ce qui pouvait contribuer à l'avancement de l'art agricole. Déjà elle vous a transmis, au nom des
cultivateurs qui vivifient le sol de la France, les témoignages de
leur reconnaissance pour tout ce qu'ils vous doivent. Vos bienfaits leur ont fait ajouter un nouveau prix à ceux qu'ils tiennent
de la nature de qui ils ont reçu la vie, tandis qu'ils ont reçu de
vous une patrie et la liberté. La Société d'Agriculture vient
aujourd'hui réclamer auprès de vous une nouvelle faveur : celle
de porter vos regards sur l'une des branches les plus importantes
de l'économie rurale; l'amélioration des laines et conséquemment la régénération des troupeaux.

Assez longtemps la France a été tributaire des nations voisines
pour cette matière précieuse; on sait qu'elle en retire de l'étranger pour près de vingt millions chaque année. L'industrie nationale doit tout oser et peut actuellement tout embrasser sans mal
étreindre. Un mal nouveau rend le danger plus pressant et le
remède plus indispensable. Un royaume voisin, où l'industrie a
été jusqu'à ce moment peu encouragée, ouvrant les yeux sur
ses véritables intérêts, s'occupe d'établir dans son sein des manufactures; ce peuple commence à travailler lui-même ses laines,
il ne voudra bientôt plus nous les vendre que fabriquées et la
France se trouvera ainsi privée d'une matière première qui ali-
mente l'industrie et fournit actuellement à la subsistance de
plus de huit cent mille ouvriers. Dans un autre pays, une loi, qui
empêche l'exportation des laines, commence à produire dans nos
manufactures des départements du nord une stagnation malheureusement trop sensible.

Les Anglais qui ont été nos maîtres en fait de liberté, jusqu'au
moment où vous nous avez appris à surpasser nos modèles,
méritent de l'être encore en agriculture. Jamais cet art n'obtint
ailleurs plus d'encouragements. La perfection des laines en particulier y reçoit depuis longtemps la protection la plus spéciale
du gouvernement; les membres du parlement qui siègent dans

la Chambre haute sont assis sur des balles de laine, pour qu'ils n'oublient jamais que cette denrée est l'une des sources les plus abondantes de la richesse nationale. Les brebis, disent les Suédois, ont les pieds d'or, et partout où elles les mettent, elles changent la terre en or.

Il est des choses sans doute, et il en est bien plus qu'on ne le pense communément, qui sont portées plus sûrement à leur état de perfection par une liberté absolue, que par les meilleures lois.

L'amélioration des laines n'offrirait par elle-même une exception à cette règle, si la conduite des nations voisines, en nous avertissant de mieux faire, ne nous avertissait aussi de faire promptement. Les époques où les Espagnols et les Anglais ont commencé à améliorer leurs laines ne sont pas fort éloignées, et leurs succès en ce genre ont été très rapides. Pourquoi ce qui eut lieu chez ces peuples n'aurait-il pas lieu parmi nous? Ils eurent des souverains qui confondirent leur intérêts avec ceux de la nation; nous jouissons du même avantage, et nous avons de plus celui de vous avoir pour législateurs.

On l'a dit souvent, et cela n'en est pas moins vrai, jamais un concours plus heureux des circonstances ne s'est présenté pour nous rendre ce que plusieurs siècles d'esclavage nous avaient ôté. Située entre deux pays où, malgré la différence du climat, la qualité des laines est portée au plus haut point de perfection, la France, où règnent ces deux climats, doit participer aux avantages que lui offre à cet égard son heureuse position. Plusieurs membres de la Société, parmi lesquels il faut citer M. Daubenton, ont élevé avec un succès complet, les uns dans le nord du royaume, des brebis à laine longue d'Angleterre et de Hollande; les autres dans les départements du midi, des brebis à laine fine d'Espagne et d'Afrique.

Le nombre des propriétaires va augmenter par la vente des biens nationaux. Les laboureurs débarrassés par vos soins des entraves que l'ancienne administration avait mise à leur industrie, se livrent déjà à l'espérance de voir leurs tentatives fécondées par toute sorte d'encouragements. Le vœu relatif à la perfection de cette branche d'industrie est exprimé dans les cahiers de plusieurs bailliages. La Société d'Agriculture vient, au nom des cultivateurs, vous transmettre le même vœu et vous supplier de vouloir bien porter vos regards sur cet objet important pour lequel les secours les plus instants seront les plus efficaces. Il

dépend de vous, Messieurs, et il ne dépend que de vous de faire
fructifier les essais en ce genre. Il suffit, nous le répétons, que
vous daigniez prendre cet objet en considération. La Société
se propose de mettre sous les yeux de votre Comité d'Agriculture
et du Commerce, des renseignements propres à jeter quelques
jours sur cette matière ; ils lui ont été fournis et par la correspondance avec les cultivateurs des divers cantons du royaume et
par les expériences particulières de plusieurs de ses membres.
Elle ose tout espérer de vous, messieurs, que la nation a fait les
dépositaires de ses intérêts et qui vous êtes faits vous-mêmes les
bienfaiteurs de la nation.

Le Président de l'Assemblée nationale répondit :

L'Assemblée nationale entourera toujours avec empressement
les lumières de votre Société ; elle vous invite à communiquer à
son Comité d'Agriculture et de Commerce le résultat de vos
réflexions sur l'objet de votre adresse. Le moment approche,
nous osons du moins nous en flatter, où les gouvernements ne
connaîtront entre eux d'autre rivalité que celle de faire jouir
les peuples d'une grande aisance et d'un bonheur plus constant.
C'est alors surtout qu'on connaîtra tout le prix de vos travaux.
L'Assemblée nationale vous permet d'assister à la séance.

Encouragée par la bienveillance de l'Assemblée,
la Société reprit, dans ses archives, les Mémoires relatifs aux moutons et reconnut qu'il convenait surtout
d'améliorer les moutons à laine longue, parce que
l'espèce des moutons à laine frisée s'était perfectionnée
dans beaucoup d'endroits par l'introduction des béliers
d'Espagne et du Roussillon, et que d'ailleurs le public
possédait déjà une instruction célèbre de Daubenton,
fruit de ses persévérantes recherches. Tandis que les
troupeaux de race espagnole jouissaient d'un succès
mérité, grâce à Daubenton, à Cretté de Palluel, à de
La Tour d'Aygues, à Clicquot de Blervache, on n'avait
pas des renseignements précis sur les troupeaux de race

anglaise dont la laine longue et propre à être peignée pouvait servir à fabriquer des étoffes rases; cependant les troupeaux de Delporte, de Lormoy et d'autres avaient prouvé, dans les départements du Nord, que les races anglaises pouvaient lutter avec les races espagnoles. Delporte fit venir son troupeau et le mit dans le bois de Boulogne sous les yeux de l'Assemblée nationale. Deux Mémoires de Tenon et de Flandrin, qui étaient allés en Angleterre étudier sur place ce genre de troupeaux, vinrent constater le succès de cette entreprise. L'adresse de la Société d'Agriculture à l'Assemblée nationale recevait une éclatante justification.

L'honneur d'avoir saisi fortement l'opinion publique de la question des desséchements des marais et de l'exploitation des terrains incultes et déserts appartient au fondateur de notre Société, à Turbilly.

Depuis Turbilly, la question n'avait pas été seulement discutée, elle était entrée dans une période d'exécution. Elle avait pris toutes les formes du progrès agricole avant 1788 sous la direction de Bertier de Sauvigny et de Cretté de Palluel.

Après 1788, nous la trouvons entre les mains vigoureuses de Boncerf. Broussonet dira, dans son Compte rendu de fin d'année, « Boncerf, dont les vues sont dirigées depuis longtemps vers les grands objets de l'économie politique, qui cherche et qui trouve ce qu'il cherche, parce qu'il le veut fortement ». Et Broussonet signale l'achèvement des travaux de la Dive, dans le Calvados, de la découverte de l'exploitation des tourbières dans la province de Lorraine et enfin le Mémoire sur les moyens de mettre en culture les terres stériles de Champagne qui vient d'être couronné par l'Académie de Châlons. Dans ce mémoire, Boncerf à son tour prend la parole :

« L'Assemblée nationale, dit-il, a décrété des secours considérables pour des travaux à offrir aux ouvriers; les départements sont maîtres de disposer chacun de 80,000 livres, et le surplus sera appliqué sur d'autres travaux qu'ils indiqueront, sur les ordres du ministre des Finances. Il est donc nécessaire de leur rappeler qu'ils ont des marais à dessécher, des landes à cultiver, des forêts à replanter, des tourbières à exploiter, des travaux à fournir même aux aveugles et aux soldats oisifs, enfin à tous les bras forts ou faibles qui sollicitent de l'ouvrage et qui sont les premiers créanciers de la nation. Elle a une quantité innombrable de terrain à donner; elle ne peut trop se hâter d'en disposer, parce que c'est un moyen certain de détruire la mendicité, d'occuper les ouvriers, de restaurer les manufactures et le commerce et d'arrêter les émigrations. Il est constaté, par les essais faits en 1790, que les landes du Médoc sont de la plus grande fécondité; que les moulins à bras de M. Durand peuvent remplacer ceux qui causent des inondations funestes; que la tourbe tiendra lieu de bois dans les salines, dans les fours à chaux et dans beaucoup d'usines, qu'elle se trouve dans presque toutes nos provinces; que la Champagne, elle seule, présente huit cent mille arpents de terre qui peuvent être mis en valeur: c'est l'objet de ce Mémoire (1). »

Si Boncerf s'était jeté sur la question des défrichements pour améliorer, par l'agriculture, la situation

(1) *Mémoires* de la Société royale d'Agriculture, année 1790. Trimestre de printemps. p. 180.

des gens de la campagne, la Société tout entière, par
l'intervention répétée de Cretté de Palluel et de Liancourt, avait attaqué le problème de la mendicité.

Nous avons noté, dans le temps, les filatures de
charité inventées et soutenues par notre glorieux philanthrope le duc de Liancourt. Nous sommes heureux
de noter au passage de nouvelles interventions de
Cretté de Palluel qui répand, en 1790, l'activité de son
dévouement et de son intelligence dans toutes les questions qui touchent aux campagnes. C'est d'abord un
Mémoire pour indiquer les moyens faciles de connaître
les facultés et les richesses territoriales de chaque municipalité du royaume; un autre sur l'établissement de
filatures de charité à l'usage des femmes et des filles
dans les villages des environs de Paris; un autre sur
la constitution des Comices agricoles dans chaque district rural de la France à l'imitation des Comices agricoles de Bertier de Sauvigny; un autre sur la chicorée
sauvage dont Arthur Young admirait la culture, enfin
un Mémoire sur l'amélioration des biens communaux,
le desséchement des marais, le défrichement des
terres incultes et la restauration des bois sans compter
les moyens de procéder à leur partage.

En vérité, Cretté de Palluel a laissé dans les volumes
des *Mémoires* de 1790 les preuves de son rare mérite.
Il assurait sa réputation et préparait, sans le savoir, sa
nomination pour l'année suivante à l'Assemblée législative.

L'année 1790 fut, dans le Comité comme dans la
Société d'Agriculture, féconde en études touchant la
situation morale et matérielle des campagnes.

Le 27 mai, Charost, Boncerf et Delanoue présentèrent des observations sur l'extinction de la mendicité, observations qu'avait sollicitées le Comité d'agriculture Ce rapport, sous une forme précise quoique modeste, exposait, pour répondre à la confiance du Comité, quelques vues sur l'insalubrité des campagnes, sur les moyens d'accroître la masse des subsistances, d'assurer le travail aux indigents et de procurer des secours à ceux qui ne pouvaient travailler.

Dubois, qui n'était alors que correspondant, reprenant la thèse soutenue jadis par La Bergerie, sur l'établissement des assurances sur la vie, développait les avantages réels qui résulteraient des Caisses de prêts en faveur des habitants des campagnes. On voit que le Crédit agricole comme les Comices agricoles s'étaient introduits dans bien des esprits vers 1789.

Les noms de Malesherbes, de Broussonet, de Boncerf et de Cretté de Palluel laissent une trace lumineuse sur l'année 1790; ils planent sur la séance solennelle du 29 décembre qui ne s'ouvrira pas à l'Hôtel de ville sous la présidence de Necker.

Déjà, à la séance du 28 décembre 1789, Necker n'avait pas présidé. La présidence avait été déférée à de Bonnay, président du Comité d'agriculture, c'est-à-dire représentant de l'Assemblée nationale. C'était bien le signal de la décadence de l'autorité royale. De même que l'Assemblée nationale prenait peu à peu la place du roi, de même le représentant de l'Assemblée nationale prenait la place du ministre des Finances. Tout annonçait que l'année 1790-1791 amènerait dans la Société d'Agriculture comme dans la constitution de la France des mœurs et des usages conformes aux révolutions du temps.

La séance du 29 décembre 1790 se passa fort tranquillement. Elle fut tenue dans la salle Lebrun, rue de Cléry. Parmentier était directeur de la Société; la présidence fut donnée à Meynier de Salinelles, président du Comité d'agriculture de l'Assemblée nationale.

« C'est un jour vraiment cher à l'humanité, s'écria Meynier, que celui où la Société royale d'Agriculture vient rendre un compte public de ses travaux, payer un tribut de reconnaissance à la mémoire de ses confrères et distribuer des couronnes aux citoyens cultivateurs. »

Meynier rappela la part que le Comité national prenait aux travaux de la Société et les vœux qu'il formait pour que les efforts de la Société fussent couronnés de succès. « Vous faites, dit-il, de cette séance un jour de fête et ce sont des frères dont vous vous entourez. En effet, Messieurs, un même lien nous unit, un même esprit nous anime, une même idée nous domine : la prospérité des campagnes, la félicité des hommes. »

Après cette déclaration d'une collaboration fraternelle, Meynier s'écria : « Que demandez-vous donc à la nation pour qui vous avez tant fait? Vous lui demandez les moyens de faire plus encore. La nation sait que dans le temps même où le Gouvernement, en sa marche incertaine, effleurait à peine les grands objets qui vous occupent, vous ne vous découragiez point de les lui présenter et, que plus d'une fois, vous l'avez fait rougir de son indifférence. »

Il faut avouer que Meynier de Salinelles préparait dignement sa nomination de membre de la Société d'Agriculture.

Charost, toujours vaillant, lut un Mémoire sur la nécessité d'encourager la multiplication des bestiaux en favorisant l'extension des prairies artificielles par une diminution des impôts; Fourcroy, sur la gomme élastique fluide; Tessier, sur la manière de faire des expériences d'agriculture; Creuzé La Touche, sur les progrès de l'agriculture depuis le commencement de la Révolution dans le district de Châtellerault; Cadet de Vaux sur l'emploi de la marne; enfin Broussonet, reprenant le sujet de Creuzé La Touche, fit valoir les lois nouvelles que l'Assemblée nationale avait données à l'agriculture.

Enfin, renouvelant un sujet souvent traité, il montra que rien n'était plus utile que d'introduire dans la pratique les instruments les plus commodes de la culture et que, dans cet ordre d'efforts, l'abbé Raynal, suivi d'un patriote distingué nommé Vollant, était parvenu à des progrès sérieux dans l'éducation des cultivateurs, grâce à l'émulation excitée par les prix de la Société.

Ce fut cette année un grand succès pour la mécanique, Durand maître-serrurier inventa le moulin à bras dont nous avons parlé plus haut et au moyen duquel un homme seul et même un enfant peut réduire des grains en farine. Durand était aussi l'auteur d'une charrue pour laquelle il avait déjà obtenu un prix dans une des dernières séances publiques.

Le moulin de Durand fut présenté au Dauphin au nom de la Société. *La Feuille du Cultivateur* mentionne que Durand portait, suspendue à son cou, la médaille d'or que lui avait décernée la Société. Le Dauphin lui permit de prendre le titre de maître-serrurier. Parmentier, directeur, ne laissa pas échapper cette occasion de tracer, d'une manière énergique, devant le Dauphin toute l'influence de l'agriculture sur la prospérité d'un royaume et le bonheur de ses habitants. Durand devint nécessairement membre de la Société d'Agriculture.

Persuadée qu'il était de la plus grande importance de placer en des mains intelligentes les instruments dont elle voulait répandre l'usage, la Société s'était adressée non seulement aux agriculteurs et à ses correspondants, mais à toutes les Compagnies du royaume qui s'intéressaient aux progrès de l'art agricole, et Broussonet félicita toutes les associations agricoles qui s'étaient fondées avec les sociétés nouvelles dites des Amis de la Constitution.

« Ces associations, qui ne faisaient pas double emploi avec les Comices agricoles, se sont purifiées, dit Broussonet, c'est-à-dire qu'elles sont devenues plus populaires. Ce ne sont pas seulement les meilleurs instruments que la Société s'est efforcée de répandre, ce sont les meilleures semences et les végétaux de choix qui, par suite de circonstances malheureuses ont fait défaut dans les provinces. »

Si le Comité d'agriculture et du commerce a consulté officiellement la Société sur les moyens d'établir l'uniformité des poids et mesures dans tout le royaume, la Société d'Agriculture, d'autre part, ne cessa de demander au Comité d'intéresser l'Assemblée nationale à la question de l'assainissement du territoire qui se reliait à la grande question de la mendicité. Le Comité d'agriculture s'entendit donc avec la Société pour publier un Mémoire qui devait essayer de remédier à l'insalubrité des campagnes, assurer du travail à l'indigent et secourir les invalides.

Ce qui fut à cette époque un véritable honneur pour la Société et la preuve de sa popularité, c'est que des corps administratifs la consultèrent sur des points de pratique agricole, notamment dans le département de la Côte-d'Or sur la coupe des prés et, dans le département de la Gironde, sur l'exploitation des landes de Bordeaux.

La renommée de la Société ne s'était pas seulement étendue et développée en France ; elle avait pris position en Europe par ses correspondants ; et Broussonet désirant, comme tout secrétaire perpétuel, que la fin de son discours fût favorablement accueillie, donna lecture d'une lettre de Stanislas-Auguste, roi de Pologne, que la Société avait nommé cette année associé étranger. « Je tiens à honneur, disait le roi, de me voir adjoint à la Société d'Agriculture, et je vous prie de partager avec mes nouveaux confrères l'estime et l'affection que je leur dois. »

Suivant l'usage, Broussonet lut un éloge sur Butré Dumont, censeur royal, que la mort venait d'enlever à la Société. L'éloge serait un peu terne, s'il n'était relevé par l'analyse de l'ouvrage de Dumont sur l'agriculture anglaise : « Quel est donc, dit Broussonet, le génie tutélaire qui sut donner au peuple anglais le premier rang parmi les nations de la terre : c'est la liberté ; mais ce rang il ne l'aura plus, la liberté vient de le promettre aux Français. » En 1790, le mot de liberté était un lieu commun.

Le temps fit défaut pour la lecture des Mémoires de Boncerf sur les erreurs de physique de l'Ordonnance des eaux et forêts; de Flandrin sur les courses de chevaux et de Dubois sur un établissement fait en Pologne en faveur de l'agriculture. C'est ce même Dubois qui avait été l'artisan de la nomination du roi de Pologne.

A la fin de la séance il fut distribué, à titre de récompenses, quatorze médailles d'or, deux médailles d'argent ainsi que des instruments aratoires. Citons les noms de quelques-uns des lauréats des médailles d'or : Bouchard, fermier et correspondant à Morfontaine (Oise), avait fondé un prix en faveur des parents qui enverraient leurs enfants aux écoles publiques de son canton; Juge, correspondant à Limoges, avait publié plusieurs ouvrages sur la culture des arbres et créé des pépinières très étendues et peuplées d'arbres inconnus jusqu'alors dans son canton; Jean Jasmin, nègre libre, cultivateur au Cap (Ile Saint-Domingue), qui, ne possédant qu'une petite exploitation, avait néanmoins établi, à ses frais, un hospice où, depuis trente-cinq ans, secondé par sa femme, il donnait des soins aux pauvres malades et recueillait les enfants trouvés que l'on exposait à sa porte. Nous rappelons que cette récompense avait été accordée sur la demande de Moreau de Saint-Méry; Dousson, administrateur du district de Marennes (Charente-Inférieure), pour le dessèchement de 2,000 arpents de marais, qu'il a exécutés d'après les instructions de Boncerf, à Talmont, sur la Gironde; Varenne de Fenille, correspondant à Bourg (Ain), pour ses travaux sur la culture, l'aménagement et l'exploitation des bois; Dralet, cultivateur, correspondant à Marsan (Gers), pour ses ouvrages sur l'agriculture, les plantations, la culture de plusieurs plantes

utiles, notamment celle des pommes de terre et l'introduction, dans son département, de nouveaux instruments agricoles; Gallot, ci-devant de Lormerie, pour
ses cultures de pommes de terre dans les terrains sablonneux des environs de Cherbourg et de Granville
et la distribution gratuite des produits de cette culture
aux familles des pêcheurs pauvres du pays; la demoi-
selle Premier, de Châtellerault (Vienne), pour l'introduction, dans le pays, de la filature du lin et du coton
et de la fabrication des toiles de coton.

La Société adjugea, en forme de prix, trois béliers
et six brebis de race espagnole, à Pottier son correspondant à la Croix de Berny pour sa propagande en
faveur de la culture des pommes de terre; à Creuzé La
Touche, député et son correspondant, pour une étude
sur l'agriculture de son canton, et à Pressac, son correspondant, pour ses efforts dans l'amélioration des
bêtes à laine.

La liste des autres récompenses données à des cultivateurs et à des ouvriers est trop longue pour que nous
nous y arrêtions; suivant l'usage un certain nombre de
questions furent proposées en prix, comme si l'avenir
appartenait à la Société.

On voit, par la variété de ces récompenses, que la
Société ne se bornait pas aux problèmes de l'économie
rurale; mais qu'elle cherchait à pénétrer les problèmes de l'économie sociale.

Broussonet termine le Compte rendu de 1790 par
ces paroles : « La Société d'Agriculture s'est promis
de ne rien négliger de ce qui peut contribuer à l'amélioration du sort des habitants des campagnes. »

CHAPITRE IX

L'ANNÉE 1791. — LA SOCIÉTÉ D'AGRICULTURE ET L'ASSEM-
BLÉE LÉGISLATIVE. — BROUSSONET DÉPUTÉ DE PARIS. —
EXÉCUTION DU RÈGLEMENT DE 1790.

L'année 1791 suit l'année 1790. L'Assemblée nationale est tout. L'Administration royale s'est transformée
et les services de l'Agriculture ont été placés dans un
ministère de l'Intérieur qui a succédé à la Maison du
roi. Le système des généralités, qui avait servi de cadre,
trente ans auparavant, à la Société d'Agriculture, a disparu et s'est démembré sous la forme des départements
(26 février 1790). Il ne reste plus que le souvenir des
Mémoires de la Société, des travaux d'Olivier sur la
topographie des environs de Paris, de la description
agricole de la Généralité de Paris que Gilbert publiera
dans la *Feuille du Cultivateur* en 1793.

Quant à la Société d'Agriculture, elle accompagne,
pas à pas, le Comité d'Agriculture de l'Assemblée nationale, dont elle semble relever tout en gardant son
indépendance. Les grands maîtres de la Société : Broussonet, Lefebvre, Parmentier, Abeille, Charost, lui ont
donné une constitution nouvelle pour lui enlever
certaines parties compromettantes du règlement de
1788. La Société Royale d'Agriculture a été déclarée
par ses propres membres : Société d'Agriculture.

Nous ne saurions mieux commencer l'année 1791 qu'en signalant l'intervention de Charost, qui parle toujours, si souvent et si bien, et qui agit de même.

Dans la première séance de 1791, il préside la Société, en l'absence d'Abeille qui présidera dans le cours de l'année. Il présente à la Compagnie le projet d'une association patriotique pour propager dans les campagnes les bons écrits sur l'agriculture. Suivant ce projet, les premiers débuts de cette association devaient être un groupement de 20 personnes, fournissant chacune une somme de 300 livres. La Compagnie s'inscrivit pour une somme de 600 livres ; elle se déclarait fondateur. Malgré sa bonne volonté, rien ne prouve que l'entreprise de Charost ait eu du succès. Cependant l'association se constitua commercialement et l'annonce en fut faite dans la *Feuille du Cultivateur*.

Trois départements de la province de Bretagne demandaient l'abolition d'une espèce de contrat de location en usage entre les propriétaires et les colons et connu sous le nom de bail à domaine congéable. C'était une espèce de contrat, d'après lequel les propriétaires laissaient la jouissance de leurs fonds à des fermiers de père en fils, avec la faculté de faire des améliorations qui leur seraient remboursées si les propriétaires les congédiaient. L'Assemblée renvoya la question aux Comités de constitution et de féodalité. Ces Comités consultèrent à leur tour la Société, en posant la question : L'usage des domaines congéables est-il utile ou non aux progrès de l'agriculture? Abeille, Lefebvre et Tessier, chargés du rapport, conclurent que le domaine congéable, délivré des entraves de la féodalité, c'est-à-dire réduit à sa primitive institution, était utile aux progrès de l'agriculture. Leur rapport, présenté par Lefebvre, fut adopté le 17 mars et envoyé au président du Comité d'agriculture, c'est-à-dire à l'Assemblée nationale. Les solutions qu'il contenait assignaient aux différentes prétentions de justes limites, et servirent de base au décret que rendit l'Assemblée constituante sur les domaines congéables.

La liberté de cultiver suivant les convenances et les intérêts du cultivateur, était naturellement une des revendications de la Société d'Agriculture. C'est avec faveur que fut accueilli un décret de l'Assemblé nationale du 12 juillet 1791 qui rendait libre, dans toute la France, la culture du tabac. Il y avait eu grande bataille dans le sein de l'Assemblée au sujet de la suppression des droits qui pesaient sur le tabac, mais le point de vue théorique de la liberté des cultures l'emporta (1).

Le nombre des habitants de la France pour lequel le tabac devenait un besoin était si considérable, qu'on ne pouvait négliger les moyens d'en accroître et perfectionner la culture. Ces motifs déterminèrent la Société à confier à Lefebvre et à Tessier le soin de recueillir les différents procédés relatifs à la culture et à la préparation du tabac. Une correspondance s'établit entre les cultivateurs et la Société. Le rapport de Tessier et de Lefebvre fut immédiatement distribué gratuitement, en grand nombre, à tous ceux qui, notoirement, pouvaient en profiter. Cette question de la

---

(1) Voyez, sur cette question comme sur toutes les questions que nous effleurons au point de vue de l'agriculture, l'excellente et remarquable histoire financière de la Constituante, de la Législative et de la Convention, par M. Ch. Gomel, Paris, Guillaumin, 1890, 1897, 1902.

culture du tabac revint plusieurs fois devant la Société au point de vue pratique.

La campagne en faveur des bêtes à laine, suivie depuis tant d'années et placée en 1790 sous les yeux de l'Assemblée nationale par l'adresse de la Société, reprit avec ardeur, tandis que Charost s'exerçait à son tour dans le Berry sur l'éternel sujet de l'amélioration des bêtes à laine, tandis que Tenon s'occupait, suivant son expression, « du gouvernement du bétail en maladie et en santé » dans les départements voisins des Pyrénées.

Le 20 juin, l'abbé Lefebvre lut un rapport relatif à l'établissement de Delporte, correspondant à Boulogne-sur-Mer. Delporte annonça à la Compagnie qu'il faisait conduire, de son établissement à la Muette, dans le bois de Boulogne, deux cents bêtes à laine et invita la Société à nommer des commissaires pour assister à la tonte de son troupeau ; il la priait en outre de prévenir le Président de l'Assemblée nationale de l'arrivée de son troupeau pour que les commissaires du Comité d'agriculture pussent se joindre aux commissaires de la Société d'Agriculture. Ce qui fut fait.

Le 4 juillet, Broussonet lut, pour Delporte, un Mémoire sur la comparaison des procédés suivis en Angleterre et en France dans l'éducation des troupeaux. A la suite de sa lecture, la Société, le 10 juillet, invita Charost, Broussonet, Tessier, Parmentier, Lefebvre, Chabert, Flandrin et Tenon à assister à la tonte du troupeau de Delporte et à vérifier les conclusions du Mémoire que ce dernier avait soumis à la Société ; Flandrin, Parmentier et Tenon furent nommés commissaires.

Après cet examen et reprenant les rapports faits à la Société d'agriculture, en 1788, 1790 et 1791, on déclara que les efforts soutenus par Delporte, depuis 17 ans, pour donner à la France une espèce nouvelle de bêtes à laine, étaient couronnés de succès et qu'il méritait tous les encouragements. Il convenait seulement de les partager avec de Lormoy de Châteauneuf, grand éleveur de belles races anglaises. Nous retrouverons, en 1792, mention de la suite et des succès de la campagne en faveur des bêtes à laine sous la plume de Rougier de la Bergerie, en sa qualité de rapporteur du Comité d'agriculture près de l'Assemblée nationale.

Cette histoire du troupeau de Delporte est un des traits saillants de l'année 1791; mais il ne faut pas négliger d'indiquer le Mémoire de Tenon sur les moyens auxquels on avait recours en Angleterre pour subvenir à la subsistance d'un grand nombre de troupeaux de bêtes à laine, dans toutes les saisons de l'année. Tenon et Chabert ont fait le voyage d'Angleterre et se disputent cette question.

A propos de l'économie des animaux, Juge, correspondant à Limoges, fit insérer, dans les Mémoires de 1791, une suite d'observations fort intéressantes sur la manière d'engraisser les bœufs dans la ci-devant province de Limousin et des pays adjacents; « car les bœufs, dit-il, qui arrivent à Paris, à Toulouse ou à Lyon sous les noms de bœufs du Limousin, ne sont pas plus des limousins que les journaliers et les maçons, qui se rendent au printemps dans ces grandes villes, sous la dénomination de Limousins, quoiqu'ils ne soient pas tous de cette province ».

La Société n'avait pas cessé, depuis les ouvrages de

Buffon et de Duhamel, de s'occuper du dépérissement des forêts et de l'urgente nécessité de veiller à la reproduction et à la conservation de tous les bois et de toutes les différentes espèces de bois.

Il ne s'agissait pas seulement d'exciter les propriétaires à faire des plantations et à introduire des arbres exotiques, il s'agissait de sauver la production forestière. La Société chargea Abeille, Thouin et Lefebvre de rassembler les ouvrages que ses membres avaient composés pour dresser une instruction générale sur l'accroissement et l'aménagement des bois et des forêts; elle ne manqua pas de citer le Mémoire de Boncerf sur les suites fâcheuses qu'ont eues les erreurs de physique dans lesquelles étaient tombés les rédacteurs de l'Ordonnance de 1669.

Parmi ces ouvrages se trouvait un Mémoire, de Varenne de Fenille, sur l'aménagement des bois que la commission décida de publier, en même temps que les rapports et Mémoires de la Société qui furent présentés à l'Assemblée nationale; ce premier Mémoire fut suivi bientôt d'un second, dans lequel Varenne démontra que l'équilibre entre la production et la consommation était rompu et qu'il fallait se hâter, si l'on voulait échapper à la ruine, par une application attentive des procédés de reproduction.

Ces travaux datent de mai 1791.

Une grande question s'était présentée à l'Assemblée législative : la question de l'aliénation des forêts nationales. La Société crut devoir intervenir de nouveau. Abeille, Tessier, Boncerf, Varenne de Fenille et Dubois conclurent et établirent que des écoles forestières seules pourraient créer l'émulation publique et diriger

les intérêts particuliers vers ce genre de propriété,
diminuer le gaspillage des bois et favoriser toutes les
espèces de plantations.

La Société décida que ce Mémoire serait imprimé et
adressé à tous les membres de l'Assemblée.

La Société proposa aussi d'aliéner les forêts nationales à des conditions qui lui paraissaient propres à
assurer leur conservation. L'Assemblée nationale en
ordonna autrement ; elle préférait établir une administration, chargée de surveiller ces possessions, « espé-
rant, davantage, dit Broussonet, des lumières d'une
administration publique que des intérêts personnels
des propriétaires ».

Il ne faut pas oublier qu'à cette question des forêts
se rattachait l'étude sur les mines de charbon de terre
que le marquis de Bonnay, au nom du Comité d'agriculture avait soumise en décembre 1789 à la Société
d'Agriculture. Il s'agissait de concilier les intérêts des
propriétaires et des concessionnaires des mines de
charbon de terre. Le rapport confié à Desmarest,
Charost, Abeille, Boncerf et Darcet porte la date du
3 octobre 1789.

Et tandis que le Comité et la Société d'Agriculture
continuaient à échanger des notes et des rapports avec
une confiance amicale qu'entretenaient Dupont de
Nemours, le marquis de Bonnay, Meynier de Salinelles, Heurtault de Lammerville, l'Assemblée constituante de 1789 arrivait au terme de son mandat, et,
commettant la faute de s'interdire la suite et la défense de ses éminents travaux, livrait, le 1er octobre,
à une nouvelle assemblée la paix publique et la constitution.

Voici l'Assemblée législative constituée (5 oct. 1791).

Paris lui a fourni quelques illustres savants : Lacépède, garde du cabinet d'histoire naturelle, et administrateur du département de Paris, Condorcet, Ramond, Broussonet, Tenon, enfin Cretté de Palluel, propriétaire à Dugny. Nous relevons donc parmi les membres de l'Assemblée législative trois membres de la Société d'Agriculture, Broussonet, Tenon, Cretté de Palluel, et un quatrième, Rougier de La Bergerie, du département de l'Yonne, qui vient rejoindre ses trois confrères de la Société d'Agriculture.

Le 14 octobre, au milieu de vingt autres, l'Assemblée législative créa un « Comité d'agriculture et des communications intérieures ». Le Comité d'agriculture fut composé de vingt-quatre membres renouvelés tous les trois mois.

Le 26 octobre, le Président de l'Assemblée proclama les noms des membres élus au Comité d'agriculture; Broussonet, Rougier de La Bergerie, Cretté de Palluel entrèrent en même temps dans ce Comité : Broussonet comme président, Rougier de La Bergerie comme secrétaire; Cretté de Palluel se fit remplacer dès la septième séance par le premier suppléant, Collas, son collègue de Seine-et-Oise.

L'Assemblée législative maintint l'organisation du travail pratiqué par l'Assemblée nationale.

Le Comité de l'Assemblée législative et la Société d'Agriculture firent de plus en plus cause commune. Des procès-verbaux nous montrent que la correspondance du Comité et la préparation des décrets furent la base de l'administration et de la législation de l'Assemblée législative. Le partage des communaux,

J.-B. ROUGIER DE LABERGERIE

la création des canaux de navigation et le commerce
des subsistances figuraient parmi les matières les plus
souvent traitées.

D'autre part le ministère de l'Intérieur, créé le
7 avril 1790 et organisé par les décrets du 14 avril
1791, avait été confié à de Lessart, ancien maître des
requêtes qui avait fait partie de la maison du roi.

Tout ce qui concernait l'agriculture et qui se trouvait
dans le courant de l'administration ordinaire, était
passé des finances à l'Intérieur.

Quant à la Société d'Agriculture, elle était restée
dans des mains prévoyantes et fidèles et devait échapper, sous la protection de Broussonet, et grâce au
changement des statuts de 1790, à des remaniements
dangereux. Tel était le milieu dans lequel était appelé
à manœuvrer le secrétaire perpétuel de la Société, le
nouveau membre de l'Assemblée législative, le député
de Paris.

Combien il dut se féliciter d'avoir pris d'avance des
précautions pour transformer heureusement les statuts
de la Société, et permettre, à quelques-uns de ses confrères d'accomplir en silence une émigration dans le
sein de la Société. Car ce fut une sorte d'émigration
que le classement, dans la liste nouvelle des vétérans,
des vingt membres qui appartenaient à l'ancien régime
et à l'histoire de l'ancienne Société. C'est le 10 novembre 1791 que la Société inscrivit sur la liste des
vétérans : le maréchal de Noailles, Bertin, de Monthion, Rigoley d'Ogny, Conti d'Hargicourt, Montboissier, d'Angivillers, Le Duc, Mongès, Franc, Petit, de
Croï, La Billarderie, de Loménie, Laurent de Villedeuil, Lefebvre d'Ormesson, du Châtelet et de Cheys-

sac. La Société, se trouvant ainsi réduite au nombre de 34 associés ordinaires, il fut décidé qu'on procéderait, dans la huitaine, au choix des six personnes qui devaient compléter le nombre des 40 associés ordinaires, conformément à l'article 2 du nouveau règlement.

Le 17 novembre 1791, il a été arrêté que les associés vétérans seraient en tout assimilés aux associés ordinaires, lorsqu'ils seraient présents aux réunions.

Dans la même séance, les officiers de la Compagnie présentèrent une liste de douze personnes éligibles, qu'ils étaient autorisés à compléter, à mesure que la Société procéderait à une élection. La Compagnie, procédant ensuite aux nominations par voie de scrutin individuel et à la pluralité relative, choisit, par six tours de scrutin et dans l'ordre suivant, comme associés ordinaires :

Varenne de Fenille, Vilmorin, Dubois, Gilbert, Moreau de Saint-Méry, Flandrin, tous déjà correspondants.

Dans la même séance, la Société procéda au choix d'un de ses membres pour remplir, conformément à l'invitation du ministre de l'Intérieur, la place de commissaire du bureau de consultation des Arts et Métiers. Elle nomma Parmentier commissaire et Abeille suppléant.

Il était impossible de faire des choix plus heureux. Les correspondants nommés, associés et titulaires, étaient, par le mérite et par les services rendus, les émules et les anciens collaborateurs de leurs devanciers.

Gilbert figurait au premier rang comme le représen-

que la Société se trouvant ainsi réduite au nombre de 34 associés ordinaires, il fut décidé qu'il procéderait, dans la huitaine, au choix des six personnes qui devaient compléter le nombre des 40 associés ordinaires, conformément à l'article 2 du nouveau règlement.

Le 17 novembre 1791, il a été arrêté que les associés vétérans seraient en tout assimilés aux associés ordinaires, lorsqu'ils seraient présents aux réunions.

Dans la même séance, les officiers de la Compagnie présentèrent une liste de douze personnes éligibles, qu'ils étaient autorisés à compléter, à mesure que la Société procéderait à une élection. La Compagnie, procédant ensuite aux nominations par voie de scrutin individuel et à la pluralité relative, choisit, par six tours de scrutin et dans l'ordre suivant, comme associés ordinaires :

Varenne de Fenille, Adanson, Dubois, Gilbert, Moreau de Saint-Méry, Flandrin, tous déjà correspondants.

Dans la même séance, la Société procéda au choix d'un de ses membres pour remplir, conformément à l'invitation du ministre de l'Intérieur, la place de commissaire du bureau de consultation des Arts et Métiers. Elle nomma Parmentier commissaire et Abeille suppléant.

Il était impossible de faire des choix plus heureux. Les correspondants nommés, associés et titulaires, étaient, par le mérite et par les services rendus, les émules et les anciens collaborateurs de leurs devanciers.

Gilbert figurait au premier rang comme le représen-

PHILIPPE-VICTOIRE DE VILMORIN

tant d'Alfort, l'adjoint de Daubenton, le lauréat du célèbre Mémoire touchant les prairies artificielles et l'un des futurs soutiens de la Société dans les luttes que lui réservait l'avenir.

Moreau de Saint-Méry portait avec lui les glorieux souvenirs de juillet 1789 et les témoignages renouvelés de son dévouement aux colonies.

Vilmorin s'était installé dans la reconnaissance de la Société, par la distribution gratuite de graines et de semences dans les jours périlleux ou désastreux qui s'étaient succédé autour de l'année 1789 et pour lesquels il avait reçu une médaille d'or.

Dubois, la plume à la main, avait vaillamment combattu, dès 1787, dans la *Feuille du Cultivateur* et s'était, pour ainsi dire, implanté dans la Société avant qu'on ne l'y ait introduit.

Varenne de Fenille avait conquis la popularité dans la Bresse, son pays, en combattant, par des travaux sur les marais et la sylviculture, que la Société s'était appropriés pour les porter sous les regards de l'Assemblee nationale.

Flandrin avait soutenu la réputation d'Alfort qu'il avait pour ainsi dire accrue par ses voyages en Angleterre et ses succès dans l'art vétérinaire.

Dans le même mouvement, Rondelet, de Grandfontaine, Brunel, Nectoux, Mayet et Auvray avaient pris les places vacantes sur la liste des correspondants.

Dans l'automne de 1791, quelque temps avant la solennité des distributions de prix, la question des mûriers et des vers à soie fut portée avec éclat devant la Société d'Agriculture. Un Italien, M. Salvatore Bertezen, après avoir fait des expériences en Angle-

terre sur l'éducation des vers à soie, les transporta à
Paris sous les yeux de la Société. Il combattit l'opinion, presque généralement répandue, que les climats
méridionaux conviennent seuls à l'éducation des vers
à soie, et que les feuilles des mûriers blancs sont
préférables pour leur nourriture à celles des mûriers
noirs. Il avait fait une série d'expériences en Angleterre et avait été couronné par la Société des Arts du
commerce de Londres en 1789. C'était la confirmation d'expériences faites dans les environs de Paris
par Villars en 1786. Quoique Bertezen fût Italien,
la Société s'empressa, dans la séance du 28 décembre,
de lui décerner sa grande médaille d'or. Dans le même
temps, elle insérait, dans le dernier trimestre de 1791,
un Mémoire très important de Mayet, membre de
l'Académie de Lyon ; il avait soutenu la même thèse
que Bertezen et proposé les terrains arides et calcaires
de la Champagne à la culture du mûrier. « On ne s'occupe, disait-il, que de l'élevage des brebis et des moutons et on abandonne le commerce et l'industrie de
la ville de Lyon. »

Ceci nous explique pourquoi Lefebvre, dans la séance
du 28 décembre 1791, crut devoir appeler l'attention
de l'Assemblée sur la culture des mûriers et l'industrie
de la soie : c'était un sujet d'actualité.

Nous aborderons, en quelques mots, un sujet dont
Broussonet nous entretient dans son compte rendu. Il
s'agit des relations de la Société avec les colonies, et de
l'acclimatation des arbres et des plantes qui appartiennent aux divers climats du monde. L'occasion est
même bonne pour rappeler les efforts que le Jardin
des Plantes et la Société d'Agriculture firent pour

acclimater les productions naturelles des colonies en France et de France dans les colonies. Depuis 1788, le mouvement s'était accru d'année en année. Mongès le jeune était parti en 1788 avec Lapeyrouse; il avait emporté avec lui le programme de recherches que Thouin avait préparé.

Dans son Mémoire de 1790, Malesherbes vient de citer la création à l'Ile de France, sur les plans de Poivre, d'un jardin établi sur le modèle du Jardin du roi à Paris et où Céré, correspondant de la Société d'Agriculture, cultivait des plantes indigènes de l'Asie, de l'Afrique et des îles intermédiaires. En 1789, Joseph Martin, élève du Jardin du roi et lauréat de la Société d'Agriculture, avait fait les voyages entre la France et l'Ile de France apportant et remportant des échantillons d'arbres et de plantes et voici qu'en 1791, Broussonet confirme les vœux des députés de Saint-Domingue et de la Guadeloupe, qui veulent instituer des Sociétés d'Agriculture pour entretenir des rapports constants avec la Société d'Agriculture de France. Broussonet loue le zèle ardent de Dutrone, correspondant de la Compagnie, qui, par ses communications étendues, provoque la reconnaissance de la Société. « Enfin le Comité de l'agriculture et du commerce de l'Assemblée constituante, dit Broussonet, voulant faciliter, entre les colonies, un échange mutuel de végétaux, s'adressa à la Société pour rédiger un avis sur la manière de transporter des graines et des plantes vivantes. »

La Société, convaincue que l'Agriculture peut acquérir de nouvelles richesses par des voyages lointains, s'est empressée de subvenir, de ses propres fonds, à la dépense du voyage autour du monde que M. Dupetit-

Thouars est sur le point d'entreprendre. « Le siècle
dernier a été celui des flibustiers, le siècle actuel celui des philanthropes, les infortunés Cook et Lapeyrouse. »

Et reportant ses yeux de l'organisation économique
de nos colonies sur la révolution qui s'accomplit en
France, Broussonet ajoute : « Des instructions, rédigées et distribuées par notre Compagnie à plusieurs
voyageurs, porteront aux nations lointaines notre
constitution, le plus beau présent qu'aucun peuple ait
jamais fait à un autre peuple. »

Hélas! faut-il que la Constitution de 1791 soit
menacée l'année même où elle a été promulguée!

Le jour de la séance annuelle demeura fixé au 28
décembre, suivant l'usage. La séance eut lieu dans la
salle de la distribution des prix de l'Université, place
de la Sorbonne. Le procès-verbal ne dit pas quel fut le
président de la séance; ce fut très vraisemblablement
Abeille, directeur de la Société.

Le moment était solennel et la situation difficile
pour Broussonet. L'ancien ami de Necker, qui avait
toujours souhaité la paix et la liberté dans la constitution anglaise, mais qui avait connu, dans la vie parisienne, tous les périls des passions populaires, allait-
il céder ou résister à l'entraînement des partis qui, en
quelques mois, s'étaient emparés de la Constitution de
1791, pour commencer à la détruire? Non. Le député
à l'Assemblée législative devait rester fidèle au programme de la Société d'Agriculture. « Lorsque, dit-il,
courageusement, les vrais amis de nos lois, témoins
des machinations affreuses, dont la trame s'ourdit au
milieu des villes, craignent pour la liberté et s'affligent

déjà de sa perte, ils n'ont qu'à jeter les yeux sur les campagnes et ils la retrouveront environnée des innombrables défenseurs que lui ont valu ses bienfaits.

« Les premiers fruits de la liberté ont été pour l'agriculture. Pourquoi faut-il que la tranquillité qu'elle promettait aux laboureurs ait été troublée cette année? C'est qu'après avoir détruit la gabelle, les corvées, la milice, les aides, les droits féodaux, le gibier, on a laissé le fanatisme qui fait à lui seul plus de mal que tous les autres maux réunis. Malgré ces maux *précurseurs de maux bien plus grands encore*, le sol de la France a été fertilisé par l'engrais de la liberté. Cette année, on a défriché et mis en culture plus de terre qu'on ne l'avait fait pendant les dix années qui ont précédé notre régénération.

« Les propriétaires, les laboureurs ont créé cette année, dans plusieurs cantons, des associations utiles. La Société aurait voulu voir se former de pareilles associations dans tout le royaume; elle présente cette année ses vues sur cet objet à l'Assemblée constituante Elle eût voulu voir surtout s'établir dans tous les cantons ces comices agricoles dont nous n'aurons jamais assez parlé. »

Et il reprit alors le cours des travaux de la Société, sa lutte contre le dépérissement des bois, la valeur des Mémoires de Varenne de Fenille; il parla ensuite de la question des moutons et du troupeau de Delporte, de Boncerf et de ses défrichements, des conseils excellents de Chabert et de Flandrin sur l'art vétérinaire, « que les étrangers viennent apprendre chez nous », des progrès que fait, de jour en jour, la vogue et la science de l'acclimatation et par suite de la nécessité d'entretenir des relations suivies avec les colonies. Ce n'est plus le Broussonet de 1789 et de 1790 qui parle, c'est le député de l'Assemblée législative qui gémit : « Si, tout à l'heure, entraîné par l'impulsion de mon cœur, j'ai, en parlant de l'agriculture, parlé quelquefois de la liberté, c'est que, les voyant si près l'une de l'autre, il m'était autant impossible de les séparer qu'il l'est à une âme honnête de jouir froidement d'un bienfait sans en parler quelquefois. »

Ses confrères, ses amis, groupés autour de lui, firent entendre encore une fois des petits discours agricoles qui accompagnaient chaque année le Compte rendu de Broussonet. L'abbé Lefebvre lut un Mémoire sur l'éducation des vers à soie (1), Parmentier sur la culture de quelques végétaux exotiques dignes d'être introduits en France, Boncerf sur les dessèchements de la vallée d'Auge (Calvados) ; Dubois sur la méthode à suivre pour l'amélioration d'une propriété rurale ; Rougier de la Bergerie sur la culture de la vigne.

Si cette séance ne paraît pas avoir eu l'animation que donnaient la présence des présidents officiels et la compagnie des dames du grand monde, du moins la Société entendit les échos des agitations politiques, grâce à la parole émue et patriotique de Broussonet, continuant d'ailleurs à maintenir son rôle avec persévérance en honorant, par des médailles d'or, les mérites les plus divers.

Parmi les médailles d'or que la Société décerna à la

____

(1) Cet important Mémoire, qui résume l'histoire des recherches et des expériences faites sur la culture des vers à soie, a été publié par Lefebvre, à la suite de son Compte rendu de 1793, p. 325.

séance du 28 décembre 1791, nous signalerons les noms
de :

Duvaure, correspondant de la Société à Crest
(Drôme), auteur de divers ouvrages sur l'art agricole,
de communications à la Société et d'expériences sur
divers genres de culture ;

Heurtault de Lammerville, correspondant de la Société à Dun-le-Roi (Cher), ci-devant député à l'Assemblée nationale ; Heurtault de Lammerville avait formé
dans le royaume le troupeau le plus considérable de
bêtes à laine superfine, de race espagnole. Membre du
Comité d'agriculture, il avait fait plusieurs rapports
sur la question des défrichements et dans le sein de
l'Assemblée nationale pris constamment le parti des
cultivateurs ;

De Villeneuve, correspondant, voyageur agronome,
auteur du Mémoire sur l'unité des poids et mesures et
du meilleur ouvrage sur la culture du tabac, auquel
l'Assemblée nationale a témoigné son estime ;

Delporte, correspondant, cultivateur à Pernes, district
de Boulogne, département du Pas-de-Calais, éleveur
d'un troupeau considérable de bêtes à laine qu'il a
tiré d'Angleterre et qu'il a perfectionné depuis 17 ans ;

Berthollet, de l'Académie des sciences, juge de paix
à Aulnay près de Bondy, auteur de l'un des ouvrages
les plus savants sur la teinture et les nouveaux procédés sur le blanchiment des toiles ;

Chemilly, correspondant à Bourneville (Oise), pour
ses croisements de moutons anglais à laine longue
avec les mérinos d'Espagne, pour ses importations de
bêtes à cornes de bonnes races anglaises et son élevage
de chevaux sélectionnés.

On peut encore citer un bélier et une brebis offerts en présent à M. Hell, cultivateur et sylviculteur émérite, le fidèle correspondant de la Société et l'ancien membre de l'Assemblée nationale et du Comité d'agriculture. Les plus célèbres ne dédaignaient pas ce présent.

Comme la Société ne tint pas de séance publique en 1792 faute de fonds, il est intéressant de reproduire les conclusions du programme qui termina la séance de 1791 : « La Société distribuera aussi, dans sa séance publique de 1792, plusieurs médailles d'or aux personnes qui auront contribué, d'une manière évidente, aux progrès de l'agriculture et au bonheur des laboureurs. Elle engage spécialement les cultivateurs du royaume à lui faire connaître les citoyens qui auront rempli, à cet égard, les vues de la Compagnie ; elle distinguera surtout ceux qui auront fait des plantations d'arbres, favorisé la multiplication des bêtes à laine de races choisies, perfectionné les races de bêtes à cornes, de chevaux, ou introduit dans les cantons qu'ils habitent quelque culture nouvelle ou quelque procédé qui y était auparavant inconnu et qui ne se trouvera pas indiqué dans ce programme. Les communications devront être adressées, sous le couvert du ministre de l'Intérieur, à M. Broussonet, secrétaire perpétuel de la Société. »

CHAPITRE X

Nous sommes arrivés au premier janvier 1792 et nous répétons les paroles prophétiques que Broussonet, la veille, avait fait entendre : « Le fanatisme a fait à lui seul plus de mal que les autres maux réunis; malgré ces maux précurseurs de maux bien plus grands encore, le sol de la France est fertilisé par l'engrais de la liberté. » Cuvier, dans son éloge, a relevé ces paroles et dit justement : « Broussonet, découragé par le spectacle de tant de folies et d'ingratitudes, exhala le chagrin amer qui s'empara de lui, dans ses derniers discours à la Société d'Agriculture. »

Et pourtant il ne s'agissait que des événements de 1791, de l'état des esprits après la fuite du roi et son arrestation à Varennes; mais Broussonet sentait bien que l'avenir appartenait à la Révolution, que Paris était perdu pour lui et ses opinions et que l'Assemblée législative, suivant les expressions de Cuvier, laisserait écrouler sur elle le trône qu'elle avait juré de maintenir.

Il est certain que le départ du roi, son arrestation et son retour forcé à Paris avaient été le signal, dans toute la France, d'une agitation redoutable et toujours grandissante. Le roi et la reine avaient échoué dans le projet de s'enfuir et de trouver, dans le concours des puissances étrangères, des espérances d'arbitrage avec leurs adversaires.

Ramenés prisonniers à Paris, le roi et la reine crurent qu'ils pourraient essayer de vivre avec la Constitution sans rien faire pour en faciliter le fonctionnement.

Illusion naturelle et fatale! Au commencement de 1792, le roi se vit obligé de livrer l'administration au parti Girondin; mais ce parti Girondin, dont Roland ministre de l'Intérieur était l'âme, ne parvint nulle part, en France, à calmer les passions ardentes à la bataille.

Depuis la fuite de Varennes, les idées républicaines avaient fait d'immenses progrès; la pensée que la royauté s'était suicidée et que la République était son héritière, alimentait les complots dont Paris allait être le siège, pour donner finalement le gouvernement à une nouvelle Commune contre et sur la représentation nationale.

Encore quelques instants et nous arrivons à l'insurrection du 20 juin, à l'envahissement des Tuileries et, six semaines après, à la journée du 10 août, à la chute de la royauté.

Au milieu de tant d'événements, de conflits et de passions, depuis le mois de septembre 1791, jusqu'au mois d'août 1792, qu'allait devenir la Société Royale d'Agriculture? Retirée dans le palais du Louvre, à côté de l'Académie des Sciences, elle sentit autour d'elle courir le vent des révolutions ; mais protégée par l'autorité de son auguste voisine, elle continua sa paisible vie en suivant toutefois la double voie de l'action administrative et de l'action législative.

L'action administrative s'exerçait par la création d'un ministère de l'Intérieur qui avait pris la place de l'ancien Contrôle des finances et l'action législative par l'établissement du Comité d'Agriculture qui était chargé de préparer les décrets presque toujours votés sans discussion, au point de vue des affaires, par l'Assemblée souveraine.

En dehors de ces deux courants, il faut noter que depuis 1791 et plus particulièrement en 1792, la Société d'Agriculture était directement entrée dans le mouvement agricole des administrations départementales. Un exemple suffira : Cadet de Vaux est président du département de Seine-et-Oise et rend compte à la Société de la lutte que le Directoire du département engage contre les misères et les malheurs du temps. Dans sa correspondance avec la *Feuille du Cultivateur*, il prend toujours position comme membre de la Société d'Agriculture et il ajoute « Inspecteur général des objets de salubrité ». Son zèle pour les réformes sociales lui a probablement fait donner ce titre qui répond parfaitement à la nature de ses travaux.

Ce que le Directoire du département de Seine-et-Oise fit sous les inspirations de Cadet de Vaux, nous en retrouvons la trace dans les directoires des autres départements par la correspondance du Comité d'Agriculture et de la Société d'Agriculture.

Quant à l'action législative, elle était conduite en ce

moment par le Comité d'agriculture de l'Assemblée
nationale, par Broussonet, son président et par Rougier de la Bergerie, un de ses très dévoués rappor-
teurs.

Dans le premier semestre de 1792, la Société paraît
languir; elle a été reconstituée en 1791, sous la pression des circonstances, mais il ne paraît pas que
Broussonet, le secrétaire perpétuel, ait donné à ses
nouveaux statuts, c'est-à-dire au mécanisme de l'organisation républicaine, un surcroît d'activité; et comment en aurait-il été autrement, lui-même ne devait-il
pas remplir ses devoirs de législateur et de Président
du Comité d'agriculture?

Au fond, Lefebvre est l'âme de la Société; il supplée
à tout, il est toujours présent et supérieur à ses devoirs et aux circonstances; on sent, en 1792, qu'il
deviendra secrétaire par intérim à la place du secrétaire perpétuel. Avec lui, rien n'est à craindre, il sau-
vera même un jour, par son dévouement, la Société,
comme le 14 juillet 1789, il a sauvé l'Hôtel de Ville.

Après 1791, les publications trimestrielles de la Société sont suspendues. Nous sommes réduits à chercher,
dans les rares procès-verbaux manuscrits de la Société
et dans la *Feuille du Cultivateur* qui se publie toujours
sous la direction de Lefebvre, de Dubois et de Broussonet, la mention de quelques faits intéressants.

Mais avant de s'engager dans cette nomenclature, il
faut tout de suite rendre hommage à Parmentier qui
n'a pas cessé de s'occuper des questions les plus intéressantes sur l'hygiène et qui vient de publier, dans le
recueil de la Société de médecine, un travail considérable sur les propriétés physiques et chimiques des

divers laits de femme, de vache, d'ânesse, de chèvre, de brebis et de jument.

En même temps Fourcroy, dans son recueil : *La médecine éclairée par les sciences physiques*, publie une étude sur le beurre et la crème du lait de vache.

A cette époque, les médecins et les pharmaciens apportaient un concours sérieux à la chimie dans ses applications à l'agriculture et au sort des habitants des campagnes.

Le 9 janvier 1792, la Société est au Louvre ; Broussonet, le Secrétaire perpétuel, est absent; il siège à l'Assemblée nationale. Lefebvre, à son défaut, prend sa place.

La séance s'ouvre par une communication de Boissy d'Anglas, procureur général syndic du département de l'Ardèche. Ce dernier prie la Société de lui faire part de ses vues sur les moyens d'améliorer les diverses races de bestiaux. Chabert et Flandrin sont chargés de lui répondre.

Puymorin adresse à la Société des échantillons de draps fabriqués dans les manufactures d'Hauterive et de la Terrasse.

On nomme correspondants :

Riche-Prony, à Paris ; Guerre, fermier à Grenelle ; Grunwald, docteur en médecine, à Bellevaux ; Silvestre, à Paris ; Souillart-Beaucourt, à Beaucourt près d'Albert: Chemilly, à Bourneville près de la Ferté-Milon ; Dubost, à Bourg-en-Bresse ; Hervieu, à Orme (Eure): Marsillac, docteur en médecine, à Paris ; Béraud, à Marseille; Abeille fils, à Paris. Saluons en passant la nomination de Silvestre, le futur secrétaire perpétuel de la Société.

Le 12 janvier, communication est faite de l'arrêté du département de la Côte-d'Or relatif à l'amélioration des bêtes à laine et à la destruction des loups.

Le 16, Cadet de Vaux, président du département de Seine-et-Oise, lit une instruction adressée aux municipalités de ce département sur les contributions publiques. Il fait ressortir tous les avantages que les campagnes doivent recueillir des lois votées par l'Assemblée Constituante, mais passant des conseils aux actes, il fait décider par le Directoire de son département que des commissaires se réuniront à ceux des districts, pour exciter le zèle des communes et assurer la sécurité dans les campagnes. La Société nomme, membre associé ordinaire, Costel, maître en pharmacie à Paris, déjà correspondant.

Le 19 janvier, sur la proposition de Rougier de la Bergerie, une Commission composée d'Abeille, de Dubois, de Tessier, de Boncerf, de Varennes de Fenille est constituée; cette Commission fait un rapport sur la question des forêts nationales. Il est décidé que ce rapport sera communiqué au Comité d'Agriculture.

Le 30 janvier, Mémoire du Directoire du département de l'Oise par M. de Chemilly, sur les causes qui augmentent la rareté des laines. Les décrets relatifs à l'administration forestière avaient été rendus en août et septembre 1791, il restait à résoudre la question de l'aménagement et même de l'existence des forêts nationales. La discussion s'engage sur la question relative à l'aliénation des forêts. La Société décide qu'il est de l'intérêt de la nation que les forêts nationales en futaie ne soient jamais aliénées et, quant au bois taillis, il convient de rechercher s'il est des taillis qui peuvent être transformés en futaie. Le rapport sera adressé à M. le Président de l'Assemblée nationale et imprimé.

La *Feuille du Cultivateur*, en cette année 1792, cite les opinions de Rougier de la Bergerie à côté du rapport général de la Société présenté à l'Assemblée le 5 février.

Le 6 février, Lefebvre présente, au nom des fondateurs et rédacteurs : Dubois, Broussonet et lui-même, un volume contenant la collection des numéros de la *Feuille du Cultivateur* depuis son origine jusqu'au mois de janvier 1792 (1).

Un correspondant, M. Reynier, envoie une note sur les avantages qu'il y aurait à rendre le Rhône navigable ; Perronet et Boncerf sont chargés d'étudier la question.

Le 9, Tessier présente les dessins coloriés de quatre espèces de froment qui ont servi à faire du pain et dont il a donné des échantillons à la dernière séance

Le 13, lecture d'une lettre pastorale de Grégoire, évêque du département de Loir-et-Cher touchant le paiement des contributions publiques. Grégoire, qui était correspondant, manifeste, par cet envoi à la Société d'Agriculture, les sympathies qu'il transformera bientôt en services éminents.

Le 16, on écoute un Mémoire de M. Fragozzo sur

---

(1) *La Feuille du Cultivateur* ou journal des découvertes et des améliorations qui ont eu lieu en France et chez l'étranger, dans toutes les parties de l'Agriculture, de l'économie rurale et domestique, avec l'annonce ou des analyses des productions du même genre qui ont paru depuis l'année 1788. Cette feuille est rédigée par MM. Dubois, Broussonet, secrétaire perpétuel de la Société d'Agriculture et Lefebvre, agent général de cette Société.

l'introduction de la culture de la rhubarbe en France.

Le 23, Fossart, administrateur du département de Rhône-et-Loire, demande conseil à la Société sur différents objets touchant l'Agriculture.

Le 1ᵉʳ mars, lettre de François de Neufchâteau relative à une manufacture d'instruments aratoires.

Le 8 mars, Broussonet reparaît comme secrétaire perpétuel et signe le procès-verbal de cette séance.

Le 15 mars, la Société, appréciant les communications de M. Roussillon, chirurgien de la Marine, arrête qu'elle proposera, au ministre de la Marine, d'envoyer ce naturaliste avec un brevet de botaniste et de chirurgien, au poste de Sinnamary. Signature de Broussonet.

Le 22 mars, M. de Naillac communique un projet sur l'établissement de fermes nationales dans les déparments.

M. Derivery présente des échantillons de trois variétés nouvelles de pommes de terre.

La *Feuille du Cultivateur* nous apprend qu'en mars 1792, la Société d'Agriculture fit distribuer gratuitement des plantes et des graines aux souscripteurs de cette feuille. Des instructions furent données par Thouin, Cretté de Palluel et même par Daubenton qui s'occupait alors de la culture des platanes.

Le 19 avril, Béthune-Charost présente une brochure relative à l'approvisionnement et à la consommation de Paris. Broussonet assiste à la séance; il est chargé de divers rapports.

Le 26 avril, présentation de ses ouvrages par Cointereau, professeur d'architecture rurale. Cointereau ne fut pas membre de la Société d'Agriculture mais il mérite que son nom soit conservé parmi les propagateurs les plus ardents du génie rural et de l'agriculture. Le Comité d'agriculture comme la Société ont reconnu, à diverses reprises, son zèle et ses talents.

Le 10 mai, Moreau de Saint-Méry fait office de secrétaire. Boncerf lit un rapport sur les améliorations qu'il conviendrait de faire dans le Poitou. Envoi au Comité d'agriculture de l'Assemblée nationale et renvoi au ministère de l'Intérieur, de la correspondance attestant le succès des opérations de desséchement dirigées par Boncerf dans le département de la Seine-Inférieure.

La Société reçoit, d'un citoyen nommé Laval, un assignat de 300 livres. Laval la prie de transmettre ce don au ministère de l'Intérieur pour subvenir aux frais de la guerre. Délibération provoquée par Abeille et Costel sur l'éducation des lapins.

Le 24 mai, Joseph Martin, directeur des pépinières coloniales, demande les conseils et l'appui de la Société.

Le 14 juin, le ministre de l'Intérieur consulte la Société sur la quantité de semailles qu'il est possible d'évaluer dans les différents départements et même sur la production générale du royaume et sa consommation. Abeille, Lefebvre, Tessier, Charost et Parmentier sont chargés de répondre au Ministre.

Le 14 juin, Béthune-Charost préside encore la Société, mais le 21 il est absent. Abeille a pris la présidence.

Malgré l'insurrection du 20 juin, la Société se réunit le 21 et s'entretient du troupeau de Delporte qui dépérit au bois de Boulogne. Broussonet et Rougier de la Ber-

gerie promettent de s'occuper activement de cette
affaire qui leur tient au cœur.

Le 28 juin et le 5 juillet, Parmentier signe le procès-verbal; le 12 juillet, c'est Fourcroy. Gilbert lit
des observations sur les bêtes à laine importées dans
le royaume.

Le 18 juillet, Rougier de la Bergerie soumet au
Comité d'Agriculture un projet à présenter à l'Assemblée nationale sur la demande que font plusieurs départements, pour obtenir des béliers de race anglaise,
provenant de l'établissement de M. Delporte, à Boulogne.

Voici ce rapport :

« L'Assemblée nationale, après avoir entendu le rapport de son Comité d'agriculture,

« Considérant que l'amélioration et la multiplication des bêtes à laine sont essentiellement nécessaires
au progrès de l'agriculture et du commerce, considérant qu'il est très instant de répandre, dans les divers
départements, des béliers de race anglaise qui sont
maintenant aux environs de la capitale, qu'un plus
long séjour les ferait dépérir, décrète qu'il y a
urgence.

« Il sera incessamment formé une Commission composé de cinq membres et d'un secrétaire nommé par
le pouvoir exécutif, laquelle sera chargée de faire
venir des béliers et des brebis de race à laine fine, tant
de l'Angleterre, de l'Espagne, que de l'Arabie, des
Indes, ou de telle autre partie du monde qu'elle croira
le mieux convenir aux différents climats de la France;
elle surveillera la distribution, et réglera les cordi-
tions, se fera rendre compte des progrès de l'éduca-

tion, de l'emploi et produit des bêtes à laine qu'elle aura distribuées, répandra, dans les départements, les instructions analogues aux différentes races de béliers et aux climats pour diriger une meilleure éducation, et en favoriser la multiplication. Cette Commission rendra compte, chaque année, au Corps législatif, de l'état ou des progrès de son administration ; le compte sera imprimé et rendu public.

« Il sera mis à la disposition du Ministre de l'Intérieur une somme de 100,000 livres à prendre sur les 2 millions destinés aux encouragements des arts.

« Il sera prélevé une somme de 1,200 livres pour le traitement du secrétaire et les frais de bureau ; ils seront comptables et responsables du surplus de la somme, dont ils justifieront l'emploi par pièces justificatives.

« En attendant que cette Commission soit formée, le Ministre de l'Intérieur est autorisé à prendre, sur la somme de 100,000 livres celle de 6,000 livres, pour distribuer, dans les départements, les béliers de race anglaise provenant du troupeau de M. Delporte. »

Le Comité d'Agriculture ayant adopté ce projet de décret, il fut communiqué à l'Assemblée le 24 juillet, mais il ne paraît pas qu'il fut adopté sur-le-champ puisque Rougier de la Bergerie vint, le 25 juillet, en donner lecture à ses confrères, et prendre leur avis. Dès lors les événements du 10 août durent nécessairement en suspendre l'exécution financière : cependant, on trouve la trace de la dispersion du troupeau de Delporte et de l'envoi de béliers dans divers départements conformément à leur demande. Ce qui prouverait que l'attribution des 6,000 francs délégués au ministère de l'Intérieur reçut son application.

La séance du 9 août — veille du 10 août — est contre-signée par Fourcroy, vice-directeur.

Quoique Paris fût tout entier aux préparatifs de la bataille, quelques membres de la Société viennent au Louvre prendre séance, pour entendre Flandrin disserter sur des questions vétérinaires, Lefebvre sur une maladie de la vigne, sur les mœurs des fourmis, et Dubois sur une méthode employée à Brive pour faire pousser du froment dans les terres où ne poussait que du seigle.

Le procès-verbal se termine par ces mots : « Lu et arrêté, le 16 août 1792, au Louvre. Fourcroy, vice-directeur. »

Il y eut encore une autre séance, pour la forme, le 23 août. Broussonet et Lefebvre étaient absents, Fourcroy signe le procès-verbal.

Ce fut la dernière séance de la Société avant la réunion de la Convention.

L'analyse des séances de la Société dans les mois de juin et juillet 1792 ne laisse donc aucune trace des événements qui allaient porter atteinte à l'existence de la Société et à la sécurité de ses membres. Il faut retourner en arrière pour suivre et comprendre la catastrophe du 10 août et en signaler les conséquences.

Au commencement de juin, le roi, qui avait perdu la liberté depuis la fuite de Varennes, tenta de la reprendre, en opposant son *veto* constitutionnel au décret de l'Assemblée Législative, touchant la déportation des prêtres non assermentés et l'établissement d'un camp de 20,000 hommes aux portes de Paris.

Le roi se sépara du ministère Girondin sur cette

question du *veto*, et l'Assemblée Législative répondit au roi que les ministres remerciés emportaient l'estime de la nation. Ce conflit parlementaire fut l'occasion du soulèvement du 20 juin, et le point d'appui de la conspiration parisienne conduite par Pétion, maire de Paris.

Lafayette, en apprenant l'envahissement des Tuileries et les atteintes portées à la liberté et à la dignité du roi, quitte les troupes de l'armée du Nord, qu'il commande, accourt à Paris et descend à l'hôtel de La Rochefoucauld, chez le Président du Conseil du département de Paris. Lafayette se présente le 28 juin à l'Assemblée Nationale, et dénonce résolument les attentats du 20 juin comme l'œuvre des Jacobins; il offre au roi ses services. Le roi n'ose les accepter, dans l'illusion qu'il entretient de pouvoir, en s'appuyant sur la Constitution, résister aux manœuvres de Pétion, avec le concours de la garde nationale et des autorités fidèles de Paris.

En effet, un mouvement sérieux se dessinait dans la bourgeoisie parisienne en faveur du roi. Vers le 10 juin, une pétition couverte de 8,000 signatures avait protesté contre l'installation d'un camp près de Paris. Après l'attentat du 20 juin, deux anciens membres de l'Assemblée nationale, Dupont de Nemours et Guillaume, font signer une pétition couverte de 20,000 signatures, et la présentent à l'Assemblée Législative, renouvelant ainsi les protestations de Lafayette contre les Jacobins.

Le 6 juillet, soutenu par un mouvement d'opinion constitutionnelle, le département de Paris prend un arrêté qui suspend Pétion de ses fonctions de maire, en raison de son attitude dans l'affaire du 20 juin. Le 10 juillet, cet arrêté est sanctionné par le roi.

Le 13, l'Assemblée, par un décret, donne tort à Louis XVI et au Conseil général, et rétablit Pétion dans ses fonctions, comme le 23 sera rétabli Manuel, le procureur syndic de la Commune. L'Assemblée légitimait les violences du 20 juin.

Nous arrivons ainsi à la cérémonie qui devait recueillir pour la Constitution les serments de la France entière. Le roi avait déclaré qu'il serait heureux de recevoir, au Champ de la Fédération, le serment des Français des départements venus à Paris. Cette attitude ne conjurait pas les périls de la situation.

Le 14 juillet, eut lieu la cérémonie du serment à la Constitution. Ce fut une froide représentation.

A cette date, le drame change tout à coup : l'Assemblée a déclaré que la patrie est en danger. Ces mots : *la patrie en danger* sonnent pour ainsi dire le tocsin de la royauté ; car c'est le roi qui met la « patrie en danger », déclarent, dans leurs clubs, les Jacobins et les Cordeliers.

Le bruit des armées étrangères gronde dans les cœurs patriotes et les imaginations révolutionnaires. Il ne manque plus aux Parisiens, c'est-à-dire à Pétion et à sa bande, que des forces pour faire un coup.

Les fédérés s'en chargent. L'Assemblée avait ordonné aux fédérés de se rendre après la cérémonie du 14 juillet au camp de Soissons ; mais ils n'en feront rien, les Parisiens les hébergeront et les paieront.

Les fédérés sont l'avant-garde des révolutionnaires parisiens ; le 17 juillet, ils osent faire une pétition à l'Assemblée pour qu'elle décrète la déchéance du roi.

Le 31 juillet, les fédérés marseillais rallient les futurs insurgés. Comme « la patrie est en danger », l'Assemblée, le 24 juillet, a reconnu légale la permanence des sections. Les 48 sections sont reliées par un bureau central de correspondance ; Paris révolutionnaire tombe dans les mains du Maire de Paris.

Le 3 août, Pétion est assez fort pour présenter à l'Assemblée, au nom de la Commune, c'est-à-dire des sections de Paris, une nouvelle pétition demandant la déchéance du roi. Cette pétition a été rédigée par des assemblées qui se tiennent à l'Hôtel de Ville, du 26 juillet au 3 août, et qui préludent à la constitution de la Commune révolutionnaire du 10 août. Elle avait pour contre-partie, dans la bataille, un décret d'accusation demandé par les Jacobins contre Lafayette. La discussion de ce décret vient le 8 août ; un vote solennel sur appel nominal répond, par 426 voix contre 224, qu'il n'y a pas lieu de mettre Lafayette en accusation.

Les membres de l'Assemblée qui avaient voté pour Lafayette furent, à la sortie de la salle, maltraités par les Jacobins. Plusieurs ne durent leur salut qu'à d'heureux hasards ; la crainte devait en éloigner même quelques-uns de l'Assemblée ; la terreur commençait son œuvre.

Broussonet a faibli. Tandis que Rougier de la Bergerie a voté pour Lafayette, Broussonet est absent ou s'abstient ; peut-être se figure-t-il encore que l'apaisement est possible, car dans la nuit du 9 au 10, « le Conseil général et la municipalité, dit-il, possèdent des hommes qui doivent et peuvent assurer la tranquillité publique ». Le Conseil et le département de Paris, n'est-ce pas La Rochefoucauld ? La municipalité, n'est-ce pas Pétion ? Comment supposer qu'ils puissent s'accorder ?

Dans la soirée, les fédérés n'avaient-ils pas juré, au Club des Jacobins, d'assiéger le château des Tuileries et de le prendre d'assaut? On a pris la Bastille le 14 juillet, on prendra bien le château des Tuileries le 10 août! N'avait-on pas déclaré hors la loi les 400 membres qui avaient voté pour Lafayette?

Dans la même nuit, on lit à l'Assemblée une lettre de notre Boncerf, qui, ne « pouvant se rendre aux armées à cause de son âge, et voulant être libre ou mourir », fait abandon de certaines terres en faveur des soldats qui, la paix faite, auront combattu pour la liberté.

Pendant que l'Assemblée perd son temps dans le désordre des réflexions inutiles, les Jacobins s'emparent de l'Hôtel de Ville, chassent la Commune constitutionnelle, et établissent la Commune révolutionnaire. On arrête Mandat, commandant de la garde nationale ; on le tuera. Le tocsin sonne. Le Département, qui siège à la place Vendôme, présidé par La Rochefoucauld, reçoit de Rœderer la nouvelle de la Révolution accomplie à l'Hôtel de Ville.

Il ne peut plus rien.

Rœderer, procureur général syndic de la Commune légale, s'est installé aux Tuileries dans la soirée du 9 août. Il sent peu à peu l'insurrection grandir, il en prévoit les forces, les mouvements et le but et, dans la matinée du 10, il reconnaît que la défense des Tuileries est impossible, et que la famille royale ne trouvera d'asile et de salut qu'au sein de l'Assemblée Nationale; il le déclare au roi. Le Conseil du département partage son avis.

A ce moment, il y avait aux Tuileries les ministres, les membres du Département de Paris, les gardes nationaux qu'avait amenés Dupont de Nemours. En le voyant, le roi lui dit : « Monsieur Dupont, on vous trouve toujours au moment où l'on a besoin de vous. » Un cortège se forme ; dans ce cortège, la famille royale, encadrée par le Conseil du Département, par un groupe de gardes nationaux, de gardes du corps, de Suisses, traverse les Tuileries, pour se rendre à l'Assemblée. Rœderer les conduit.

Un juge de paix vient annoncer à l'Assemblée Nationale que le roi et sa famille arrivent. L'Assemblée, à cette nouvelle, est surexcitée et stupéfaite ; elle aurait préféré échapper à ce danger. Broussonet propose de placer le roi dans la loge du logotachygraphe. À ce moment, le roi arrive.

Au milieu de la confusion générale, le roi vient s'asseoir à côté du Président, la reine et la famille royale sur un banc, en face, à la barre de l'Assemblée. Mais le roi ne pouvait rester là, parce que la Constitution défendait aux députés de délibérer en sa présence, et leur délibération était cependant nécessaire. La question était de savoir où mettre le roi.

Un témoin oculaire gémit sur l'attitude de Louis XVI, qui semble écouter, dans un inexplicable engourdissement, les discours pour et contre, sans inquiétude et sans souci. Depuis la fuite de Varennes, Louis XVI était résigné à la déchéance et, depuis le 20 juin, peut-être à la mort.

« On s'étonnait, dit ce témoin, de trouver sur le visage de la reine tout ce qu'on regrettait de ne pas trouver sur celui du roi.

« Elle avait une robe et une camisole de perse bleue à fleurs blanches, un simple fichu blanc sans dentelles ni ornements autour de son cou, une sorte de bonnet sur la tête. Elle tenait sur son giron le dauphin, petit garçon, beau comme le jour. Elle le pressait quelquefois contre elle avec un serrement de cœur, comme si elle pensait : « Que vas-tu devenir? » De temps en temps, elle jetait autour d'elle un regard pensif et douloureux; elle dévisageait, avec gravité et un fier mépris, les députés auxquels échappaient, en cet instant de ménagement et d'humanité, des expressions injurieuses. La reine était alors très touchante (1). »

Il fallait en finir; la proposition de Broussonet dénoua l'incident, le roi se retira dans la loge du logotachygraphe.

Quand le roi se fut retiré, Rœderer prononça un discours où il expliqua tout ce qu'il savait, tout ce qu'il avait voulu et ce qu'il n'avait pas pu faire pour le maintien du repos public. Il dit qu'il avait ordonné aux Suisses de ne pas attaquer mais de repousser la force par la force, si l'on voulait enlever le château des Tuileries d'assaut. Mais bientôt on entend les premiers coups de canon. Les nouvelles arrivent coup sur coup au milieu du désordre et on apprend le massacre des Suisses et l'incendie du château. La foule est dans l'Assemblée. Les sommations des Jacobins se succèdent. Vergniaud se présente au nom de la Commission des Douze; sur son rapport, l'Assemblée décrète que le peuple sera convoqué pour faire une Convention souveraine; que les fonctions du roi, c'est-à-dire l'exercice du pouvoir exécutif, sont provisoirement suspendues; que l'Assemblée Nationale prend le gouvernement et que la

____

(1) Cf. le récit du 10 août par l'Allemand Bollmann, publié par Chuquet; Lettres de 1792, p. 37.

famille royale ne quittera pas l'enceinte de l'Assemblée.

Trois jours après, le roi et sa famille étaient enfermés au Temple.

Le vote eut lieu par assis et levé ; comment votèrent Broussonet et Rougier de la Bergerie ? Il est bien difficile de l'affirmer, il est facile de le supposer.

Tenon, notre confrère, qui était député de Seine-et-Oise, ne parla pas ; il était absolument impossible de se faire entendre, mais il écrivit son opinion et s'éleva contre le projet déposé par Vergniaud qui détruisait la Constitution votée sous serment le 14 juillet précédent. C'est un acte de courage que Broussonet certainement ne fut pas tenté d'imiter.

Pendant quelques jours, l'Assemblée Nationale parlera sous la dictature de la Commune. Le 10 août, les Jacobins sont les maîtres ; un nouveau règne commence, les hommes de 1789 sont proscrits et, dans la salle où siège la commune de Pétion, la foule jette à bas et brise les bustes de Lafayette, de Bailly, en un mot des hommes de juillet 1789.

Les Jacobins s'acharnèrent après leur victoire ; le 19 août, le décret d'accusation contre Lafayette était repris devant l'Assemblée, et, le 20, Lafayette condamné passait à l'étranger avec son état-major.

Allons au Louvre : un incident des plus curieux devait nous révéler l'état des esprits à l'Académie des sciences où siégeaient plusieurs de nos confrères. Le 20 août, Fourcroy annonçait à l'Académie que la Société de médecine avait rayé de sa liste plusieurs membres émigrés ou notoirement connus comme contre-révolutionnaires. Il proposa d'en user pareillement à l'égard de certains des membres de l'Académie connus pour leur incivisme. Il demanda que lecture fût faite de la liste d... membres de l'Académie pour qu'il fût procédé immédiatement aux radiations nécessaires. Plusieurs membres observèrent que l'Académie n'avait le droit d'exclure aucun de ses membres, qu'elle ne devait pas connaître leur conduite et leurs opinions politiques, le progrès des sciences étant son unique occupation. Fourcroy insista si vivement qu'on remit la décision à la prochaine séance.

Le 29 août, la discussion fut reprise. Un membre s'étonna que dans un moment où le ministre de l'Intérieur, Roland, méritait plus que jamais la confiance de l'Académie, on s'abstînt de le consulter. Cet avis réunit la majorité de suffrages. L'affaire n'eut pas de suites, mais il est facile d'expliquer la conduite et le rôle que tint Fourcroy à l'Académie des sciences au moment où il allait être, à Paris, candidat à la Convention (1).

Il ne fut pas question d'épuration à la Société d'Agriculture pendant le mois d'août 1792. Fourcroy, qui était président, respecta ses confrères.

Si la Société d'Agriculture devait momentanément disparaître dans la tourmente du mois d'août 1792, pour ne reparaître que dans le mois de mars 1793, il était inévitable que plusieurs membres de la Société en fussent les acteurs ou les victimes. C'est un devoir pour nous que de rappeler leur souvenir et de nommer ici Broussonet, Dupont de Nemours, La Rochefoucauld et Moreau de Saint-Méry.

Dupont de Nemours en avait trop fait à Paris pour ne pas mériter la proscription. Au moment d'être

1. Manidron. *L'Académie des sciences*, p. 64.

arrêté, il fut sauvé par un ami, Harmand, premier commis aux finances, qui le cacha dans le petit observatoire du palais Mazarin. S'il avait été saisi, il serait tombé victime des massacres de Septembre où l'on crut plus tard qu'il avait péri. Harmand, forcé bientôt de partir pour l'armée, révéla à La Lande la situation de Dupont et le pria de lui porter en cachette sa nourriture et de favoriser son évasion lorsque l'occasion le permettrait. La Lande accepta la mission et bientôt Dupont put retourner dans son domaine du Gâtinais où il demeura caché.

Le 10 août avait achevé la ruine du parti constitutionnel. Les démagogues profitèrent de leur victoire pour inscrire sur leur liste de proscription tous ceux qui avaient fait la gloire de ce parti dans l'Assemblée Constituante.

La Commune insurrectionnelle du 20 juin se mit surtout à la poursuite des députés anciens et nouveaux de Paris.

La Rochefoucauld ne pouvait échapper à la vengeance de la commune insurrectionnelle. Un mandat d'arrêt est lancé contre lui. L'ancien président du département de Paris était aux eaux de Forges. Des commissaires, revêtus de pleins pouvoirs « pour le salut de la patrie », et un commissaire spécial de la Commune, viennent s'abattre en même temps dans cette petite ville, où la présence de La Rochefoucauld avait été signalée.

Le duc est au milieu de sa famille. Aucune résistance n'est opposée. Le commissaire de la Commune déclare qu'il a ordre d'emmener, sous bonne escorte, le prisonnier à Paris ; il ne suivra pas la route directe,

car il doit aller apposer les scellés au château de la
Roche-Guyon, résidence habituelle du duc de La Rochefoucauld. Le voyage s'effectuera à petites journées,
il faut bien donner, aux agents de Marat, le temps
de préparer des embuscades. On était parti de Forges
le 2 septembre, on arrive à Gournay le 3, et le 4, dans
l'après-midi, à Gisors. La ville est pleine de fédérés ou
se disant tels ; la municipalité, craignant pour la sûreté
du prisonnier, ordonne que la voiture qui l'a amené
avec sa mère, la duchesse d'Enville, âgée de 80 ans,
Mme de La Rochefoucauld et Mme d'Astorg, sera escor-
tée par douze gendarmes, par un détachement de
gardes nationaux et par elle-même, en corps, jusqu'aux dernières maisons de la ville.

Mmes de La Rochefoucauld et d'Astorg étaient dans la
voiture, le duc à pied ; les officiers municipaux l'entouraient. Tout à coup, une troupe armée de sabres
et de bâtons se précipite sur le prisonnier. Renversé
d'un coup de pierre à la nuque et puis frappé à coups
redoublés, il expire dans les bras de ceux qui ont été
chargés de le défendre. Les malheureuses femmes,
entendant les hurlements des assassins et les supplica-
tions des officiers municipaux, veulent se précipiter
au secours de leur fils, de leur époux, on les arrête ; la
voiture attelée de six chevaux les emporte loin de ce
spectacle d'horreur, pendant que le corps du malheureux duc est rapporté à Gisors. Ainsi finit un de nos
plus illustres confrères.

C'est le tour de Moreau de Saint-Méry.

A la fin de l'Assemblée Constituante, il avait été
appelé, en effet, à faire partie d'un Conseil judiciaire
établi près du ministre de la Justice ; il avait été popu-

laire, donc il était suspect et coupable. Après le 10 août, une troupe de furieux le rencontre, l'attaque et le blesse dangereusement. Il quitte Paris, et se retire avec sa famille dans la petite ville de Forges en Normandie. Il n'y jouit pas longtemps de la sécurité. Il y fut découvert et arrêté en même temps que le duc de La Rochefoucauld et ne dut sa liberté qu'à un hasard heureux. Il se retira au Havre mais il y fut encore poursuivi, et il fallut fuir de nouveau; les États-Unis d'Amérique lui offrirent un a... contre les persécutions qu'il éprouvait dans sa patrie (1).

Béthune-Charost, au mois de juin 1792, se réfugia dans ses propriétés de la Seine-Inférieure. La Rochefoucauld-Liancourt partit pour l'Angleterre. Malesherbes quitta Paris pour Malesherbes où il devait attendre l'occasion d'exposer sa vie et de la sacrifier pour avoir l'honneur de défendre Louis XVI.

Les députés à l'Assemblée Législative, Broussonet, Rougier de la Bergerie, Tenon, restèrent à leur poste jusqu'au moment des élections à la Convention. L'Assemblée était pour eux l'asile le plus sûr; ils y traînèrent les derniers jours de leur mandat dans l'impuissance de leurs sentiments et la défaite de leurs opinions. Broussonet, d'ailleurs, avait peu à peu glissé dans le parti Girondin; il était tenu d'en suivre les hasards et les dangers comme plus tard il devait en souffrir les angoisses et la ruine.

Rougier de la Bergerie ne paraît pas avoir été un homme politique; travailleur obstiné dans le Comité d'Agriculture, ' resta dans la masse du parti des

____

(1) Silvestre. *Éloge de Moreau de Saint-Méry*, 1819.

patriotes et reparut utilisé et estimé pendant la Convention.

On a vu, dans la nuit du 10 août, l'acte d'indépendance et de courage de Tenon.

Les massacres de Septembre brisèrent les derniers ressorts de la vie publique. La nouvelle de la prise de Verdun porta l'affolement au comble et fut l'occasion, pour Danton et pour Marat, de frapper leurs adversaires politiques et d'exécuter leurs plans de domination révolutionnaire.

Danton, pour emporter les élections par la terreur, prépara et assura, dans les prisons de Paris, le massacre des victimes que la Commune y avait entassées et c'est ce qu'il appela, devant l'Assemblée, un mouvement sublime du peuple.

Quelques jours plus tard, le ministre de l'Intérieur Roland dénonça courageusement à l'Assemblée la désorganisation de l'État, l'anarchie grandissante, l'impuissance du gouvernement : l'Assemblée Législative, terrorisée, agonisait dans la honte et dans le sang. Les élections à la Convention furent une sinistre comédie. A Paris, on ne se contenta pas de violer le secret du vote : on refusa le droit de suffrage aux signataires de la pétition dite des 20,000 ; on proscrivit les anciens membres des clubs modérés et monarchiques. Les élections furent souvent enlevées par acclamations, toujours par la fraude et la violence.

Si la Société d'Agriculture devait perdre Broussonet, Rougier de la Bergerie et Tenon, elle retrouvera, en 1793 et 1794, pour la représenter dans la Convention, l'abbé Grégoire et Fourcroy.

La parole et l'action leur appartiennent.

FOURCROY

CHAPITRE XI

Depuis le mois d'août 1792 jusqu'au mois de mars 1793, la Société d'Agriculture avait suspendu ses séances. Six mois s'étaient écoulés dans lesquels la Convention avait exercé le gouvernement. La royauté était abolie, Louis XVI condamné et exécuté.

Deux partis de la Convention, la Gironde et la Montagne, se préparaient à s'entre-détruire. Broussonet, qui en définitive était le représentant officiel de la Société, avait senti venir la proscription des Girondins, et le 31 mai il jugea nécessaire de se dérober aux responsabilités et aux périls que courait un ancien député de Paris, notoirement engagé parmi les modérés. Il mit donc en lieu sûr les papiers de la Société et se retira dans le Midi.

Lefebvre, d'ailleurs, avait pris la position de secrétaire perpétuel et en remplissait les devoirs avec autant d'énergie que de dévouement.

D'accord avec lui, Fourcroy, devenu Directeur,

fit un effort résolu pour rendre la vie à la Société.

Fourcroy jouissait, à ce moment, de la première influence dans le monde politique et scientifique; il était populaire, et malgré l'agitation des esprits, il avait continué ses cours au Jardin des Plantes et soulevé l'enthousiasme de ses auditeurs par le charme de son éloquence. C'était un homme supérieur, il avait constitué, autour de lui, en août 1790, une Société libre de chimistes, de médecins et de pharmaciens pour travailler en commun à l'art de guérir. Le recueil dont il s'était fait le directeur portait le titre de *La Médecine éclairée par les sciences physiques*. Aux sciences physiques ajoutons les sciences naturelles, car la botanique, la zoologie, la minéralogie, venaient s'associer à la chimie, à la thérapeutique, à la pharmacie et à l'art vétérinaire.

Dans ce groupement de bonnes volontés, nous retrouvons, parmi les collaborateurs de Fourcroy, nos confrères Olivier, Broussonet et Thouin.

Mais Fourcroy, dont les talents étaient soutenus par l'ambition, n'avait pas été insensible à la popularité qu'avaient acquise, dans Paris, des savants de grand renom. Ses débuts difficiles dans la carrière médicale, dont il était uniquement sorti par la bienveillante protection de Vicq d'Azir, l'avaient entraîné dans une irritation contre les hommes de l'ancien régime et contre la société elle-même. Ces sentiments le jetèrent violemment dans le mouvement qui emporta la Convention vers l'abolition de la royauté.

Aussi ne doit-on pas s'étonner qu'il fut compris, en 1793, dans les élus de Paris révolutionnaire et nommé le quatrième député suppléant en même temps que

Robespierre, Billaud-Varenne et Marat dont il devait recueillir l'héritage après l'attentat de Charlotte Corday.

Il était donc naturel que Fourcroy s'irritât du départ de Broussonet et de l'inaction d'une Société qu'il présidait et qu'il tenait, par son but et par ses membres, dans la plus haute estime. Mais Fourcroy, dans cette dernière période, en ressuscitant la Société, ne devait pas être le conducteur de ses dernières destinées.

De même que la Société avait été assez heureuse pour trouver, dans Moreau de Saint-Méry, en juillet 1789, un secours imprévu et puissant, de même, dans l'anarchie qu'organisaient les événements, le bouleversement des institutions, un homme devait paraître et couvrir la Société d'une protection inattendue.

Cet homme, nous l'avons déjà nommé, c'est un correspondant de la Société, c'est l'abbé Grégoire. « Je suis comme le granit, dit-il un jour, on peut me briser mais on ne me fait pas plier », et on le vit en effet pousser jusqu'à l'extrême l'indépendance de ses convictions religieuses et républicaines (1).

Il avait été envoyé à l'Assemblée Nationale de 1789 par le clergé du diocèse de Nancy et, de suite, il s'était engagé dans le mouvement du Tiers État. Le dessin célèbre de David le reproduit dans la séance du Jeu de Paume à côté de Rabaud de Saint-Étienne.

Vers cette époque, il entra en relations, par l'Assemblée Nationale, avec les maîtres de la Société d'Agriculture en 1789 et fut nommé membre correspondant le 21 janvier 1790. Il devait rester fidèle à la Société et lui en donner des preuves éclatantes. Quand fut créée

____

(1) *Mémoires de Grégoire*. Paris, 1837.

la constitution civile du clergé, il prêta, bien entendu, le serment civique et fut nommé deux fois évêque, dans la Sarthe et dans le Loir-et-Cher; ce dernier département l'envoya à la Convention. Son autorité était si grande qu'il fut à la tête de la députation qui s'entremit entre l'Assemblée Législative et la Convention pour la transmission des pouvoirs; il la consolida par la célèbre apostrophe qu'il lança, le 20 septembre, premier jour de la Convention contre l'existence de la royauté : « Qu'est-il besoin de discuter quand tout le monde est d'accord; les cours sont la tanière des tyrans, l'histoire des rois est le martyrologe des nations. » Aussi fut-il nommé président de la Convention au mois de novembre 1793 et on le vit alors présider dans le costume violet des évêques, car autant il était intrépidement catholique, autant il était intrépidement républicain.

Il était donc, par la violence de ses opinions républicaines et la fermeté de son caractère, en mesure de tenir tête à ses collègues dans le Comité de l'instruction publique où il devait jouer le premier rôle.

Nous allons le voir, avec l'abbé Lefebvre, conduire en l'absence de Broussonet les affaires de la Société, jusqu'au moment où la Commune de Paris, s'emparant de la Convention, organisa le régime de la Terreur et força les membres de la Société à se disperser ou à mourir.

Le 14 mars 1793, après une interruption de plus de six mois, la Société reprit donc ses séances et l'établissement de ses procès-verbaux.

Lefebvre commença par excuser Dailly et Goufflier, que leur état de santé empêchait d'assister à la séance de réouverture. Puis il lut un extrait d'un procès-

verbal de la Convention qui constatait l'abandon, par
Boncerf, de terres en faveur de deux soldats citoyens et
deux soldats étrangers qui, se rangeant sous le drapeau de la République, auraient combattu pour la liberté.

Ensuite il rend compte de sa conduite et donne les
raisons pour lesquelles la Société n'a pu se réunir.
Pendant cette interruption, le ministre de l'Intérieur
Roland avait, sur plusieurs sujets, demandé l'avis de
la Société. En effet, Roland s'était efforcé, dans la réorganisation du ministère de l'Intérieur, en septembre
1792, de préciser le rôle de l'État dans l'administration
de l'Agriculture. Il créa, peut-être conformément aux
idées exprimées par Boncerf dans un Mémoire présenté
le 13 mars 1792, un Bureau central d'Agriculture dont
il esquissa le but dans son projet de dépenses du
23 septembre 1792. Les grandes réformes préconisées
par Roland restèrent lettre morte, mais elles avaient
été l'objet d'une correspondance avec Lefebvre, le seul
qui fût capable, dans la Société, de lui donner la ré-
plique. Il communique les réponses qu'il fit au Ministre
et la correspondance qu'il entretint, successivement
pendant près d'un an avec les divers comités de l'Assemblée Législative et de la Convention. Enfin, il ajoute
que les subventions annuelles attribuées par les pouvoirs publics ont été suspendues, depuis deux ans, et
que, si l'on veut reprendre les traditions et les travaux
de la Société, il est nécessaire d'obtenir de la Convention,
par le Comité d'Instruction publique, le payement de
ce qui est véritablement dû à la Société.

La Société confirme les pouvoirs de Lefebvre en
qualité de secrétaire provisoire et prend une décision

pour réclamer à Broussonet tous les papiers de la Société qu'il tient en sa possession.

En attendant le résultat des démarches faites près de la Convention par Lefebvre, Abeille et Costel, et la réponse de Broussonet, la Société reprend ses travaux.

On s'inquiète, le 14 mars, de l'absence de Dailly et de Gouffier qui se sont excusés de ne pouvoir, à cause de leur état de santé, assister aux séances de la Société; on reçoit, avec plaisir, une lettre de Béthune-Charost qui envoie le tableau de diverses espèces d'arbres qu'il a plantés dans ses propriétés, en Seine-Inférieure, depuis 1786 jusqu'en 1792 et dont la quantité se monte à 25,169 pieds.

On s'entretient des intentions de la Convention qui désire encourager la culture des pommes de terre et celle du chanvre. Le Comité de la Convention réclame une instruction et il est décidé que cette instruction sera remise au citoyen Barrère qui s'intéresse à cette affaire.

A la séance du 21 mars, la Société prit, sur la proposition de Lefebvre, un arrêté ainsi conçu : « Les membres de la Société, voyant avec peine que la suspension des travaux de la Compagnie se prolongeait beaucoup au delà du temps fixé par le règlement, se sont réunis pour connaître la cause de cette prolongation. Après avoir pris, à cet égard, tous les renseignements nécessaires, il a été arrêté que le citoyen Lefebvre serait chargé d'écrire, au nom de la Compagnie, au citoyen Broussonet son secrétaire perpétuel, pour l'engager à la mettre, le plus tôt possible, en état de reprendre ses travaux et sa correspondance; Lefebvre lut ensuite une notice sur des primes d'encouragement que le Comité de défense générale de la Convention se proposait de donner, cette année, à la culture des pommes de terre et du chanvre. La Société reconnut que des primes d'encouragement ne pouvaient avoir lieu et qu'il fallait communiquer ces réflexions au citoyen Barrère; elle chargea les citoyens Abeille, Costel et Lefebvre de rédiger une instruction sur la culture de la pomme de terre et du chanvre. Cette note était prête le 11 avril et fut remise à Barrère.

Les citoyens Creuzé la Touche et Cointereau présentèrent diverses brochures.

Le 11 avril, Broussonet n'a pas encore envoyé les papiers qu'il a mis à l'abri; on les lui réclame de nouveau.

Le 25, la Société reçoit de Baudin, membre du Comité d'Instruction publique de la Convention, une pétition de Cointereau relative à des projets de constructions rurales. Baudin demande l'avis de la Société; Desmarest et Poissonnier sont chargés de préparer la réponse. Broussonet rentre en correspondance avec la Société; on commence la lecture d'une traduction qu'il a faite d'un article des *Annales d'agriculture*, publié par Arthur Young et touchant les moyens propres à juger les bêtes à laine.

Le Comité d'Instruction publique, au commencement de mai ou à la fin d'avril, consulta à nouveau la Société sur la pétition de Cointereau. Le rapport détaillé des observations de la Société fut mis en délibéré, signé par tous les membres et transmis au Comité d'Instruction publique.

Le 10 mai, les commissaires de la Société rendent compte de la mission qu'ils ont reçue d'examiner les travaux du sieur Cointereau touchant la distribution et l'économie des bâtiments en pisé. Enfin on reçoit une réponse de Broussonet. Ce dernier demande que la Société désigne deux membres pour être présents à la remise des papiers de la Société qui leur seront remis par son mandataire. Valmont de Bomare et Poissonnier sont désignés.

Le 16 mai, Fourcroy, directeur, transmet les regrets de Daubenton qui ne peut assister à la séance. C'est jour d'élection ; Poissonnier est proclamé vice-directeur.

Lefebvre présente un Mémoire dont il est l'auteur sur la création de canaux navigables, sur le desséchement des marais, le défrichement des terres incultes ; mais il pose la question : Qui paiera les dépenses nécessaires ?

Le 6 juin, séance importante. L'abbé Grégoire est présent ; il donne lecture d'une lettre que lui a écrite François de Neufchâteau touchant un ouvrage qu'il pense devoir être répandu dans tous les départements et qui a pour objet de rechercher les moyens d'exploiter, le mieux possible, un petit domaine. Puis Parmentier et Lefebvre dissertent sur les effets d'une gelée récente qui a fait éprouver des pertes considérables. La Société ne peut venir au secours des cultivateurs parce que la Convention n'a pas encore accueilli la réclamation qu'elle a faite au sujet de sa subvention. Grégoire s'engage à faire toutes les démarches nécessaires pour hâter la solution de cette affaire et Parmentier offre à la Société une avance de 200 livres pour lui procurer une nouvelle espèce de pomme de terre.

Le jeudi 20 juin, Abeille présente, de la part de Tessier, des réflexions sur la location des fermes qui ont appartenu à des émigrés; on arrête que ces réflexions seront transmises au Président de la Convention avec une lettre particulière.

Le 27 juin, Lefebvre rend compte de la conférence qu'il a eue avec Barrère et Roux, députés, relative à la subvention des années 1791-92-93, qui n'a pas été payée. Barrère et Roux promettent de s'employer à donner satisfaction à la Société.

Le 11 juillet, Vilmorin communique les lettres qu'il a reçues de la Société populaire de Chablis, au sujet des ravages causés par la gelée du 30 mai; il explique que la Société, n'ayant pu être saisie à temps des plaintes qui lui ont été adressées, il y a fait face, de ses deniers, en envoyant, à 150 cultivateurs, des graines de navets, de turneps et de moutarde.

La Société se plaît à reconnaître les services que Vilmorin n'a cessé de rendre à l'agriculture.

Le 25 juillet, Lefebvre annonce que le vendredi 19, le rapport concerté entre les Comités d'Instruction publique et des Finances, sur la réclamation de la Société a été lu à la Convention et que les conclusions en ont été unanimement approuvées. Lefebvre ajoute que, s'étant trouvé à la séance de la Convention lorsque le décret y a été rendu, il a acquis la certitude que non seulement ce décret procurerait à la Société les moyens d'acquitter ses dettes, mais encore qu'il assurerait l'impression de tous les Mémoires déposés dans les archives de la Société. Et comme il ajoutait que c'était à l'abbé Grégoire qu'il convenait de reporter l'honneur de ces décisions, il invita Abeille et Lefebvre à se rendre chez l'abbé Grégoire pour lui présenter, de la part de la Société, le sincère témoignage de sa reconnaissance.

Le 1er août, Grégoire remit lui-même une expédition du décret relatif au traitement de la Société et le président Poissonnier s'empressa de remplir sa mission en lui renouvelant l'expression des sentiments de gratitude de la Société tout entière.

Le registre des procès-verbaux s'arrête à la date du 8 août et la dernière séance est contresignée par Poissonnier et Lefebvre.

Une lettre, signée Lavoisier, contient de curieux détails : « Le 9 août, c'est-à-dire le lendemain du décret qui supprimait toute les Académies et Sociétés patentées ou dotées par la Nation, l'Académie des Sciences considéra qu'elle était comprise dans le décret de la suppression; par conséquent elle ne tint pas séance mais une réunion officieuse dans laquelle les membres présents proposèrent de se réunir fraternellement et individuellement en clubs libres et populaires pour s'occuper de ce qui concerne les sciences et demander que la Convention lui communique ses intentions définitives sur les opérations dont l'Académie a été chargée. Nous espérons qu'elle trouvera bon que ces réunions fraternelles se tiennent dans le lieu ordinaire des séances de l'Académie au moins jusqu'à ce que les membres de ce nouveau club aient trouvé un autre local. »

Et Lavoisier ajoute dans un post-scriptum : « Le parti que la ci-devant Académie des Sciences a pris de s'assembler en club paraît avoir d'autant moins d'inconvénients que le citoyen Grégoire, rapporteur du Comité, a assisté lui-même, jeudi, immédiatement après que le décret a été rendu, à la séance de la Société d'Agriculture et qu'il l'a engagée à indiquer sa séance à huitaine (1). »

Comme nous l'avons dit, le dernier procès-verbal de la Société fut contresigné le 8 août 1793. Il relate bien que le citoyen Grégoire était présent à la séance, mais il ne dit pas que Grégoire conseilla à la Société de se réunir à nouveau. Ce fut seulement le 30 septembre que la Société d'Agriculture, sur son conseil, se transforma en Société d'Hommes Libres.

La Société devait victorieusement sortir du péril et des embarras de la Révolution grâce au dévouement de l'abbé Grégoire et de Lefebvre qui avaient pris la place et le rôle de Broussonet. On a vu que Grégoire avait réussi, dans le Comité d'Instruction publique, à régler la situation financière de la Société et avait fait prendre, le 25 juillet 1793, une résolution tendant à reconnaître la somme de 36,000 francs, montant de la subvention annuelle de 12,000 francs pour les années 1791, 1792 et 1793. C'était reconnaître d'avance que la Société d'Agriculture ne devait pas être comprise dans la catégorie des Académies patentées ou dotées par la Nation, que Grégoire lui-même devait proposer à la Convention de supprimer, quelques jours après le 8 août 1793.

Nous passons à la Convention ; le 8 août nous sommes en pleine représentation révolutionnaire. Aux cris de : Vive la République ! Vive la Montagne ! les délégués des départements sont venus à Paris pour apporter le vote des assemblées primaires sur la constitution nouvelle du 24 juin 1793.

1 Maindron. *L'ancienne Académie des Sciences.* Paris, 1888. p. 68.

C'est dans cette séance même que la veuve de Marat vint développer une longue plainte contre deux journalistes et que Robespierre demanda au Comité de salut public de défendre la mémoire de Marat au nom de tous les patriotes.

Voilà le milieu dans lequel le Comité de l'Instruction publique et son rapporteur Grégoire déclaraient que les Académies étaient des institutions inutiles. Écoutons les débuts du rapport de Grégoire, pour juger de l'état d'esprit des auditeurs et de l'orateur lui-même.

« Nous touchons au moment où, par l'organe de ses mandataires, à la face du ciel et dans le champ de la nature, la Nation sanctionnera le code qui établit la liberté. Après demain l'anniversaire du 10 août, la République française fera son entrée dans l'univers.

« En ce jour où le soleil n'éclairera qu'un peuple frère, les regards ne doivent plus rencontrer, sur le sol français, d'institutions qui dérogent aux principes éternels que nous avons consacrés et cependant quelques-unes qui portent encore l'empreinte du despotisme ou de l'organisation, heurtent l'égalité ; elles avaient échappé à la réforme générale, ce sont les académies (1). »

Par une contradiction, qui cachait un calcul, après avoir proclamé en principe l'inutilité des sociétés académiques, patronnées par le gouvernement, après avoir déclaré que « le fauteuil académique devait être renversé », Grégoire glissait dans son rapport quelques lignes pour annoncer des institutions nouvelles qui devaient remplacer les institutions détruites.

Ce qui fut détruit officiellement ce fut, dit le décret

(1) Aucoc. *L'Institut de France et les anciennes Académies*. Paris. 1889.

de la Convention, les académies et les sociétés littéraires *patronnées ou patentées*, mais ce décret reconnaissait aux citoyens le droit de faire des Sociétés pour
servir les lettres, les sciences et les arts. Ce fut dans
cette voie que Grégoire ouvrit une porte de salut à la
Société d'Agriculture.

La Convention ne vota que l'article premier de la
loi nouvelle qui était ainsi conçu : « Toutes les académies et Sociétés littéraires patentées ou dotées sont
supprimées », et l'article 7 qui mettait les biens des
académies sous la surveillance des autorités constituées.

Il ne faut donc pas s'arrêter sur les rapports de Grégoire et sur les votes de la Convention, il faut aller
chercher, dans les Mémoires de Grégoire lui-même, le
sens de ses dispositions et la preuve que la Société
d'Agriculture avait échappé à la proscription.

« Jusqu'à l'époque de la Convention, a dit Grégoire, il
était inouï dans les fastes du crime le projet de détruire
tous les monuments du génie. Doit-on être surpris
que, dans la même proscription, elle ait voulu comprendre les savants? Le titre d'académicien devint une
injure, à un tel point que ceux qui en avaient été
revêtus, n'osaient plus se dire qu'artistes. Lagrange,
Guyton-Morveau, Borda, et ce savant Vicq-d'Azir que
tant de fois j'ai consolé et qui n'est mort que dans la
crainte d'être traîné à l'échafaud, étaient artistes.

« Beaucoup de gens de lettres, pensionnaires de la
Cour, ou liés avec des courtisans, s'étaient montrés
peu favorables à une révolution que plusieurs avaient
provoquée par leurs ouvrages; de là, une espèce d'anarchie dans les Sociétés savantes. A l'Académie des

Inscriptions, très peu avaient suivi Bitaubé et Dupuy dans les rangs des patriotes. Champfort, l'un des « quarante », dans un écrit très piquant, montrait au public sa Compagnie comme toujours prête à ramper devant la puissance, et demandait la suppression des académies. Monge tenait le même langage : une défaveur assez générale planait sur toutes les corporations, à plus forte raison sur celles qui paraissaient contraires au nouvel ordre politique. Le Comité entrevit qu'au premier jour, sur la demande de quelques députés, la Convention ferait main basse indistinctement sur toutes les Académies, dont les membres seraient par là même désignés à la persécution.

« Déjà languissaient, ou dans les cachots, ou cachés, ou en fuite, une foule d'hommes distingués : Anisson. Bitaubé, Broussonet, Boncerf, Bétanger, Brunck, Barthélemy, Cassini, Champfort, Dessaux, Delandine, Fleurieu, François de Neufchâteau, Lafosse, Florian, Lefebvre-Laroche, Girey-Dupré, Ginguené, La Harpe, Hennebert, Marron, Noël, Marmontel, Monduit, Nivernois, Oberlin, Palissot, Piccini, Rœderer, Robert (le peintre), Rouget de Lisle, Sicard, Sage, Sainte-Croix, Suvée, Sir John Crèvecœur, Secondat, Volney, miss Williams. Tout ce qu'il y avait de gens sensés au Comité furent d'avis que, pour conserver les hommes et les choses, il fallait avoir l'air de céder aux circonstances, et proposer nous-mêmes la suppression des Académies, en exceptant celle des sciences, celle de chirurgie, et les Sociétés de médecine et d'agriculture (récemment j'avais obtenu 24,000 francs pour celle-ci). On ordonnait aux autres de présenter des objets de règlements plus conformes aux principes de la liberté.

et qui, partant, ne fussent pas souillés des titres de
« protecteurs » tandis que la loi seule doit protéger ;
ni des titres d'« honoraires » car c'est l'homme et non
la place qui doit figurer dans ces sociétés. Lavoisier
était venu conférer avec moi sur ce plan et l'approuvait.
Malgré moi j'étais chargé du rapport ; mais la Convention, fabriquant des décrets avec autant de facilité que
des assignats, ne voulut admettre aucune exception et
prononça la destruction de toutes les Sociétés scientifiques et littéraires (1). »

Il faut rendre justice à Grégoire : il s'appliqua à
dissiper les critiques ou les soupçons que des esprits
malveillants pouvaient susciter à la Société d'Agriculture. Le 20 août 1793, Grégoire fit rendre un décret
qui confiait au Comité d'Instruction publique le soin
d'examiner les travaux entrepris par toutes ces compagnies et qui devaient être continués comme utiles au
bien public ; c'est ainsi que le 25 du même mois d'août,
Lefebvre fut invité, par le Comité, à envoyer sans délai
l'état des travaux entrepris par la Société. Lefebvre fit
diligence et, avec l'aide des membres et des correspondants de la Société, il réunit les éléments d'un rapport
qu'il publia plusieurs années après pour la glori-
fication du passé et du présent de la Société d'Agriculture. Ces notes et ces rapports furent confiés aux
bons soins de Grégoire qui en fit sentir toute la valeur
au Comité d'Instruction publique.

Cependant, comme il fallait se soumettre à la loi,
Lefebvre convoqua, le 30 septembre, tous les membres
de la Société qu'on pouvait réunir dans une séance

______

(1) *Mémoires de Grégoire.* Paris, 1837, p. 350.

extraordinaire et, en présence de Grégoire, la Société d'Agriculture se constitua en *Société d'hommes libres* ; elle se déclara à elle-même qu'elle n'était pas atteinte par la loi du 8 août et qu'elle changeait seulement de titre. Cette fois ce fut bien la dernière séance officielle de la Société : si elle interrompit pendant plusieurs mois le cours régulier de ses travaux, c'est que ses membres avaient été dispersés ou avaient disparu sous le coup des événements. Lefebvre resta en relations personnelles avec ses anciens confrères.

Un jour viendra où une société libre d'Agriculture du département de la Seine revendiquera l'honneur d'être elle-même l'ancienne Société Royale d'Agriculture.

Il est indispensable d'insister sur l'empressement que mit Lefebvre à exécuter le décret du 20 août et à seconder les vues bienveillantes de Grégoire. Dans le délai, d'ailleurs fort court, qui lui avait été fixé, Lefebvre dressa immédiatement deux états comprenant : le premier, les travaux commencés par la Compagnie et confiés à des membres par délibération spéciale, le second formé de vingt-trois notices préparées par les associés et quatre notices par des correspondants de Paris, notices entreprises de leur propre initiative. Ces notices, ajoutait Lefebvre, n'ont pas été plus nombreuses, parce que plusieurs membres de la Société sont occupés dans des administrations publiques, et que d'autres sont absents. Un troisième état pour les mêmes motifs ne comprenait que quatorze notices préparées par les correspondants des départements.

Indépendamment de ces mémoires et notices, Lefebvre soumet au Comité d'Instruction publique les documents que la Société rassemblait depuis plusieurs années pour établir une carte agricole de la France où devaient être indiqués, par chaque canton, la nature du sol et de ses produits et même la liste des industries locales. Cet essai d'une carte géologique et agronomique de la France était naturellement accompagné d'une carte particulière à chaque canton. La collection devait être complétée par des instructions destinées à guider les cultivateurs dans leurs travaux agricoles. Enfin la Société avait commencé à organiser, dans un local loué depuis le 1er janvier 1790, une collection de toutes les machines, outils et instruments agricoles en usage dans les différents départements, avec des notes explicatives sur leurs usages, leurs défauts et les moyens de les perfectionner.

Cette collection était destinée à faire le pendant de la célèbre collection de l'Académie des Sciences fondée en 1666 à la bibliothèque du roi et transportée ensuite au Louvre.

Les Académies supprimées, les collections de l'Académie des sciences restèrent au Louvre dans un complet abandon jusqu'au jour où, l'Institut ayant été organisé, il put être statué sur leur sort. Ainsi, avec ses faibles ressources et dans un local loué et indépendant de la Société, dont les séances se tenaient au Louvre, la Société d'Agriculture avait fondé une collection de machines et d'instruments aratoires qui fut l'origine et le modèle du Musée industriel du Conservatoire des Arts et Métiers.

La Société garda, par devers elle, ses propres archives, les procès-verbaux de ses séances qui, d'ailleurs, n'avaient été tenues régulièrement que depuis

1788, et les trois volumes de rapports faits à la Société sur les communications qui lui avaient été soumises. Ces documents existent encore dans la bibliothèque de la Société.

Les communications faites au Comité d'instruction publique redoublèrent l'ardeur de Lefebvre qui rédigea un compte rendu des travaux de la Société, qu'il présenta d'abord dans les derniers jours du mois d'août 1794, aux membres de la Société présents à Paris.

En même temps qu'il présentait l'état des travaux, Lefebvre établissait aussi l'état des finances de la Société :

	l.	s.	d.
L'actif se composait de l'excédent de la recette sur les dépenses, soit 8,704 livres 6 sous 10 deniers en assignats.	8,704	6	10
D'une somme de 1,200 l. due par la municipalité de Paris pour un prix promis et attribué mais non payé.	1,200	»	»
De l'arrérage à toucher en 1793, de la rente donnée par Raynal	1,200	»	»
Les 6,800 exemplaires des trimestres restant à vendre, évalués.	14,400	»	»
Enfin le capital de la rente Raynal soit. .	25,000	»	»
	50,504	6	10

La Société, heureusement, n'avait point de dettes, car moins d'un an après ce compte rendu que Lefebvre préparait pour le présenter à la Société lorsqu'elle se réunirait sous sa nouvelle appellation, une loi, rendue le 6 thermidor an II (24 juillet 1794), dépouillait la Compagnie de ce qu'elle possédait.

Cette loi était ainsi conçue :

« Les biens des Académies et Sociétés littéraires patentées ou dotées par la Nation, et supprimées par la loi du 8 août dernier, font partie des propriétés de la

République : les dettes passives de ces établissements sont déclarées dettes nationales ; les créanciers remettront leurs titres originaux, savoir :

« Ceux de la dette viagère, à la Trésorerie nationale ;

« Et ceux de la dette constituée exigibles au Directeur général de la liquidation ;

« D'ici au 1er nivôse de l'an III (20 décembre 1794) ; et faute de les remettre dans ce délai, ils sont dès à présent déchus de toute répétition envers la République ;

« L'actif sera administré et le passif liquidé conformément aux dispositions de la loi du 23 messidor dernier. »

Lefebvre constate ainsi, dans son compte rendu, la ruine de la Société.

« Dans le moment où je publie ce compte rendu, c'est-à-dire dans le courant du mois de vendémiaire an III, cet actif se trouve réduit au produit que l'on pourrait retirer de la vente des trimestres : 1° parce que la somme de 8704 livres, 6 sols, 10 deniers qui forment l'excédent de la recette est en assignats, qui n'ont plus de valeur aujourd'hui. *Res perit domino* ; parce que la dette de la municipalité devient nulle par les circonstances ; enfin parce que les 1200 francs dus, pour l'année 1793, de la rente Raynal ne seront pas payés et que les 25000 francs, qui sont le capital de cette rente, ne seront pas remboursés. Je suis dispensé d'en donner les raisons. »

L'application des lois du 8 août 1793 et du 6 thermidor an II, à la Société était illégale, ainsi que le prétendait avec raison Lefebvre, car si les arguments tirés de ce fait que la Société n'aurait été ni patentée, ni dotée, étaient discutables, d'autres motifs plus péremptoires permettaient d'affirmer qu'il n'était pas dans l'intention du législateur de comprendre la Compagnie dans la suppression.

En effet, en exécution du décret du 8 août 1793, les scellés furent immédiatement apposés sur tous les papiers et les effets qui appartenaient aux sociétés savantes que le législateur avait voulu atteindre; mais cette formalité, qui fut remplie par les agents de la Convention, ne fut point observée à l'égard de la Société d'Agriculture de Paris : d'où il faut conclure que les membres de la Convention et le ministre de l'Intérieur chargés de l'exécution du décret étaient convaincus que cet acte n'atteignait point la Compagnie.

Abeille, Parmentier, Valmont de Bomare, Flandrin, Boncerf et Grégoire approuvèrent les réflexions et les comptes de Lefebvre, sous la réserve de quelques observations de détail. La rédaction définitive fut arrêtée dans le courant de vendémiaire an II (septembre et octobre 1794). Des copies en furent remises quelques mois après à Rougier de la Bergerie et à Dubois, alors chargés de la direction de la Commission de l'agriculture et des arts. Ce compte rendu, de tous points excellent, fut publié en l'an VII, au moment de la réorganisation de la Société en 1797 (1).

Quelques mots sur la *Feuille du Cultivateur* compléteront le résumé de l'excellent compte rendu de Le-

---

(1) Compte rendu à la Société d'Agriculture de Paris, de ses travaux faits, commencés et projetés depuis le 30 mai 1788, jusques et compris le 30 septembre 1793, an III de la République Française, et de l'emploi des fonds qui ont été mis à sa disposition pendant cet espace de temps. Par J.-L. Lefebvre, son agent général par intérim et l'un des rédacteurs de la *Feuille du Cultivateur*.

febvre. Tandis que le défaut de ressources supprimait la publication des Mémoires de la Société, la *Feuille du Cultivateur*, sous la direction de Dubois, de Broussonet et de Lefebvre, entreprenait courageusement la tâche de répandre dans le public les meilleures notions de l'art agricole. Si chaque feuille porte la signature de Dubois, de Broussonet et de Lefebvre, les noms les plus autorisés de la Société se trouvaient groupés successivement dans cette intéressante publication qui semblait être l'annexe des publications de la Société elle-même.

La *Feuille d'Agriculture et d'économie rurale*, qui avait été d'abord un supplément du *Journal général de France*, parut, pour la première fois, le 12 mai 1790. Le 6 octobre, le journal, reconstitué par Dubois de Jancigny, parut avec un nouveau nom : *La Feuille du Cultivateur*. Non seulement ce journal devint l'écho des praticiens et des cultivateurs français, mais il trouva des collaborateurs dans les savants étrangers.

Après la loi du 8 août 1793, jusqu'à la fin de l'année, la *Feuille du Cultivateur* conserva la signature de Dubois, de Broussonet et de Lefebvre toujours qualifiés de membres de la Société ; mais cette mention disparut avec l'année 1793 et un article signé de Rougier de la Bergerie constate très nettement que, dans l'esprit de quelques membres, la Société d'Agriculture n'existait plus. Rougier de la Bergerie signe « associé ordinaire de la ci-devant Société d'Agriculture » ; Cadet de Vaux également.

Pendant les six mois qui s'écoulèrent, entre le mois d'août 1792 et le mois d'avril 1793, c'est-à-dire pendant l'interruption officielle des séances et des communications de la Société, la *Feuille du Cultivateur* prit sa place pour suppléer à ses publications et tenir en haleine l'activité de ses membres. C'est ainsi que dans ce recueil paraissent successivement : le rapport sur les étangs marécageux fait au nom du Comité d'Agriculture (11 septembre 1792); le rapport de Rougier de la Bergerie sur l'amélioration des laines; une belle notice de Tessier sur les carottes en grand (janvier 1793); le rapport présenté par Creuzé la Touche, au nom des députés de la Convention réunis pour présenter leurs idées en faveur de la liberté du commerce des grains (8 décembre 1792); un Mémoire de Dubois sur le système à suivre pour l'amélioration d'une propriété rurale; un important Mémoire de Gilbert intitulé : Coup d'œil agronomique sur les contrées qui formaient la ci-devant généralité de Paris; une notice de Cadet de Vaux sur les usages économiques de la pomme de terre; des communications de Gilbert sur la culture et les qualités de la luzerne, du sainfoin, du trèfle et des plantes employées jusqu'ici en prairies artificielles. La Société vivait encore dans la *Feuille du Cultivateur*.

Dubois de Jancigny avait été nommé membre de l'agence végétale. Le Comité de la Convention donna la préférence à son journal lorsqu'on eut décidé de remplacer l'action de la Société d'Agriculture par celle d'une publication indépendante. La *Feuille du Cultivateur* continua son utile carrière jusqu'à la réorganisation de la Société dont elle fut l'organe pendant plusieurs mois.

CHAPITRE XII

DISSOLUTION DE LA SOCIÉTÉ. — LES VICTIMES
DE LA TERREUR

Il ne nous reste plus qu'à suivre, dans les péripéties
de leur existence, les membres de la Société d'Agriculture, dispersés non pas seulement par la loi du
8 août, mais par les événements qui, sous le régime
de la Terreur ou plutôt sous le régime de la Convention, suspendirent leurs travaux ou mirent fin à leur
existence.

Jetons sur eux un dernier regard d'espérance ou
disons-leur un éternel adieu.

On trouve, dans l'*Almanach* de 1793, la liste des
membres de la Société ; mais elle correspond à la composition de la Société en 1792 et c'est après la séance
du 30 septembre 1793 que nous devons chercher à rétablir la liste exacte de ses membres.

Broussonet a droit à nos premières pensées. Avec
Cuvier nous le suivrons dans les épreuves que lui feront subir la révolution du 31 Mai et la chute des
Girondins. Quand l'Assemblée législative prit fin, il
s'était retiré à sa campagne auprès de Montpellier ;
mais le moment était venu où il ne devait plus y avoir
de repos pour quiconque avait touché aux affaires
publiques.

La révolution du 31 mai accable les Girondins et
donna le pouvoir à la Montagne; un grand nombre de
départements s'insurgent. Leurs mesures mal concertées échouent et complètent la victoire de leurs oppres-
seurs; des commissaires sont envoyés partout pour
sévir contre ceux qui avaient montré un peu d'énergie.
Broussonet, que ses compatriotes avaient député malgré lui à la Commission insurrectionnelle de Bordeaux
et nommé à la Convention que les départements insurgés devaient réunir à Bourges, est emprisonné dans la
citadelle de Montpellier et aurait eu bientôt le même
sort que tant d'innocentes victimes, s'il ne se fût évadé
comme par miracle. Il gagna l'Espagne, le Portugal,
le Maroc, où il passa quelques années à faire de la
botanique, perdu pour la science comme pour la Société d'Agriculture (1).

A l'arrivée du Directoire, il obtint d'être rayé de la
liste des émigrés et revint en France, sous la protection
de son parent Chaptal, professeur à l'école de Montpellier (2).

Puisque la politique l'avait enlevé pour toujours à
la Société d'Agriculture, Lefebvre occupa sa place et, par
le courage, par le dévouement, par le désintéressement,
nul n'en était plus digne. Sa conduite et son compte
rendu de 1793 touchant l'histoire de la Société sont au-
dessus de tout éloge. Il avait été administrateur de
Paris en 1790 et pourtant il échappa aux fureurs
révolutionnaires. Nul doute qu'il ne trouva le salut
dans l'estime et l'amitié de Grégoire comme dans la
reconnaissance de tous ses collègues.

1 CUVIER. Éloge de Broussonet.
2 SILVESTRE. Notice sur Broussonet.

Plusieurs membres de la Société furent appelés à exercer, sous la Convention, des fonctions publiques : Grégoire et Fourcroy, représentants du peuple à la Convention, suivirent le sort de cette Assemblée, et firent brillante carrière au milieu des orages de la révolution pour atteindre les honneurs sous l'Empire. Fourcroy sauva Jean Darcet. On lui a reproché de n'avoir pas sauvé Lavoisier, mais Cuvier l'a justement défendu en plaidant son impuissance. Grégoire aussi a gémi sur le sort de Vicq-d'Azir qu'il aimait sincèrement. Vilmorin, Dubois, Rougier de la Bergerie, Parmentier et Gilbert furent entraînés dans les agences dirigées par la Commission de la Convention, dite de l'Agriculture et des arts. Cette commission comprenait cinq divisions : le secrétariat, la comptabilité, les arts et manufactures, l'agriculture agence végétale et l'agriculture agence animale. Ces agences exécutives remplissaient les services analogues à ceux des simples divisions dans nos ministères actuels. Elles tenaient la mission du Comité d'Agriculture et de la Société d'Agriculture du temps de l'Assemblée Constituante et de l'Assemblée Législative.

Gilbert, Huzard et Raisson furent attachés à l'agence de l'économie animale ; Vilmorin, Dubois, Rougier de la Bergerie, Parmentier et Cels entrèrent dans l'agence de l'agriculture végétale. Dans cette situation, grâce à l'immunité relative que leur valaient la solidité de leurs principes et la supériorité de leurs connaissances techniques, ils furent à même de rendre à leurs confrères d'inappréciables services, ce qui ne put les sauver euxmêmes pendant un certain temps de subir des dénonciations, des poursuites et même des mandats d'arrestation.

Abeille paraît avoir traversé toute notre histoire sans secousses et sans périls ; toujours soutenu par ses mérites que cachait une modestie dont ses chefs et ses amis savaient user. Coauteur du Mémoire que la Société présenta à l'Assemblée Nationale de 1789, Président de la Société pendant l'Assemblée législative, on le retrouve, sous la Convention, secrétaire du Comité du Commerce, c'est-à-dire l'homme nécessaire, le travailleur infatigable que la politique épargne et que le crime respecte.

Vilmorin ne fut jamais inquiété ; sa réputation de générosité et de dévouement assura son crédit près du Comité de sûreté générale et il en profita pour faire rendre la liberté à Rougier de la Bergerie, en se portant sa caution.

Dubois de Jancigny fut décrété d'arrestation à cause de ses relations avec Malesherbes, peu de jours après sa nomination à l'agence végétale ; prévenu à temps il s'échappa. Découvert et arrêté, il fut sauvé par un espion des prisons. Pendant son incarcération, Mme Dubois était restée sans ressources, Gilbert y pourvut par une ruse ingénieuse.

Parmentier lui-même fut dénoncé parce qu'il avait reçu du roi Louis XVI le cordon de Saint-Michel : il dut son salut à Gilbert et à Vilmorin qui, secrètement, le firent expédier dans le Midi de la France sous prétexte de recueillir des médicaments nécessaires aux pharmacies militaires.

De même Valmont de Bomare fut chargé d'une mission pour continuer, par la grâce de Gilbert et de Vilmorin, des soi-disant études d'histoire naturelle dans les départements du Centre.

Daubenton, qui demeurait au Jardin des Plantes, fut respecté; il avait obtenu du Comité de surveillance de son arrondissement un certificat de civisme comme auteur d'un ouvrage sur les bergers et comme étant berger lui-même. Si Daubenton est berger, Thouin est jardinier; s'il siège à l'Académie des Sciences, il cultive les plantes de ses propres mains. Il sera oublié dans son incomparable modestie. La Convention a créé une agence végétale. Ne la représente-t-il pas tout entière?

Yvart, chargé de la direction du domaine agricole annexé à Alfort, est dénoncé par les autorités de Charenton; Gilbert apprend qu'il va être arrêté dans la journée. Gilbert l'envoie saisir par des agents et, sans rien lui dire du danger dont il est menacé, il lui intime l'ordre de partir sur l'heure pour la Camargue, afin de s'occuper de recherches sur les bêtes ovines du pays. Gilbert ne permet pas à Yvart même de prendre des bagages; une voiture l'emmène presque malgré lui et, quand ce dernier demande à revenir, Gilbert lui oppose un refus impitoyable: Yvart attendit le jour où la chute de Robespierre avait fait cesser le danger.

Tessier fut emprisonné; Gilbert et Huzard parvinrent à gagner du temps et l'arrachèrent ainsi au tribunal révolutionnaire.

Gilbert fut donc la providence de tous ses confrères. Honneur à lui! Avec une rare énergie, il alla dans les Comités de la Convention plaider en faveur des accusés; son zèle l'emporta si loin que Vilmorin, Huzard, Fourcroy et Grégoire ses amis, craignant pour sa vie, l'éloignèrent à son tour de Paris, en lui faisant prescrire d'aller à Châtellerault combattre une épizootie.

Gilbert arrêta le fléau et ne rentra à Paris, comme beaucoup d'autres, qu'après le 9 thermidor.

Tenon s'était retiré et resta caché à la campagne après l'Assemblée Législative.

On a vu que Dupont de Nemours avait failli périr après le 10 août et comment, pendant des semaines, il avait pu disparaître dans son domaine du Gâtinais. On ne tarda pas à supposer que Dupont avait échappé à la haine des Septembriseurs; on le chercha partout où il n'était pas; une circonstance singulière le mit pendant de longs mois à l'abri des poursuites. La commune de Dupont avait été détachée de la circonscription de Nemours pour être réunie à celle de Montargis. Enfin on découvrit la demeure du conspirateur Dupont; il fut arrêté et conduit à la Force peu de jours avant le 9 thermidor qui le sauva.

Moreau de Saint-Méry, arrêté à Tours, transféré au Havre, s'était échappé grâce à la rencontre d'un homme auquel il avait rendu service; il gagna les colonies et vint échouer aux États-Unis.

Le marquis de Bullion était engagé dans les affaires des fermiers généraux; il passe pour avoir été exécuté en même temps que Lavoisier; cependant, il ne figure pas dans la liste des vingt-huit personnes traduites devant le tribunal révolutionnaire avec les fermiers généraux, de telle sorte qu'on peut supposer que, par des circonstances inconnues, il échappa au supplice. Peut-être était-il mort à cette époque, car il n'est pas compris dans la liste des membres qui reconstituèrent la Société du département de la Seine quelques années après. Faisons des vœux pour qu'il n'ait pas été obscurément exécuté en province.

Cretté de Palluel, député de Paris sous l'Assemblée Législative, ne fut incriminé qu'en 1794 ; nous avons trouvé étrange qu'il fût, dans un procès-verbal de la Société, qualifié de secrétaire du Roi. Probablement, il tenait ce titre honorifique de son père, qui avait été « secrétaire du Roi, Maison de France et des finances en grande chancellerie par le Parlement de Rouen ». Ce fut probablement pour ce fait qu'on le trouva suspect et coupable ; la chute de Robespierre le sauva. Cependant, il avait été membre de l'Assemblée Législative et administrateur de la ville de Paris. Sous le Directoire, on en fit un juge de paix.

Si quelqu'un pouvait être inattaquable, Béthune-Charost l'eût été. L'annuaire de 1793 le porte encore président de la Société ; nous avons vu qu'il s'était retiré dans ses terres de la Seine-Inférieure à un moment donné, puis il avait regagné son domaine de Meillant et avait fondé une Société d'Agriculture où il était vénéré. Un jour, il fit don à la Convention d'une somme de 100,000 livres pour les besoins de l'État. Le Président de la Convention accepta ce don magnifique, et lui témoigna aussitôt sa « sensibilité ».

En 1794, dans la liste des personnes traduites devant le tribunal révolutionnaire, figure un Béthune-Charost ; mais comme ce Béthune-Charost avait 23 ans, il s'agissait probablement d'un de ses parents.

Béthune-Charost fut emprisonné, et plus tard relâché sur la demande d'un des Comités de la Convention, à cause de l'utilité qu'il pouvait avoir touchant l'agriculture ; c'est le plus grand honneur qu'il pouvait recevoir.

Une grande partie des membres de la Société

d'Agriculture se cachèrent soit dans leur maison à Paris, soit chez des amis à la campagne : Dailly et Gouffier entre autres.

Chabert, directeur d'Alfort, fut incarcéré comme aristocrate. Un de ses élèves, qui connaissait Couthon, tenta de le sauver. Couthon répondit : « Faites retirer du Comité de la sûreté générale toutes les pièces qui réclament la liberté de ce citoyen. Le seul moyen de salut est qu'il soit oublié. » C'est à ce bon conseil que Chabert dut la vie.

Voici maintenant la liste des victimes; elle s'ouvre par le nom de Varenne de Fenille.

Varenne de Fenille vivait paisiblement dans son domaine en Bresse, où il s'était retiré après le 10 août 1792; il s'occupait uniquement d'agriculture. Dénoncé par des ennemis personnels comme ayant, de concert avec les habitants de Bourg, secondé l'insurrection de Lyon, il fut arrêté comme fédéraliste, puis conduit à Lyon, sous une pluie glaciale, sur une charrette, avec ses prétendus complices. La voiture ne s'arrêta qu'au pied de l'échafaud, et tous, sans jugement, furent exécutés le 18 février 1794.

À ce moment, Vicq-d'Azir, incarcéré comme royaliste et comme médecin de la reine dans la prison du Luxembourg, y mourait dans les premiers mois de 1794 de peur d'être guillotiné. Vicq-d'Azir avait pourtant été le protecteur de Fourcroy, et Grégoire dans ses *Mémoires* s'écrie : « Pourquoi n'avons-nous pas pu le sauver? »

Le procès de Lamoignon de Malesherbes est un des épisodes les plus douloureux de la Terreur.

Quand la Convention décida de procéder elle-même au jugement du roi, Malesherbes écrivit pour demander au président de la Convention l'autorisation de défendre Louis XVI; on sait comment il entoura le roi de son inaltérable attachement. Sa famille et lui-même portèrent la peine de son admirable conduite.

Est-il besoin de rappeler les détails de son arrestation à Malesherbes et de sa comparution devant le Tribunal révolutionnaire? Le 22 avril 1794, à la même heure, sur le même échafaud, le bourreau exécuta sa petite-fille, son petit-gendre, sa fille, puis Malesherbes lui-même. Il était âgé de 73 ans.

Le même jour où Malesherbes périt, périrent aussi un de nos plus dévoués correspondants, Hell représentant de l'Alsace à l'Assemblée Constituante, la veuve du duc du Châtelet, membre de la Société, et la princesse Lubormiska, qui, nous nous en souvenons, était venue avec Madame Necker et Madame de Staël fêter le retour de Necker à l'Hôtel de Ville, le 28 juillet 1789.

Loménie de Brienne et sa famille devaient subir le même sort que Malesherbes; il n'avait pas paru à la Société depuis 1788; mais arrêté plusieurs fois, il finit par mourir d'apoplexie dans sa prison, quelques jours avant la comparution des membres de sa famille devant le tribunal révolutionnaire; cinq de ses parents furent exécutés.

Le 7 mai 1794 vit la journée funèbre des fermiers généraux. Vingt-huit personnes furent comprises dans la même hécatombe. Au milieu d'eux, l'histoire et la science s'unissent pour honorer Lavoisier. La veille de son exécution, il écrivit à l'un de ses parents ces plaintes mémorables : « Il est donc vrai que l'exercice de toutes les vertus sociales, des services importants rendus à la patrie, une carrière utilement employée pour le progrès des arts et des connaissances humaines, ne suffisent pas pour préserver d'une fin sinistre, et pour éviter de périr en coupable. » Oui, dans ces temps affreux, cela était vrai.

L'histoire a enregistré la scène du Tribunal révolutionnaire : Lavoisier ayant demandé un délai pour terminer une expérience, Coffinhal lui répondit : « La République n'a pas besoin de savants. »

Le mot de Coffinhal suffit pour expliquer la ruine momentanée des sociétés savantes et la dispersion de leurs principaux membres. La Commune qui commanda Paris pendant tout le règne de la Convention n'aurait pas permis la réunion régulière des aristocrates de la pensée, et la Société d'Agriculture, réfugiée sous le titre de la « Société des Hommes Libres », devait nécessairement s'évanouir jusqu'au réveil de l'ordre public, du travail scientifique, et d'une administration nationale.

Au moment où les événements politiques interrompent la vie et l'histoire de la Société d'Agriculture, c'est avec une certaine fierté que nous pouvons résumer les services qu'elle rendit à la pratique et à la science pendant les quelques années d'une laborieuse et glorieuse activité.

L'organisation d'une Société soutenue par des comptes rendus annuels et des éloges, par des distributions de médailles d'honneur et de prix en animaux ou en instruments, c'est Turbilly, c'est Broussonet ; l'institution des Comices agricoles, accompagnée de conférences et de banquets, c'est Bertier de Sauvigny, c'est Broussonet, c'est Cretté de Pailuel ; la pratique des défrichements et des plantations, le dessèchement des marais et le régime des eaux, c'est Turbilly, c'est Béthune-Charost, c'est Boncerf, c'est Rougier de la Bergerie ; l'étude des relations du sol avec les diverses cultures, la triomphante culture de la pomme de terre, c'est Parmentier ; l'étude des diverses sortes de blé et des maladies de tous les végétaux, c'est Tillet, c'est Olivier, c'est Vilmorin ; les progrès de l'art vétérinaire, c'est Huzard, c'est Gilbert, c'est Chabert, c'est Flandrin ; le développement des prairies artificielles, la culture du trèfle, c'est Gilbert, c'est Lavoisier ; la transformation des races de moutons, c'est Daubenton, c'est Broussonet, c'est Tessier, c'est Rougier de la Bergerie ; la sylviculture, la reconstitution et la défense du domaine forestier, l'acclimatation des plantes et des arbres exotiques, ce sont les frères Duhamel, les frères de Fougeroux, c'est le chevalier Turgot, c'est Malesherbes, c'est Varenne de Fenille, c'est Béthune-Charost ; la sériciculture, c'est Lefebvre ; l'horticulture, le jardinage, c'est Thouin, c'est Vilmorin, c'est Gouffier, c'est Dubois ; toutes les mesures propres à développer le génie rural par l'invention de nouveaux instruments aratoires, c'est l'abbé Raynal, c'est Durand, c'est Lefebvre ; le commencement d'un musée de machines et d'instruments destinés à l'agriculture, c'est Béthune-Charost, c'est Broussonet, c'est Lefebvre ; les projets d'économie sociale, c'est La Rochefoucauld-Liancourt, c'est Dubois, c'est Cadet de Vaux. Broussonet, Abeille et Lefebvre dominent toutes les parties de l'économie rurale.

Voilà le bilan des œuvres de la Société d'Agriculture

depuis 1761 jusqu'en 1793. Et tous ces succès, contresignés dans l'histoire par les noms de Bertin, de Turbilly, de Daubenton, de Broussonet, de Parmentier, de Desmarest, de Thouin, de Cretté de Palluel, de Béthune-Charost, de Varenne de Fenille, de Malesherbes, de Lavoisier et de tous ceux qui, d'année en année, ont conduit l'œuvre patriotique du relèvement de l'agriculture, laissent entrevoir le brillant avenir que le XIXᵉ siècle tout entier réserve à la victoire de l'agriculture scientifique.

ANNEXES

I

Notes manuscrites ajoutées a l'exemplaire des
procès-verbaux des séances de 1761 remis au roi

Le jour solennel où le roi et la reine donnèrent audience
à la Société Royale d'Agriculture, le roi daigna recevoir un
exemplaire des procès-verbaux de la Société. Ce volume
existe encore aujourd'hui dans la réserve de la bibliothèque
nationale ; il est relié en maroquin rouge et porte les armes
du roi. Il contient la note suivante : « Présenté au roi avec
des additions manuscrites. »

En effet, le texte des procès-verbaux est semblable au
texte imprimé et publié ; mais la Société a voulu que les
procès-verbaux fussent intégralement soumis au roi et le
texte imprimé a été accompagné de notes manuscrites
contenant les passages supprimés pour le public. Ces passages ont été copiés et reliés dans l'exemplaire présenté au
roi.

Page 32. — Mais qu'il y avait quelques inconvénients, qu'elle
était suppliée de permettre qu'on lui mit sous les yeux.

Par un des articles de l'arrêt, Sa Majesté accorde une exemption de dix années de toute augmentation d'impositions. La Société
se flatte d'obtenir, de sa bonté paternelle, une prorogation jusqu'à
dix-huit ou vingt ans. Elle fonde sa respectueuse demande sur

ce que ceux qui voudraient profiter de cette grâce, pourraient être arrêtés par la trop courte durée du temps pendant lequel elle est accordée; qu'à peine au bout de dix ans commencerait-on de retirer le fruit de ses avances, surtout si l'on était obligé, pour établir un corps de ferme, de faire beaucoup de dépenses en bâtiments, sans compter celles qui sont nécessaires pour la culture; si d'autre part, on s'adonnait à planter des bois, l'exemption de dix années deviendrait absolument nulle et les frais seraient en pure perte, le cultivateur ne pouvant retirer quelque chose de ses avances qu'au bout de vingt années, puisqu'on est obligé d'employer cinq ans pour la plantation et les labours; après quoi l'on recèpe les bois, ce qu'on recommence ordinairement au bout de cinq autres années, pour avoir ensuite, dix ans après, une coupe en règle, ce qui recule l'utilité qu'on peut retirer de cette sorte de défrichement jusqu'à la vingtième année.

Des mêmes considérations ont décidé de supplier aussi *Sa Majesté* d'ajouter à l'exemption de toute augmentation d'impositions, pendant dix-huit ou vingt ans, celle des Dîmes pour le même espace de temps. Le clergé de Bretagne a si bien senti que cette exemption était nécessaire, pour animer la culture, qu'il s'est porté de lui-même à se priver, pendant ce temps, de ce revenu sur les terres qui seraient défrichées.

La Société croit devoir aussi, de proposer à Sa Majesté d'ajouter à l'arrêt du Conseil projeté, un nouvel article qui mette l'ancienne culture à l'abri de l'abandon qu'elle pourrait éprouver, si un cultivateur pour profiter du bénéfice de la loi n'entreprenait un défrichement qu'en délaissant une culture qui contribue actuellement aux charges de l'État et dont la diminution de la cote tomberait nécessairement sur les paroisses de son canton, elle pense qu'il faudrait que l'article annonçât que tout cultivateur qui abandonnerait une culture ancienne en la laissant en friche pour s'adonner à un défrichement, serait toujours imposé à la même somme pour laquelle il se trouverait taxé sur le rôle de sa paroisse et qu'il ne pourrait jouir du bénéfice de l'exemption qu'en continuant son ancienne exploitation par lui-même, à moins qu'elle ne fût entre les mains d'un autre cultivateur ou fermier, et ce, pendant le même espace de dix-huit ou vingt ans que durerait l'exemption.

La Société pour répondre à la réflexion de M. le Contrôleur général, sur la crainte qu'il aurait que l'entreprise des défrichements n'augmentât la journée des manouvriers, pense que cette augmentation serait plutôt **un** bien qu'un inconvénient; mais qu'il paraissait impossible qu'elle eût lieu, puisque les défrichements donnant de nouvelles denrées, le prix des denrées en général diminuerait; si ces défrichements ne devaient pas procurer à l'État une augmentation de population, par la règle générale que plus il y a de culture, plus il y a de population, l'augmentation de la quantité des denrées faisant naître des consommateurs, les prix resteront à la même valeur et les journées n'augmenteront pas; ce qui peut encore se prouver par une seconde règle qui est d'une expérience reconnue: c'est que le prix de la journée est communément le vingtième du prix du septier de bled, mesure de Paris; ce qui démontre la vraie raison de la différence du salaire des ouvriers dans les provinces du Royaume qui suit toujours la différence du prix du bled.

Page 47. — L'Assemblée ayant pris en considération les inconvénients qui résultent de l'arbitraire dans les impositions et principalement dans la taille, inconvénients qui nuisent extrêmement aux progrès de l'agriculture: il a été arrêté que la Société s'occuperait sérieusement de chercher les moyens d'y remédier et d'indiquer la meilleure façon d'établir la taille réelle, en faisant des cadastres des fonds : ont est convenu que chacun de Messieurs les Membres et Associés serait invité de donner un mémoire sur cette matière importante. Pour examiner tous ces mémoires et en faire un résumé, on a formé un comité composé de MM. le baron d'Ogilvy, Le Roy, Pottier, de Montigny, intendant des finances, de Mont-Clar, de Montigny, trésorier de France, de Monthyon et Prépan, qui rendront compte à l'Assemblée, laquelle verra ensuite le parti qu'elle jugera à propos de prendre.

P. 48. — M. le baron d'Ogilvy a lu ensuite un mémoire, dans lequel il propose un moyen de remédier aux inconvénients de la taille arbitraire, et M. de Palerne un autre sur la même matière; il a été arrêté que ces deux mémoires seraient remis au Comité établi pour examiner cette matière.

P. 49. — Le Bureau ayant considéré combien il lui serait utile, pour remplir les vues de son établissement, d'avoir un domaine à la proximité de Paris, dans lequel il pourrait faire faire sous ses yeux les diverses épreuves et expériences relatives à tous les différents genres de cultures et de plantations, ainsi qu'à la propagation des animaux et à leurs maladies : il a été arrêté que M. de Palerne dresserait un mémoire à ce sujet, par lequel M. le Contrôleur général serait prié de vouloir bien demander au Roi quelqu'un de ses domaines, convenable pour cet usage, et que ce mémoire serait examiné dans la prochaine assemblée.

P. 50. — M. de Palerne a lu le mémoire qu'il avait été chargé de dresser dans la dernière assemblée, ce mémoire ayant été approuvé, il a été arrêté que M. de Palerne l'enverrait à M. le Contrôleur général, et lui écrirait en même temps une lettre au nom de la Compagnie.

NOTE BIBLIOGRAPHIQUE ÉCRITE A LA MAIN PAR HUZARD SUR LE VOLUME DE 1761

La Société royale d'Agriculture, établie à Paris en 1761, a publié depuis son origine jusqu'à sa disparition, lors de la Révolution, les volumes ci-après, de format in-8° avec planches :

1° 1761. Recueil contenant les délibérations de la Société Royale d'Agriculture de Paris, au bureau de Paris et les mémoires publiés par son ordre.

2° 1766. Mémoire sur les maladies épidémiques des bestiaux, qui a remporté le prix proposé par la Société royale d'Agriculture de la Généralité de Paris pour l'année 1765. Composé par M. Barberet, médecin pensionnaire de la ville de Bourg-en-Bresse, ancien premier médecin des Armées, membre de l'Académie des sciences de Dijon, et imprimé par ordre de la Société (avec des notes instructives), 1766.

3° 1767. Recueil des pièces qui ont servi à adjuger le prix qui avait été proposé par la Société royale d'Agriculture de Paris, pour l'année 1766, et qui a été remporté par le sieur Charlemagne, laboureur à Baubigny, près Paris.

1° Procès-verbal dressé le 14 mars 1767, par M. le chevalier Turgot et M. l'abbé Molin, nommés commissaires de la Société royale d'Agriculture de Paris.

2° Procès-verbal fait, par ordre de M. de Sauvigny, intendant de la Généralité de Paris, à la diligence de sieur Christophe, commissaire en cette partie, qui constate la méthode que le sieur Charlemagne a employée pour labourer, fumer et ensemencer les cinq arpens destinés à concourir au prix.

3° Procès-verbal dressé par ordonnance du Bureau de la Société royale d'Agriculture.

Vérification de la récolte du champ des cinq arpens appartenant au sieur Charlemagne, qui s'est proposé à concourir au prix.

4° 1785. Mémoires d'agriculture, d'économie rurale et domestique, publiés par la Société royale d'Agriculture de Paris : 2 trimestres (Été-Automne) :

5° 1786. 4 trimestres (Hiver-Printemps, Été-Automne).

6° 1787. 4 trimestres (Hiver-Printemps, Été-Automne).

7° 1788. 4 trimestres (Hiver-Printemps, Été-Automne).

8° 1789. 4 trimestres (Hiver-Printemps, Été-Automne).

9° 1790. 3 trimestres (Hiver-Printemps, Été).

10° 1791. 4 trimestres (Hiver-Printemps, Été-Automne).

11° 1799. Compte rendu à la Société par Lefebvre (de 1788 à 1793).

En résumé : 25 trimestres différents; 1 cahier : recueil des délibérations; 1 cahier (mémoire de Barberet) et 1 fascicule (mémoire Charlemagne); 1 compte rendu, soit 28 cahiers.

NOTES RELATIVES AUX MÉDAILLES ET JETONS FRAPPÉS PAR LA SOCIÉTÉ D'AGRICULTURE OU A L'OCCASION DES ACTES DE LA SOCIÉTÉ D'AGRICULTURE DE 1761 A 1793.

Le catalogue des jetons et méreaux de la collection Feuardent depuis Louis IX jusqu'au Consulat, tome 1, p. 385, publie :

1° La médaille de Dupré, graveur, à l'effigie de Louis XVI, portant en légende : LOUIS XVI VIVIFIE L'AGRICULTURE, et en revers : COMICES AGRICOLES DE LA GÉNÉRALITÉ DE PARIS, 1786, au type de Cérès au milieu de moissonneurs ;

Médaille existant en argent, en bronze, en cuivre argenté et un essai en étain ;

2° Une médaille à l'effigie de Louis XVI, entourée de la légende : LOUIS XVI ROI DE FR. ET DE NAVARR. — plus la signature du graveur DUVIV (ier). Le revers porte : SOCIÉTÉ ROYALE D'AGRICULTURE 1789, en 4 lignes dans une couronne.

Existe en argent et bronze ;

3° La médaille portant : MUNIFICENCE ROYALE. — VACHES DISTRIBUÉES DANS LA GÉNÉRALITÉ DE PARIS, MDCCLXXXV, etc. (collection Bouclier).

Existe en argent, en bronze et en cuivre jaune ;

4° Un autre jeton octogone, frappé sous la Restauration, de 1815 à 1830 et portant au droit : Un moissonneur un

genou en terre, soulevant une grosse gerbe de blé. Légende :
J'AI TRAVAILLÉ, JE RECUEILLE.

Revers : Triptolème dans un char attelé à deux serpents
allant à droite au-dessus d'un château. Légende : DISCIPLE
DE CÉRÈS, JE RÉPANDS SES BIENFAITS. En bas est inscrit le nom DE PUYMAURIN (directeur de la Monnaie de
Paris de 1815 à 1830) (1);

5° Médaille frappée pour glorifier Jasmin, nègre affranchi
du Cap (Saint-Domingue), qui s'était distingué au cour
d'une épidémie (collection Bordeaux).

Deux autres médailles : l'une à l'effigie d'Olivier de
Serres, l'autre à l'effigie des trois rois : Louis XV, Louis XVI,
Louis XVIII, furent frappées en 1814 et 1815. Elles prendront
leur place dans le tome II de l'*Histoire de la Société, de 1797
à nos jours*.

L'*Histoire numismatique de la Révolution française*, par
Hennin, Paris, 1826, publie aux p. 71, p. 610, pl. 89, n° 873,
et p. 637, pl. 92, n° 899, et pl. XII, n° 88, une médaille portant d'un côté : PRIX D'AGRICULTURE FONDÉ PAR G. T.
RAYNAL, DÉCERNÉ PAR L'ASSEMBLÉE PROVINCIALE DE
LA HAUTE GUIENNE, en 7 lignes dans une couronne d'anis
et de raisins;

Et de l'autre une femme tourrelée debout, plaçant une
couronne sur la tête d'un cultivateur, qui est appuyé sur
une charrue. La femme est debout et a la main gauche placée sur un écusson, sur lequel est représenté un léopard (2).
Légende supérieure : AU CULTIVATEUR LABORIEUX.
L'exergue est vide, mais on lit au-dessus, à gauche, le nom
du graveur : DUPRÉ.

Guillaume-Thomas Raynal, né à Saint-Geniez dans le
Rouergue, en 1713, fut ordonné prêtre, vint à Paris en 1748

(1) Conformément aux notes communiquées par M. Paul Bordeaux.
(2) Je crois que ce sont les armes de la Guienne. La femme tourrelée représenterait cette province.

et quitta ensuite la capitale pour se livrer à de longs voyages dans les diverses parties du monde.

Rentré en France seulement en 1788, il établit des prix annuels à décerner par les trois Académies. Puis à la fin de cette année, il institua un autre prix à décerner à des cultivateurs de la Haute-Guienne. Ces encouragements pouvaient être accompagnés de la remise d'une médaille. La lettre par laquelle l'abbé Raynal offrit la disposition de ces prix à l'Assemblée provinciale de la Haute-Guienne est du 1er novembre 1788. Elle est citée *in extenso* dans le *Journal de Paris* du 8 juin 1789. Cette assemblée accepta la fondation sans y faire aucun changement.

Cette fondation annoncée en 1788 ne fut définitivement établie et publiée qu'en 1789, et ce fut aussi en 1789 que les prix furent décernés ou au moins annoncés pour la première fois.

La Société royale d'Agriculture, dans sa séance publique du 28 décembre 1789, décerna *une médaille d'or* à l'abbé Raynal, pour avoir fondé ce prix en faveur des agriculteurs, au moyen d'un contrat de rente de 24 000 livres, cédé pour cet objet à l'administration provinciale de la Haute-Guienne (1).

Il fut rendu compte à l'Assemblée nationale de la fondation de ce prix, et le décret suivant fut rendu le 31 décembre 1789 :

« L'Assemblée nationale décrète que le modèle de la médaille établie pour prix annuel et perpétuel, en faveur des cultivateurs laborieux de la Haute-Guienne par M. l'abbé Raynal sera déposé dans ses archives en témoignage de l'approbation qu'elle donne à cet utile et touchant établissement. »

La médaille ci-dessus dut être vraisemblablement celle qui fut alors distribuée.

Mais il resterait à retrouver l'indication du type de la *médaille d'or* qui fut donnée par la Société royale d'Agriculture à l'abbé Raynal.

____

(1 *Journal de Paris* du 10 janvier 1790. Supplément.

D'autre part, en 1798, il fut créé, pour décerner ce prix aux cultivateurs une autre médaille, dont un des côtés porte le même type de la Guienne décernant une récompense avec la même légende : AU CULTIVATEUR LABORIEUX, mais portant de l'autre côté la Liberté debout de face tenant une pique surmontée du bonnet phrygien, ainsi qu'un niveau égalitaire. Près de la Liberté était un autel, sur la base duquel étaient inscrites les premières lettres du nom du graveur GATT. (eaux).

Le revers fut ensuite employé pour les médailles servant aux prix de la Société libre d'Agriculture du département de la Seine.

Cette autre médaille porte dans le champ : SOCIÉTÉ LIBRE D'AGRICULTURE DU DÉPARTEMENT DE LA SEINE, en 7 lignes (collection Bouclier).

Dans sa séance publique du 30 prairial an VII (18 juin 1799), la Société libre d'agriculture distribua, pour la première fois, des médailles de prix à divers cultivateurs. D'autres prix à décerner en l'an VIII, en l'an XI et en l'an X furent annoncés dans cette même séance.

La médaille décrite en dernier fut celle ayant servi aux distributions des prix de cette société à ce moment.

III

MÉMOIRES D'AGRICULTURE, D'ÉCONOMIE RURALE ET DOMESTIQUE,
PUBLIÉS PAR LA SOCIÉTÉ ROYALE D'AGRICULTURE

TRIMESTRE D'ÉTÉ 1785

TRIMESTRE D'AUTOMNE 1785

TRIMESTRE D'AUTOMNE 1786

TRIMESTRE D'HIVER 1787

TRIMESTRE D'ÉTÉ 1787

TRIMESTRE D'AUTOMNE 1787

TRIMESTRE D'HIVER 1788

TRIMESTRE D'HIVER 1789

TRIMESTRE DE PRINTEMPS 1789

TRIMESTRE D'ÉTÉ 1789

TRIMESTRE D'AUTOMNE 1789

TRIMESTRE D'ÉTÉ 1790

TRIMESTRE D'HIVER 1791

TRIMESTRE D'AUTOMNE 1791

TABLE DES MATIÈRES

INTRODUCTION

CHAPITRE PREMIER

CHAPITRE II

CHAPITRE III

CHAPITRE IV

CHAPITRE X

CHAPITRE XI

CHAPITRE XII

Paris. — Typ. Ph. Renouard, 19, rue des Saints-Pères. — 48821

SERVICE PHOTOGRAPHIQUE